ミトコンドリア・ミステリー

驚くべき細胞小器官の働き

林 純一　著

ブルーバックス

●カバー装幀／芦澤泰偉事務所
●表紙カバーイラスト／月本事務所
●表紙裏カバーイラスト／林　純一
●目次・章扉／WORKS（若菜　啓）
●本文図版／さくら工芸社、林　純一

プロローグ――ミトコンドリアとの出会い

ミトコンドリアの祖先と我々の祖先ともいえる原始真核生物が出会ったのは、いまから約一〇億年以上前のことだといわれている。この運命的な出会いによって、両者は一つの生命体として生まれ変わり、莫大な生命エネルギーを獲得できる仕組みを発達させた。その後、この生命体は爆発的な進化を遂げ、我々、人類のように、高次で複雑な生命機能を営むことのできる生物が誕生することとなった。

これに対し、筆者とミトコンドリアの出会いは今から二五年前に唐突に訪れた。先輩の紹介で就職が決まった埼玉県立がんセンター研究所に、恩師の平林民雄（現 筑波大学名誉教授）に伴われて挨拶に行くと、当時の 研究所長から、「君には癌とミトコンドリアの関係を研究してもらう」といきなり研究テーマを言い渡されたのだ。「ミトコンドリアがどうして癌と関係があるんですか?」「そんなのやってみないとわからんじゃないか」というやりとりがあったが、結局、この所長の思いつきが筆者の研究者人生を決めてしまった。

最初は渋々始めた研究であったが、このテーマにたちまち魅了されてしまった。動物の細胞にあるさまざまな細胞小器官の中でＤＮＡを持つのは、核とこのミトコンドリアしかない。なぜ、このちっぽけな細胞小器官にはＤＮＡが存在するのか。なぜ、父親からのミトコンドリアＤＮＡ

は子どもに伝わらないのか。一ミクロン足らずの細胞小器官には、癌研究だけでなく、基礎研究の視点からも実に多くのミステリーが秘められていたのである。ひとつの発見が新たな発見を生み、また新たな疑問を生む。ミトコンドリアをめぐるさまざまな謎を解決しようと研究活動を続けるうちに、二五年の歳月があっという間に過ぎ去ってしまった。

新米研究者として最初に与えられた任務は、ミトコンドリアDNAと癌との因果関係を探ることであった。ミトコンドリアの内部は、酸素呼吸によって発生した活性酸素や発癌物質に代表されるさまざまな化学物質が渦巻く極めて過酷な環境にある。この中に、傷つきやすいDNAが無防備の状態でさらされていれば、深刻なダメージが生じ、これが原因で癌が発症してもおかしくはない。しかし、一五年にわたる懸命な研究にもかかわらず、ミトコンドリアDNAの犯行を裏付ける証拠を発見することはできなかった。十分な検証作業が行われないうちに、ミトコンドリアに対する疑惑はさらに拡大し、癌だけではなく、老化や生活習慣病などへの関与も疑われるようになってきた。この一〇年、こうした傾向はさらにエスカレートし、いまやミトコンドリアこそが、我々の健康を脅かす諸悪の根元であるかのような極端な論調が学界を支配しつつある。はたして、こうした疑惑は本当に正しいのか、それともまったくの冤罪なのか。本書のテーマはこうしたミトコンドリアをめぐるミステリーの解明である。

二〇〇二年　十一月

林　純一

目次◎ミトコンドリア・ミステリー

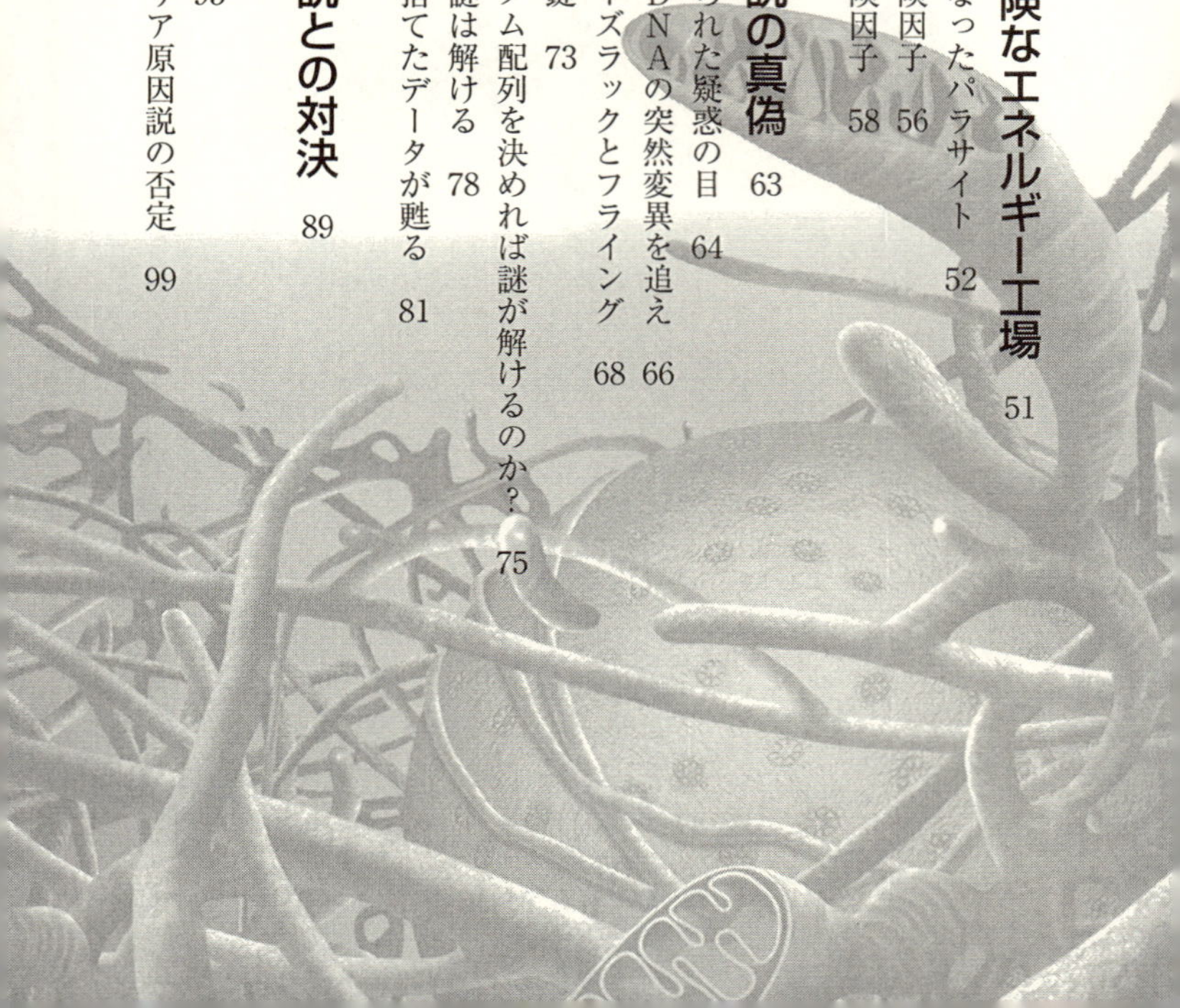

第6章　ミトコンドリアと母性遺伝　109

第7章　ミトコンドリア病で下された有罪判決　147

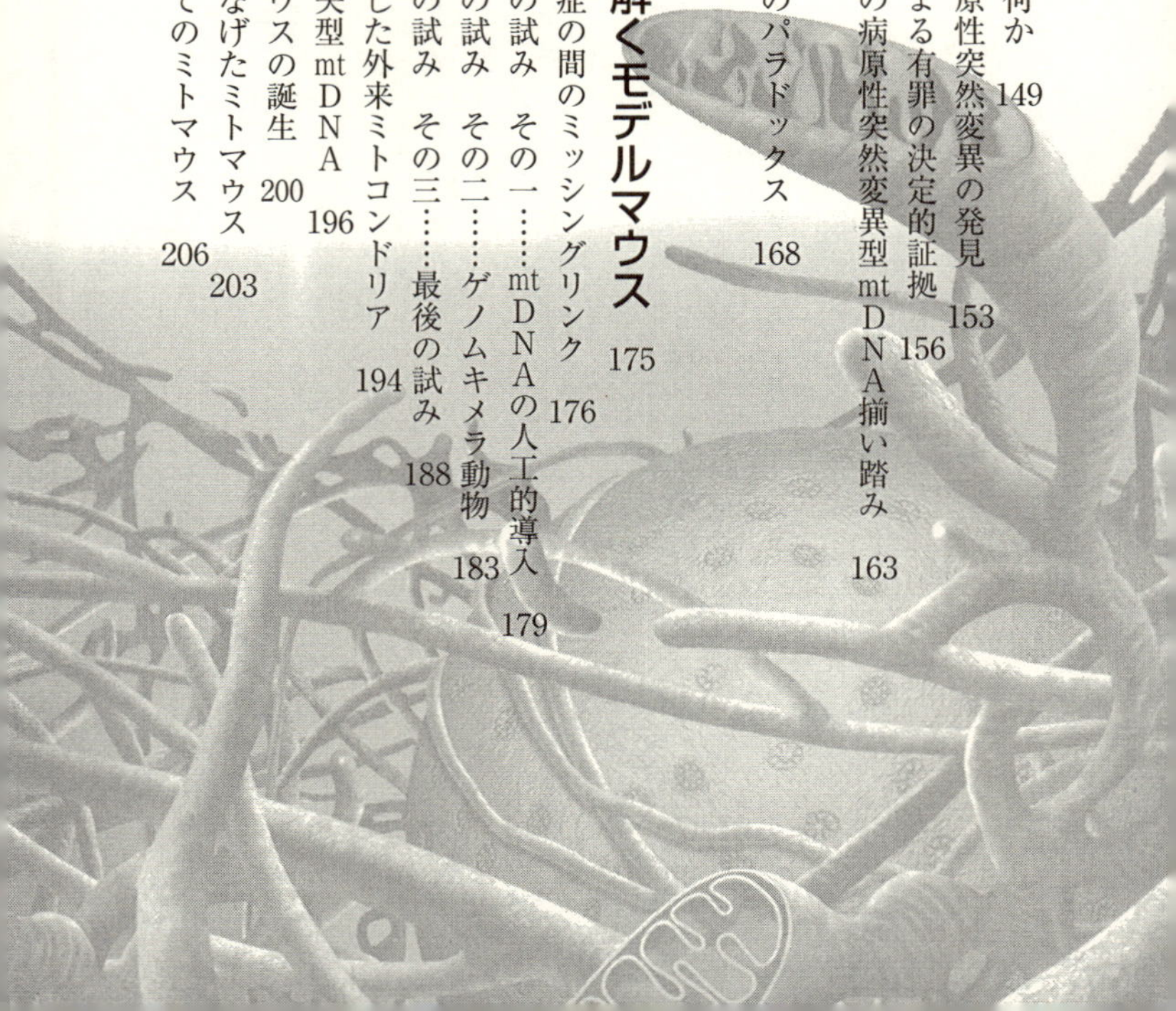

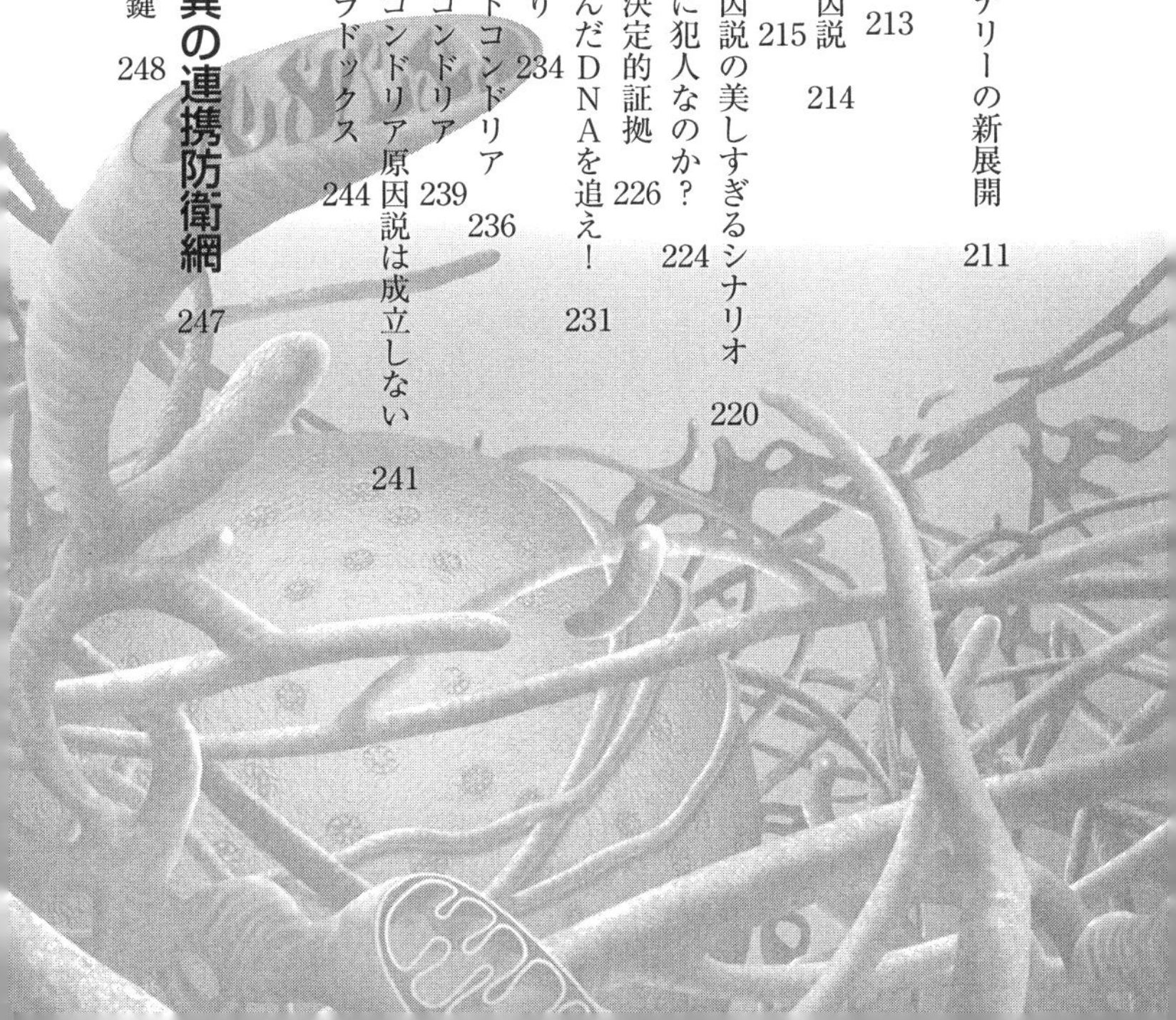

第1章

ミトコンドリアとは何か

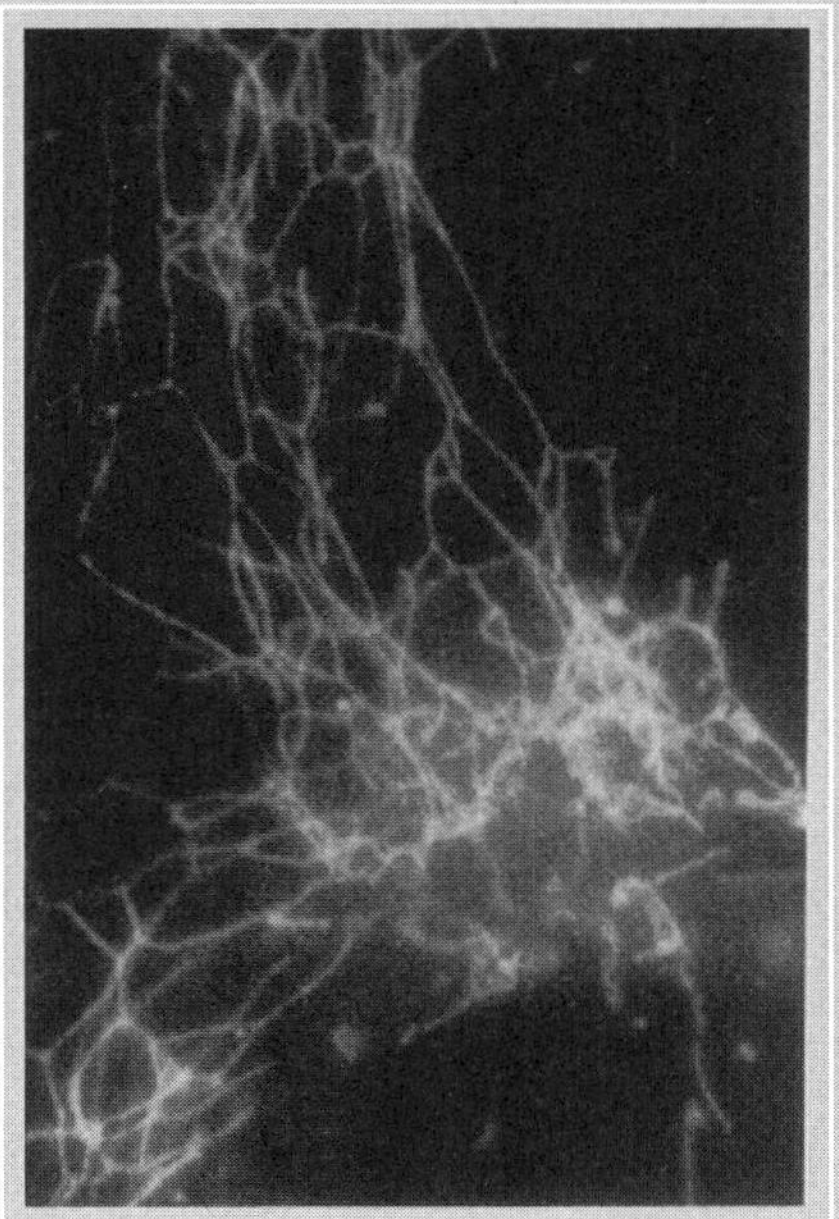

蛍光色素ローダミン123で生体染色後、蛍光顕微鏡で観察したヒト線維芽細胞のミトコンドリア。ネットワーク状に広がり、細胞の隅々に生命エネルギーを提供している。

1-1　いま、なぜミトコンドリアなのか

多くの人が初めてミトコンドリアの存在を知るのは、高校の生物の教科書ではないだろうか。筆者も例外ではなく、ミトコンドリアを知ったのは、いまから三七年前の高校の生物の授業だった。いまとなってはおぼろげな記憶しかないが、当時の生物の先生から「ミトコンドリアは粒子状の細胞小器官で、生命エネルギーの製造工場として重要な役割を果たしている」と教わったような気がする。おそらく、この説明は現在の高校の教科書に書いてある解説とほとんど差がないはずだ。このことだけをとると、ミトコンドリアの研究はさしたる進展を見せていないように思える。

しかし、その後、ミトコンドリア研究は目覚ましい進歩を遂げている。「電子顕微鏡を用いた細胞の構造の研究」(アルバート・クロード)、「電気エネルギーとATP合成の関係の研究」(ピーター・ミッチェル)、「ミトコンドリア内のエネルギー生産機構の解明」(ポール・ボイヤー、ジョン・ウォーカー)、一九七四年以降だけで実に三つのミトコンドリアに関連する研究にノーベル賞が与えられた。ミトコンドリアのように限定されたテーマに、このように受賞が続くことはノーベル賞一〇〇年の歴史でも異例のことといっていいだろう。

分子生物学の進歩にともない、ミトコンドリア研究はさらなる広がりを見せている。これまで、

ミトコンドリアの研究というと、エネルギー生成のメカニズムの解明に力点を置く基礎研究が盛んだったが、近年は医学や薬学などの臨床的な視点からの分子生物学的なアプローチが増えている。とりわけ一九八〇年代に入ると、ミトコンドリアが老化や生活習慣病に深くかかわっているという「老化ミトコンドリア原因説」が提唱されるようになり、この領域が一躍脚光を浴びるようになってきた。さらに最近ではミトコンドリアの中にあるミトコンドリアＤＮＡを用いて、人類や生物の進化の歴史を探る研究も盛んに行われるようになった。

このようにミトコンドリアは、調べれば調べるほど新たな発見があり、この新たな発見がまた新たな謎を生む。科学者にとって、ミトコンドリアは、研究テーマを次々に生み出す宝の山であり続け、今後もこの領域でノーベル賞に匹敵する偉大な研究が生まれる可能性が高いだろう。

本書はこうしたエキサイティングな最新のミトコンドリア研究を紹介するとともに、その過程で浮かび上がってきた、ミトコンドリアをめぐるさまざまなミステリーを取り上げていく。

1－2　誤解を招く教科書のミトコンドリアのイメージ

ミトコンドリアというと、俵形の立体構造をした細胞器官（オルガネラ）を想像する方が多いだろう。実際、高校の教科書などに登場する模式図はどれをとっても、蚕の繭《まゆ》のような俵形になっ

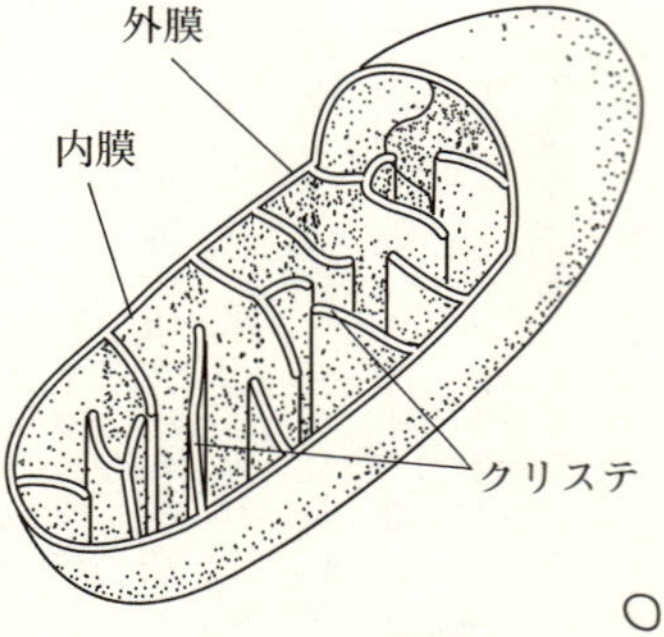

ミトコンドリアの模式図

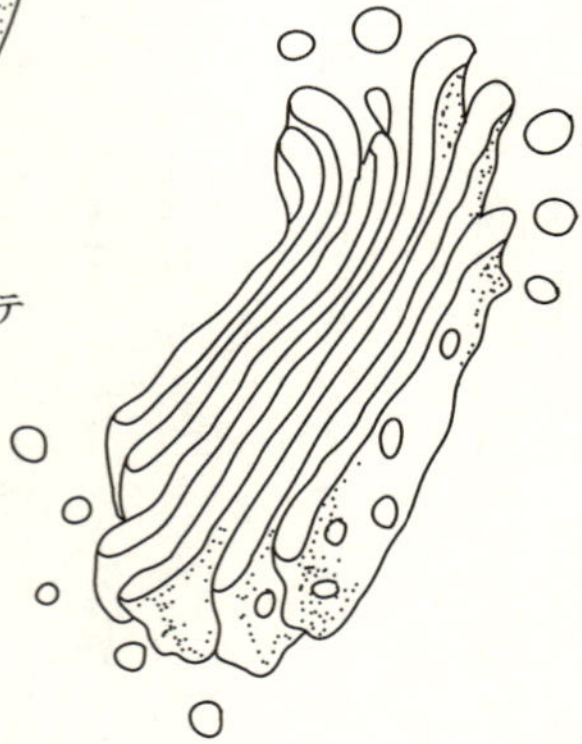

ゴルジ体の模式図

図1-1　高校教科書に描かれているミトコンドリアとゴルジ体

ている（図1-1左上の図）。こうした模式図は間違いというわけではないが、ミトコンドリアの真の姿を正確に伝えているとは言い難い。皆さんにはより正確なミトコンドリアの姿を知っていただきたいと思う。

　ミトコンドリアは、直径一ミクロン以下の細胞小器官で、ネットワーク状や糸状の形をしている。そもそも、ミトコンドリアの語源はミト（mito＝糸）とコンドリオン（chondrion＝粒子）の合成語に由来し、単数形をミトコンドリオン、複数形をミトコンドリアという。教科書などでは独立した一つの構造体のようにミトコンドリアを紹介しているが、実際はおたがいに融合したり分裂したりできる集合体と考えたほうが実像に近い。

次ページの図１－２Ａの写真は、マウスの心筋にあるミトコンドリアを電子顕微鏡で撮影したものである。この写真を見ると、ミトコンドリアは外膜と内膜の二枚の膜から構成され、大量の生命エネルギーを生産する内膜は表面積をより広く使うため、内側にくびれてひだ状になっていることがわかる。このような構造のことをクリステと呼ぶ。ただし、これは固定したミトコンドリアの切断面である。生きているミトコンドリアは、この固定された断片とはまったく違った顔をしている。

実は、近年の筆者たちの研究で、ミトコンドリアは私たちがこれまで考えていた以上にダイナミックな働きをしていることがわかってきた。図１－２Ｂの写真は、ローダミン１２３やミトトラッカーなどの蛍光色素で細胞内のミトコンドリアを生きたまま染色し、特殊な顕微鏡で撮影したものだ。ご覧いただけばわかるとおり、ミトコンドリアが神経細胞のように連続的につながり、細長く網目状（ネットワーク状）になっていることがわかる。

図１－２Ｃ（表紙カバー裏にカラー写真を掲載）は、細胞内で生きているままのミトコンドリアのイメージをできるだけ誤解が少ない形で三次元の模式図として表現したものである。

ミトコンドリアのひだ状になっている内膜で生産された莫大なエネルギーは、送電線のように細胞内のいたるところに張りめぐらされたネットワークを通じて、細胞全体にくまなく運搬されている。

A. マウス心筋ミトコンドリアの電子顕微鏡像

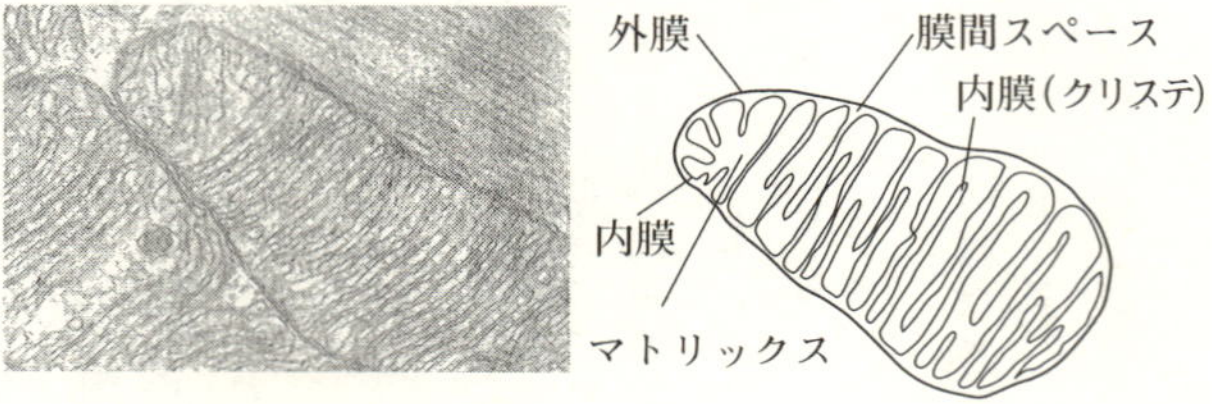

B. 生きているヒト培養細胞のミトコンドリア(ローダミン123染色)

HeLa 細胞(ヒト子宮頸癌由来)　　ヒト繊維芽細胞

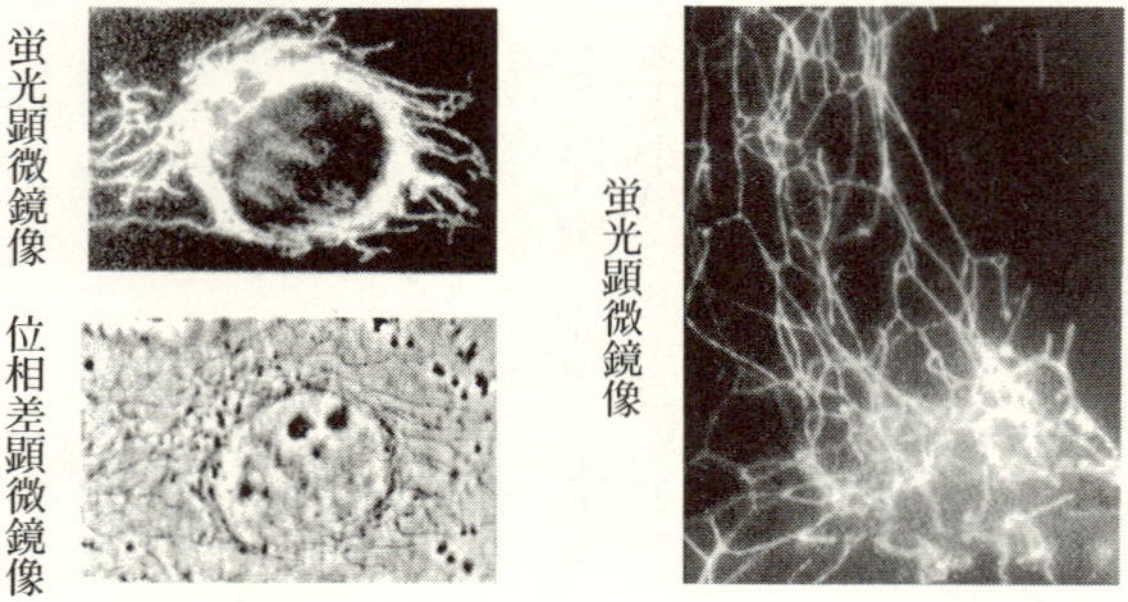

C. 実際のミトコンドリア分布のイメージ(断面図)

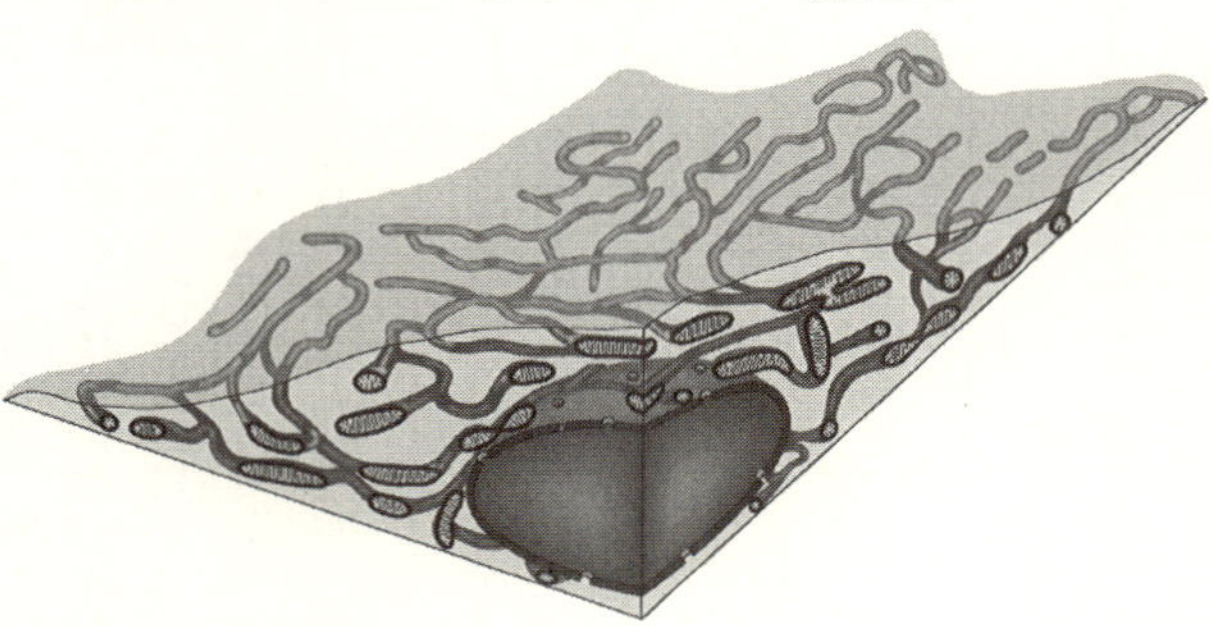

図1-2　ミトコンドリアのプロフィール

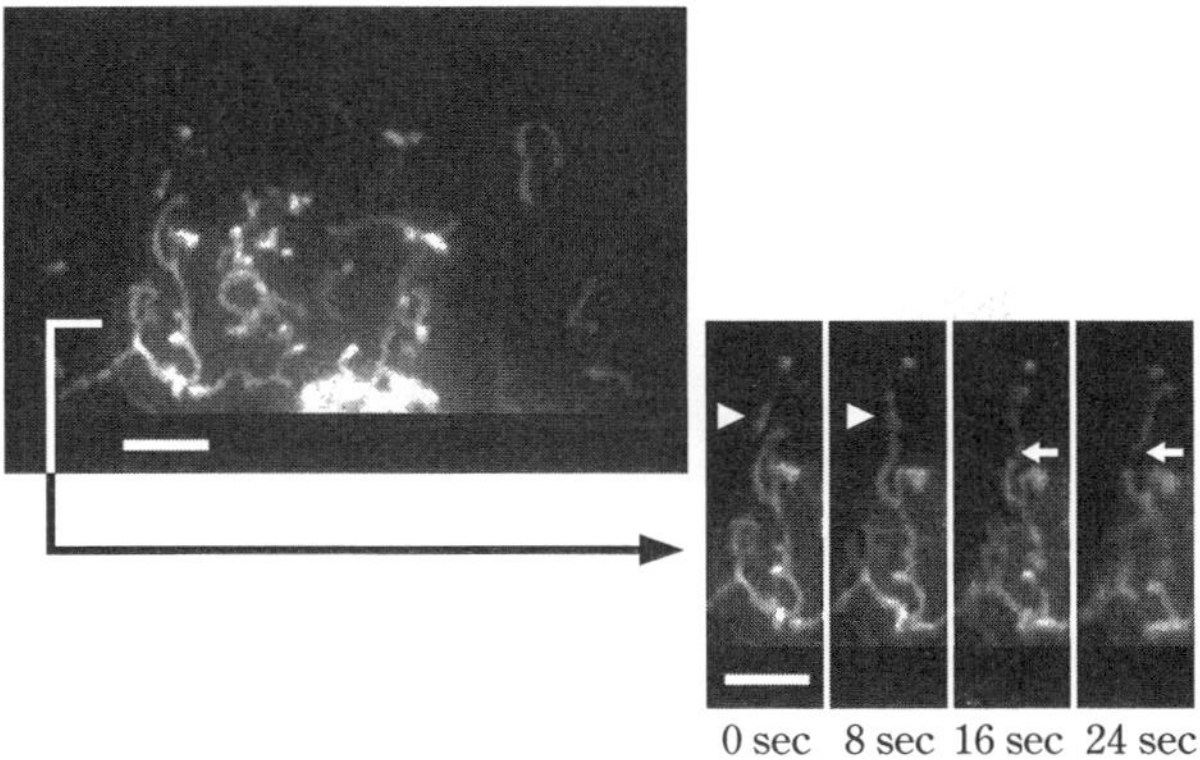

ミトコンドリアを蛍光タンパク(GFP)により標識した繊維芽細胞を、8秒おきに撮影した写真（0 secの写真は、上部の白枠の部分を拡大したもの）。わずか30秒の短い間にミトコンドリアがダイナミックに変化（▷は融合、⇦は分裂が想定される部位）していく様子がわかる（設楽浩志 撮影）。スケールは5μm。

図1-3　蛍光顕微鏡で観察したマウス繊維芽細胞のミトコンドリアのダイナミックな動き

驚くべきことに、こうしたネットワークは静的なものではなく、時間を追うごとに刻々とその姿を変え、融合したり分裂したりしながら絶え間なく細胞内を移動している。図1-3は特殊な顕微鏡で、ミトコンドリアのネットワークが絶えず形を変えている様子を撮影したものだ。わずか一五秒の間にミトコンドリアが近くにある別のミトコンドリアと融合している様子がおわかりいただけるであろう。

残念ながら、高校の教科書だけでなく専門書ですら、こうしたミトコンドリアのダイナミックな姿を伝えていない。お馴染みの模式図を見た学生は、ミトコンドリアはそれぞれが独立した俵形の構造体で細胞質の中にポッリポッリと散在しているものと誤解してしまうだろう。これに比べれば、同じ細胞小器官のゴルジ体（図1－1）などのほうがよほど正確に描かれている。電子顕微鏡はあくまでも二次元の世界であり、これをもとに三次元構造を推察するからこのような誤ったイメージ図ができるのであろう。

1－3 ミトコンドリア——独自のDNAを持つ細胞小器官

私たちの細胞内には、生命活動に必要なさまざまな機能を効率よく働かせるため、核やミトコンドリアのほかにも、機能の異なるさまざまな細胞小器官が存在している。それはちょうど、我々の体が複雑な機能を効率よく営むために、脳や心臓などの臓器（器官）が分担して、それぞれの役割を果たしているのによく似ている。細胞の中にも、呼吸活動を行うミトコンドリアやタンパク質の合成にかかわっているリボソームなど、さまざまな役割を持った細胞小器官が存在する（図1－4）。

22ページの図1－5は核の中にある遺伝情報がタンパク質として発現されるまでのプロセスにおいて、各細胞小器官がどのような働きをしているのかを具体的に説明したものである。

核という細胞小器官は、生物の設計図を収録したDNAを厳重に保管する金庫のような役割を

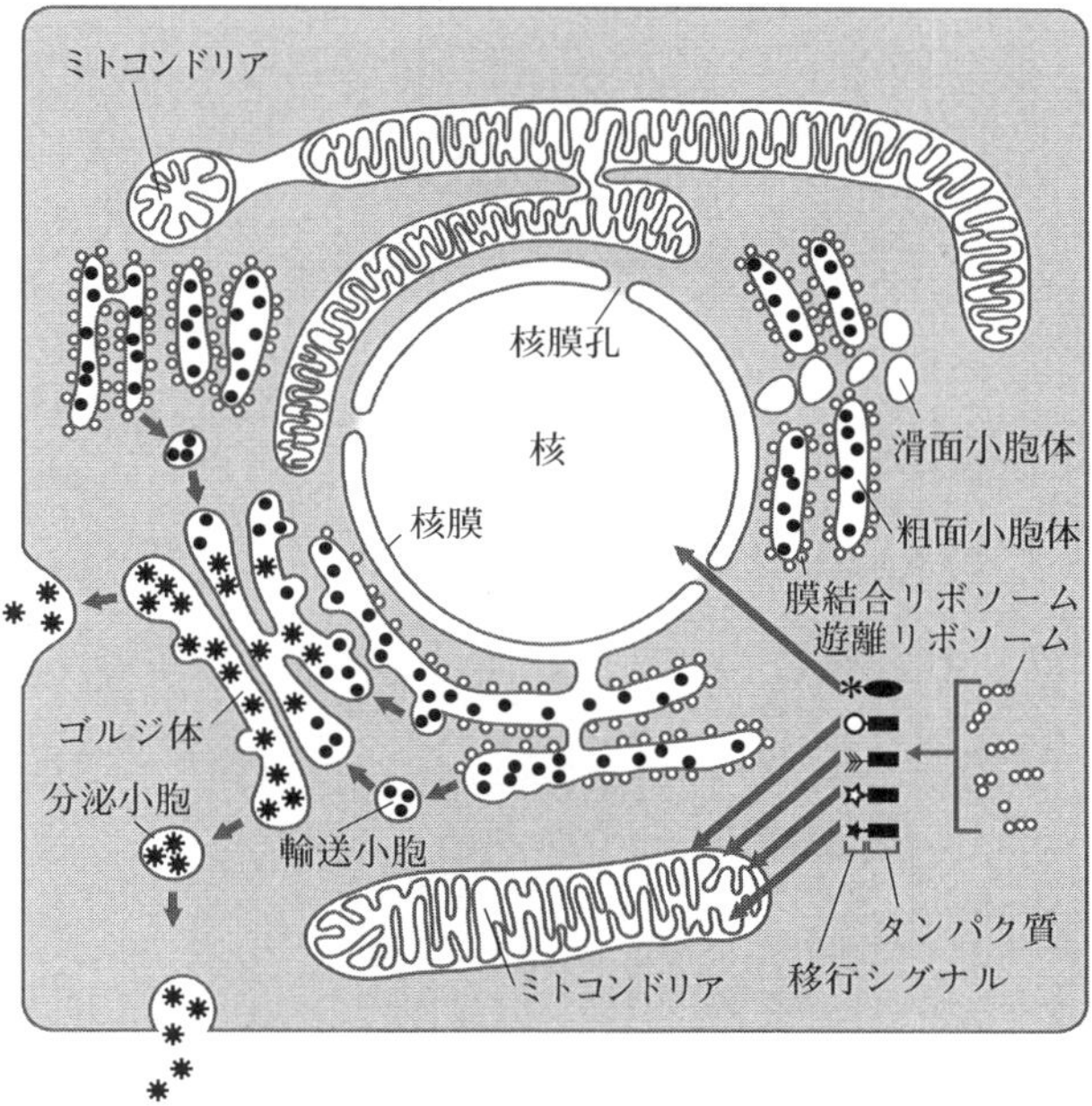

●は膜結合リボソームで合成され、粗面小胞体からゴルジ体に輸送され、ゴルジ体で✱に加工されてから細胞外へ分泌される。

⬬と▬は遊離リボソームで合成され、核とミトコンドリアにそれぞれ輸送されるが、移行シグナルによって輸送場所が決まっている。

図1-4　細胞小器官（オルガネラ）の構造と合成されたタンパク質の移動経路

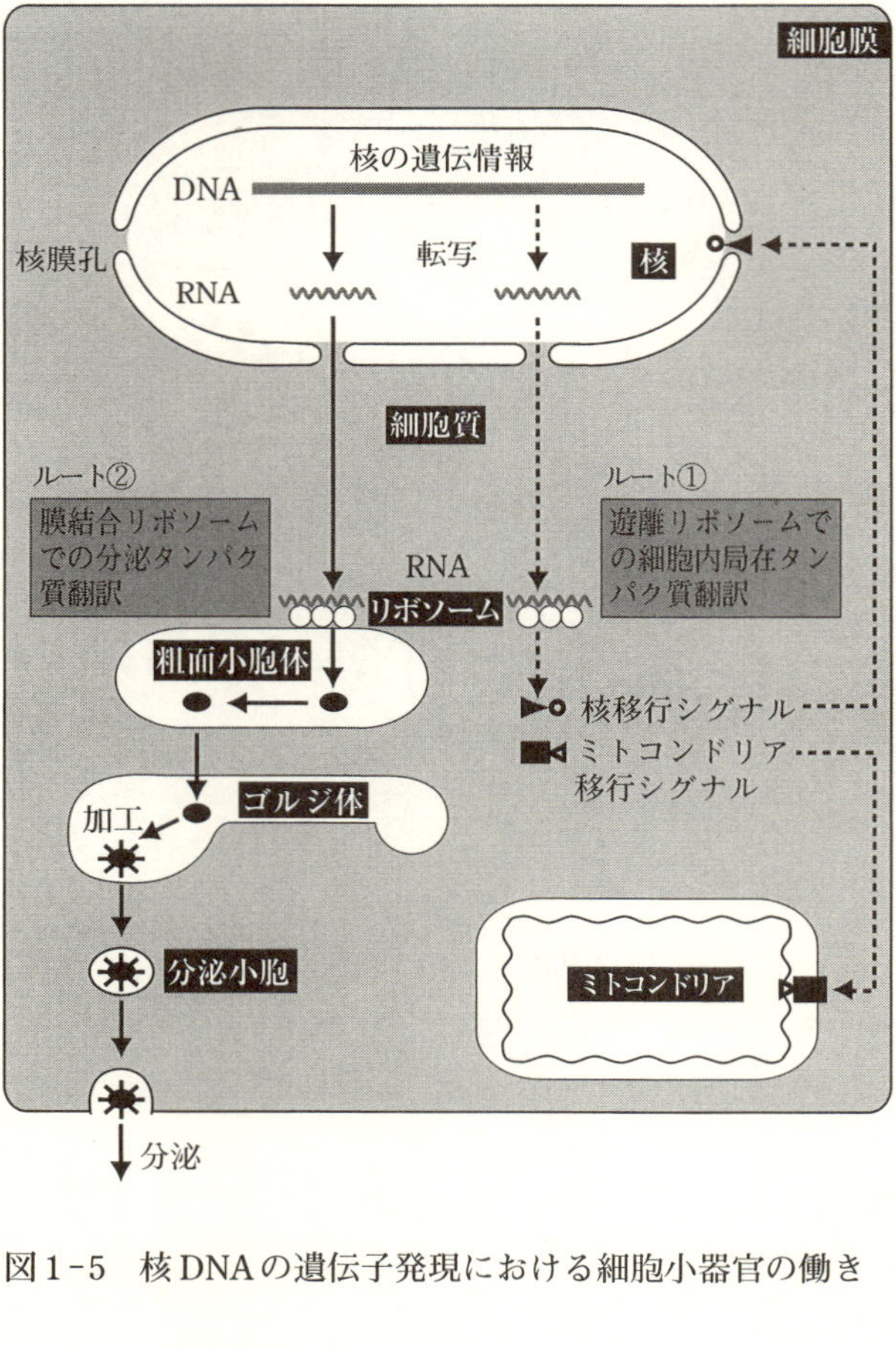

図1-5　核DNAの遺伝子発現における細胞小器官の働き

果たしている。核には、核膜という防護壁があり、活性酸素やさまざまな化学物質との反応でDNAが傷つくのを未然に食い止めている。DNAの中にある遺伝子は、この金庫の中に常時保管されており、必要な遺伝情報だけがRNA（リボ核酸）にコピー（転写）されて、細胞質に運ばれていく。

遺伝子にコードされているタンパク質は、細胞内と細胞外で働くものがある。転写されたRNAは、その種類に応じて、二つのルートに分かれる。第一のルート（図ルート①）では、RNAは遊離リボソームでタンパク質に翻訳（情報変換）された後、細胞内の所定の場所に運ばれていき、そこでそれぞれの機能を果たす。第二のルート（図ルート②）では、RNAは膜結合リボソームでタンパク質に翻訳され、粗面小胞体やゴルジ体という細胞小器官を通して輸送や加工された後、分泌小胞にいったん貯蔵される。そして必要に応じて、細胞外に分泌されて、必要な場所に運ばれ、そこで生命活動に必要な機能を果たす。こうした一連のプロセスを遂行するには莫大なエネルギーが必要であり、これを供給する細胞小器官がミトコンドリアなのである。

このように私たちの体を構成する細胞にはさまざまな細胞小器官があるが、動物細胞で独自のDNAを持っているのは核とミトコンドリアだけだ（植物細胞ではこれに葉緑体が加わる）。ミトコンドリア内に含まれるDNAは、核に含まれるDNAとはまったく別物である。そこで、両者を区別するために、ミトコンドリアの中にあるDNAのことを、mtDNAと呼んでいる。本書では、このmtDNAという言葉が繰り返し登場する。実は本書で紹介するミステリーの大半は、mtDNAにまつわるものだ。

それにしても、なぜ、ミトコンドリアだけが、独自のDNAを持っているのか？　また核にあるDNAとmtDNAはどのような関係にあるのか？　その謎を解くには、いまから一〇億年以上前の、私たちの祖先となった生物とミトコンドリアの祖先との運命的な出会いに遡る必要がある。

第2章

ミトコンドリアはどこからきたのか

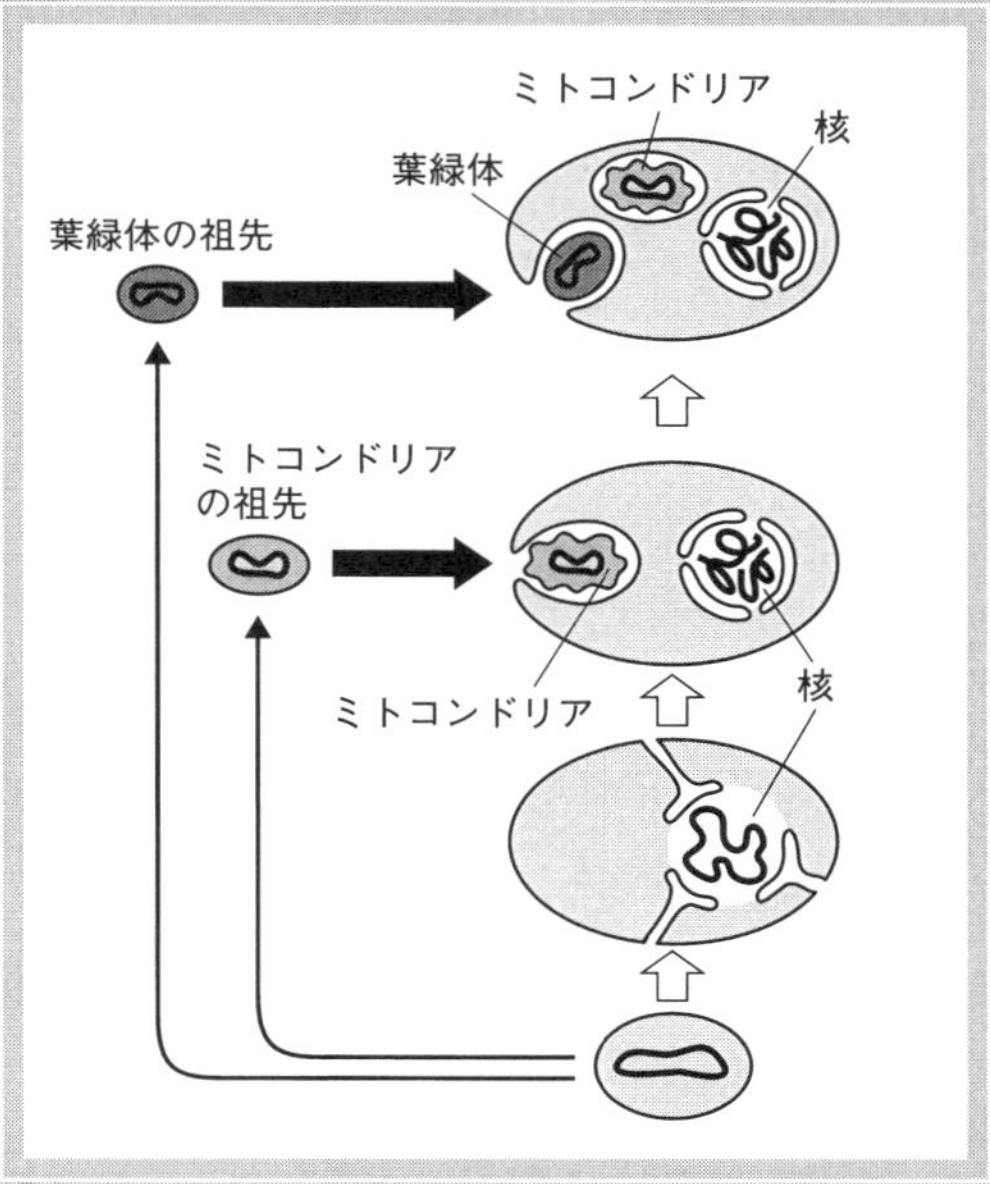

ミトコンドリアの由来は酸素呼吸能力を獲得した原核生物といわれる。この原核生物が原始真核生物（新たに二重膜で覆われた核を構築し、その中に遺伝情報を隔離することに成功した生物）の中に飛び込み、細胞内共生を始めたという考え方（細胞内共生説）が、現在、多くの研究者から支持されている。

2－1　生物の分類と進化

そもそも私たちは、なぜミトコンドリアのような細胞小器官を持つようになったのだろうか。四〇億年という途方もなく長い生物の歴史の中で、私たちの祖先がいかに進化し、どのような経緯でミトコンドリアという細胞小器官を作ったのかを完全な形で解明することは、現在でも、またこれからも、そしておそらくは永久に不可能なことである。しかし、現在生きているさまざまな生物の形や生活の様子、遺伝情報などを比較したり、過去の生物の化石などを調べたりすることで、その過程をある程度推測することはできる。

細胞のつくりでみると、地球上のすべての生物は過去に生きた生物も含め、原核生物（バクテリア、すなわち細菌）と真核生物という二つのグループに分けることができる。図2－1をご覧いただきたい。地球上に最初に現れたのは原核生物だった（Ⓐ）。原核生物は、まだ核などの細胞小器官を持っておらず、生物の設計図である遺伝情報をになうDNAは細胞質の中にあった。その後、一部の原核生物は、細胞を覆っている細胞膜を変化させるなどの方法で、二層の膜から構成される核膜を細胞質内に作り上げた（原始真核生物、Ⓑ）。そしてこの核膜の中にDNAを保管することで核という細胞小器官を構築し、真核生物（Ⓒ、Ⓓ）に進化したと考えられている。

原核生物たちは核やミトコンドリアのような細胞小器官を持たず、細胞内における分業体制が

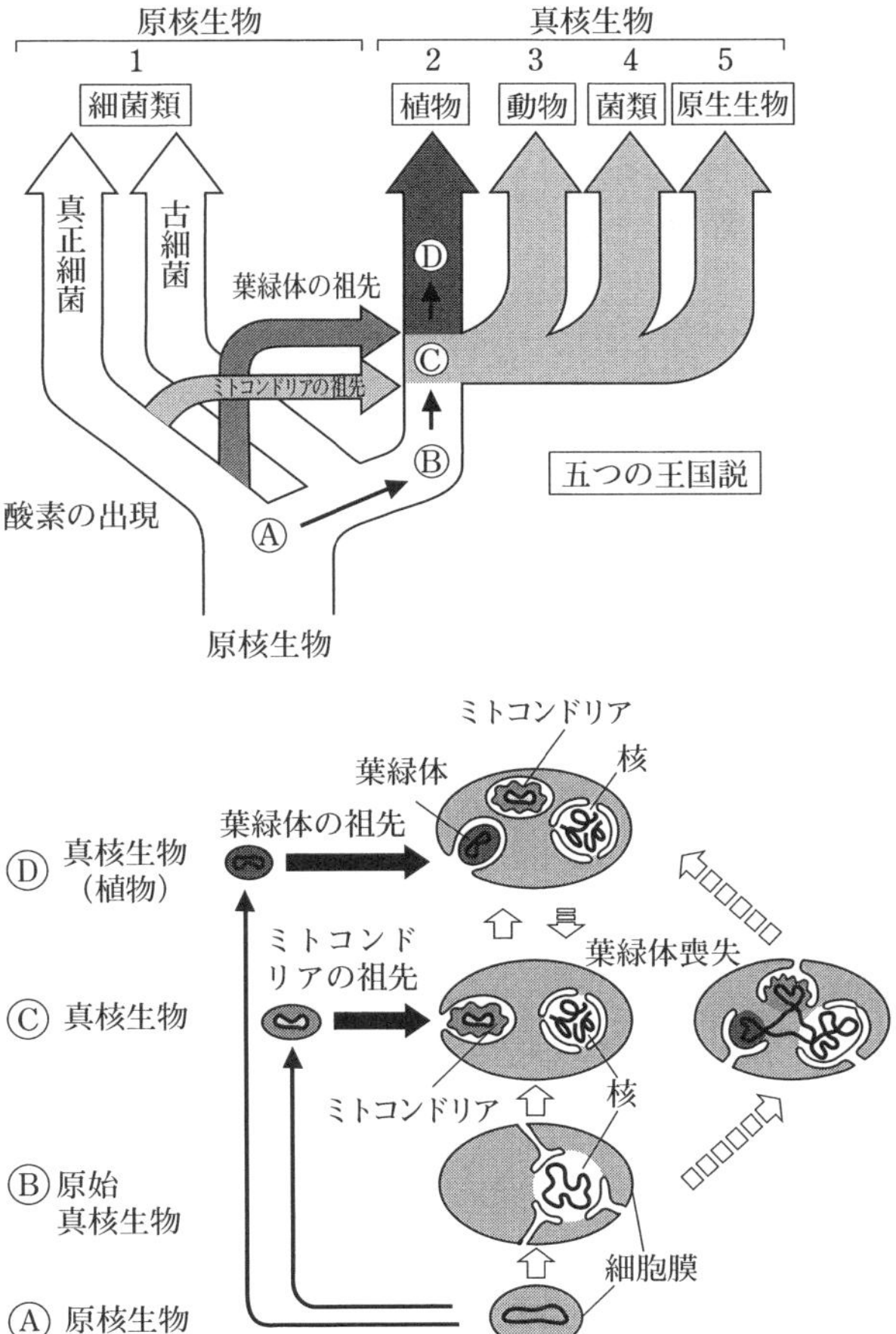

図2-1　五つの王国説と細胞内共生説に基づくミトコンドリア進化のシナリオ

構築されていない。一方、それ以外の生物、すなわち真核生物のほとんどすべては核とミトコンドリアを持っている。

地球上のすべての生物をその進化の過程を重視して分類する場合、現在最も多くの生物学者に受け入れられている考え方は、一九五九年にコーネル大学のロバート・ウィタカーによって提唱された「五つの王国説（五界説）」である。この仮説では、地球上の生物はウイルスを除いて五つの王国（界）に分類される。第一の王国の支配者は原核生物で、すべて一つの細胞でできている単細胞生物である。残りの四つの王国はすべて真核生物で占められており、植物、動物、菌類、原生生物で構成されている。私たちヒトを含め多くの真核生物は多細胞生物であるが、アメーバやゾウリムシのような原生生物は、真核生物でありながら、単細胞でできている。

2－2 細胞内共生説──運命的な出会い

一九六七年、ボストン大学のリン・マーギュリスは、この五つの王国説をベースにして、「細胞内共生説」という斬新な仮説を発表した。この説は、ミトコンドリアの誕生を合理的に解説する仮説として、現在最も多くの研究者の支持を得ている。そのシナリオは次のようなものだ。

まず、地上に最初に現れたのが原核生物であった。時の経過とともに、この原核生物も多様なタイプに進化し、その後真核生物が出現する上で重要な役割を演じることになる三つのタイプの原核生物たちが相次いで登場した。第一が原始真核生物、第二が葉緑体の祖先となる原核生物、第三がミトコンドリアの祖先となる原核生物である。

第一の原始真核生物（図２－１Ⓑ）は、細胞膜を取り込んで新たに二重膜で覆われた核という細胞小器官を発達させ、その中に自らの遺伝情報を担っているＤＮＡを確保することで真核生物へと進化していったと考えられている。

一方、葉緑体の祖先となった第二の原核生物は光合成をする能力を進化させ、原始の地球にたっぷりとあった二酸化炭素と水と太陽光を利用してブドウ糖と酸素を合成した。原始の地球にはもともと酸素は存在しなかったが、この光合成によって太陽の光エネルギーはブドウ糖に化学エネルギーとして蓄えられる一方、地球上にはじめて酸素が誕生し蓄積していったのである。

意外に思われるかもしれないが、酸素は生物にとって極めて危険な物質である。酸素は全元素中、フッ素についで二番目に電子を引きつける力が強く、周囲にある物質と手当たりしだいに結合するという性質を持っている。そのため、酸素が体内に入ると、生命活動に必要なＤＮＡやタンパク質と酸化反応を起こしてボロボロにしてしまうのである。原始真核生物は、核膜によってＤＮＡを保護するよう進化していたが、酸素に対する防御は不十分で、他の原核生物と同様に、そのまま死に絶えるか、酸素の少ない地下の限られた空間に逃げ込むしかなかった。

このように葉緑体の祖先は、酸素を発生させることで多くの生物を絶滅の危機に追い込む一方で、新たなるタイプの原核生物の誕生を促すことになる。これが本書の主役となるミトコンドリアの祖先となる第三の原核生物なのである。この原核生物は、光合成によって地球上に蓄積しはじめた酸素を利用してブドウ糖を二酸化炭素と水に分解し、その時ブドウ糖に蓄えられた化学エネルギーをATP（アデノシン三リン酸）の化学エネルギーに変換できる、すなわち酸素呼吸を行う能力を獲得した。

地上に蓄積した酸素で絶滅の危機に瀕した原始真核生物にとって、ミトコンドリアの祖先は文字どおり、救世主となった。なにしろ、彼らは有害な酸素を水に変えることができただけでなく、酸素呼吸によって莫大な生命エネルギーを生産する能力を獲得しつつあった。そこで原始真核生物の一部はこの原核生物を自らの細胞内に取り込み、有害な酸素の処理工場であると同時に、生命エネルギー生産工場として有効に利用したのである。この積極的戦略によりミトコンドリアの祖先を取り込んだ原始真核生物は、酸素から逃れて地下に逃げ込んだ消極的な原核生物たちを尻目に、有害な酸素で覆われはじめた地球の表舞台に躍り出て激しい生存競争に勝ち抜いていった。このように本来別々の単細胞生物が一つの細胞の中で共存するようになり、最終的に新しい一つの生物として生きることを細胞内共生という。

ミトコンドリアと共生しはじめた真核生物は、現在のアメーバやゾウリムシのような単細胞生物であったが、ミトコンドリアというエネルギー工場を有効に利用することによって、その後より高等で複雑な生命機能を営む生物への進化が約束された。そしてこの原生生物をベースに植物、菌類、動物が現れ、その多くは多細胞生物として、より複雑な生命活動を営むようになった。特に植物の祖先は、ミトコンドリアとの共生後、さらに光合成をする原核生物を取り込んだ。そしてこれを葉緑体という細胞小器官として利用することで、酸素と栄養分を大量に生産していったのである。以上が細胞内共生説にもとづく進化のシナリオである（図2－1）。

読者の中には、細胞内共生説を荒唐無稽と思われる方もあるかもしれないが、ミトコンドリアの中には、この仮説を裏付ける痕跡が残っている。ミトコンドリアの中にあるmtDNA遺伝子が発現する仕組みを調べると、核DNAとは明らかに異なり、バクテリアなどの原核生物のそれに非常によく似ている。つまり、mtDNAと核DNAは、それぞれ異なる生物に由来している可能性が高いのである。実際、細胞内共生説を使うと、進化の歴史を合理的に説明できることが多く、いまでは、多くの研究者がこの細胞内共生説に賛同するようになった。本書を含め進化に関するさまざまな議論は、この仮説を前提として進められることが多い。

もちろん細胞内共生説にもその後、さまざまなバージョンが出てきているし、この仮説をベースとしない考え方もある。実はこの仮説が出された後、甲南大学の中村運《はこぶ》は「膜進化説」を提出した（27ページ、図2－1右）。これは原核生物の一部が、真核生物への進化の過程で細胞膜を取り込んで変化させ、ＤＮＡを持つ三種類の細胞小器官、つまり核、ミトコンドリア、葉緑体を形成し、自らの遺伝情報をになうＤＮＡを核とミトコンドリアと葉緑体の三つに分散させて保存するシステムを作り上げたという考え方である。

細胞内共生説と膜進化説のどちらが正しいのか。あるいは、どちらも誤っており、何年後かに、より合理的な新しい仮説が提出されるかもしれない。結局、真実の姿は永久にわからないままであるが、ここで大切なことは、現時点でどの考え方がさまざまな現象や事実をより客観的、論理的、合理的に矛盾なく説明できるのかという点だ。そして、現在のこの分野の多くの研究者が合意している仮説がこの細胞内共生説なのである。

もしかすると、膜進化説のように一つの生物で、複雑な生命現象を営めるように進化した生物もいたかもしれない。一方で、細胞内共生説のように、それぞれの生物が個性ある能力を獲得するように多様な方向にいったん進化し、その後、これらの生物がさまざまな組み合わせで寄生や共生の試行錯誤を繰り返した結果、お互いに協調して一つの統合された生命体を作り上げた生物もいたかもしれない。おそらく後者の生物の戦略のほうが、より高等で複雑な生命体の創出を可能にし、より環境に適応することができ、結果として激しい生存競争に勝ち残ったのではないだろうか。

ところで、ミトコンドリアを取り込む以前の原始真核生物（27ページ、図2-1Ⓑ）やミトコンドリアと共生せずに酸素から逃れて地下に逃げた原始真核生物は現在も生きているのだろうか。多くの研究者がその末裔を必死に探そうとしているがまだ見つかっていない。おそらくこのような消極的な戦略をとった原始真核生物は、有害な酸素から逃れきれず、またミトコンドリアの祖先と共生をした真核生物との生存競争に負け、早い時期に絶滅したのではないだろうか。

ただ、真核生物の中の原生生物（図2-1の5）にはミトコンドリアを持たない仲間がまれにいる。しかし、残念ながらその多くはどうもかつてミトコンドリアを持っていた原生生物のようだ。彼らは他の生物に寄生することで宿主となる生物からエネルギーをもらうように進化したため、結果的にミトコンドリアを退化させたものであり、ミトコンドリアと共生する前の原始真核生物の末裔とは違うものと推察されている。

2-3 細胞内共生後の大イベント——ゲノムの避難

酸素による致死的なダメージを受けていた原始真核生物にとって、有害な酸素を無毒化すると同時に莫大なエネルギーを生産できる能力を獲得したミトコンドリアの祖先は、さぞかし魅力的であっただろう。それでは、逆にミトコンドリアの祖先にとって、原始真核生物と共生することにどんなメリットがあったのだろうか。

ミトコンドリアの祖先が目をつけたのは、原始真核生物が形成しつつあった核という細胞小器官ではなかっただろうか。実はミトコンドリアの祖先となった原核生物は、エネルギー生産する能力を獲得した代償として、同時にとんでもない問題を抱え込む羽目になっていた。それは酸素呼吸の結果、大量に発生する危険な活性酸素である。

一般に、酸素は他の物質と反応する時に二つの電子を吸収するが、まれに一個の電子しか吸収しない場合がある。その際に発生するのが活性酸素で、酸素以上に強力な酸化作用を持つ。酸素呼吸によって酸素の一部は活性酸素になり、遺伝情報のにない手であるDNAを破壊したり突然変異を起こす原因となった。その結果、ミトコンドリアの祖先は自らの存続すら脅かされる危険も同時に獲得してしまったのである。

もちろん、この危険な活性酸素を水などの無害な物質に変換するカタラーゼや、スーパーオキサイドディスムターゼ（SOD）などの酵素を新たに進化させることで、何とか急場はしのげたかもしれない。しかし、このような酵素を使っても、活性酸素が大切な遺伝情報を破壊する危険から完全に逃れることはできなかった。

ミトコンドリアの祖先はこの活性酸素によるダメージを避けるために、原始真核生物の中にパラサイト（寄生体）として潜り込み、自らの遺伝情報の大部分を、活性酸素の害が及ばないより安全なところ、すなわち寄生した真核生物の核の中に避難させる戦略をとったのだと推測されている（次ページ、図2－2A）。というよりむしろ、ミトコンドリアの祖先が遺伝情報を核に亡命させたからこそ、ミトコンドリアは思う存分、酸素呼吸によって莫大な生命エネルギーを供給できるように進化できたと解釈するほうが適切なのかもしれない。そう考えると、ミトコンドリアの祖先にとっても、この共生は十分なメリットがあったはずだ。

では、ミトコンドリアの祖先が核に逃避させた遺伝子はどこにあるのか。その遺伝子は核DNAの中に完全に組み込まれているので正確に特定することは不可能だが、現在の遺伝子の役割から、それらを類推することは可能だ。現在の核DNAの中には、避難しきれずに取り残されたmtDNA（図2－2Aのa）の複製や発現を司るタンパク質をコード（指令）する遺伝子、さらにミトコンドリアの呼吸酵素複合体を構成するタンパク質をコードする遺伝子が含まれている（図2－2B）。少なくともこれらの遺伝子こそが、ミトコンドリアの祖先が活性酸素のダメージを避けるために、核に避難させたDNAといっていい。

実は、自らの遺伝情報を他の生物のDNAに組み込むことはそれほど難しいことではなく、現在でもパラサイトの一つであるウイルスが頻繁に行っていることである。このミトコンドリアの祖先のとったウイルスと同じような戦略（37ページ、図2－3）は、この局面では共生などという生易しいものではなく、現在のウイルスのようにまさにパラサイトとしての利己的な行為だったのではないか。もしかすると、原始真核生物と共生を始めた当初は、ミトコンドリアの祖先もD

A　ミトコンドリア祖先の遺伝子避難戦略

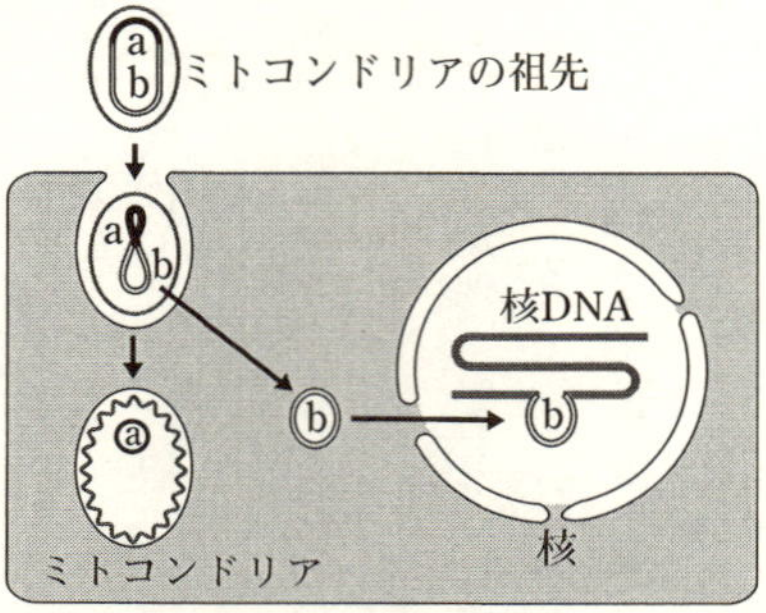

a：mtDNAとしてミトコンドリアにとり残された領域
b：核DNAの中に組み込まれた領域

B　避難した遺伝子の支配も受ける現在のミトコンドリア

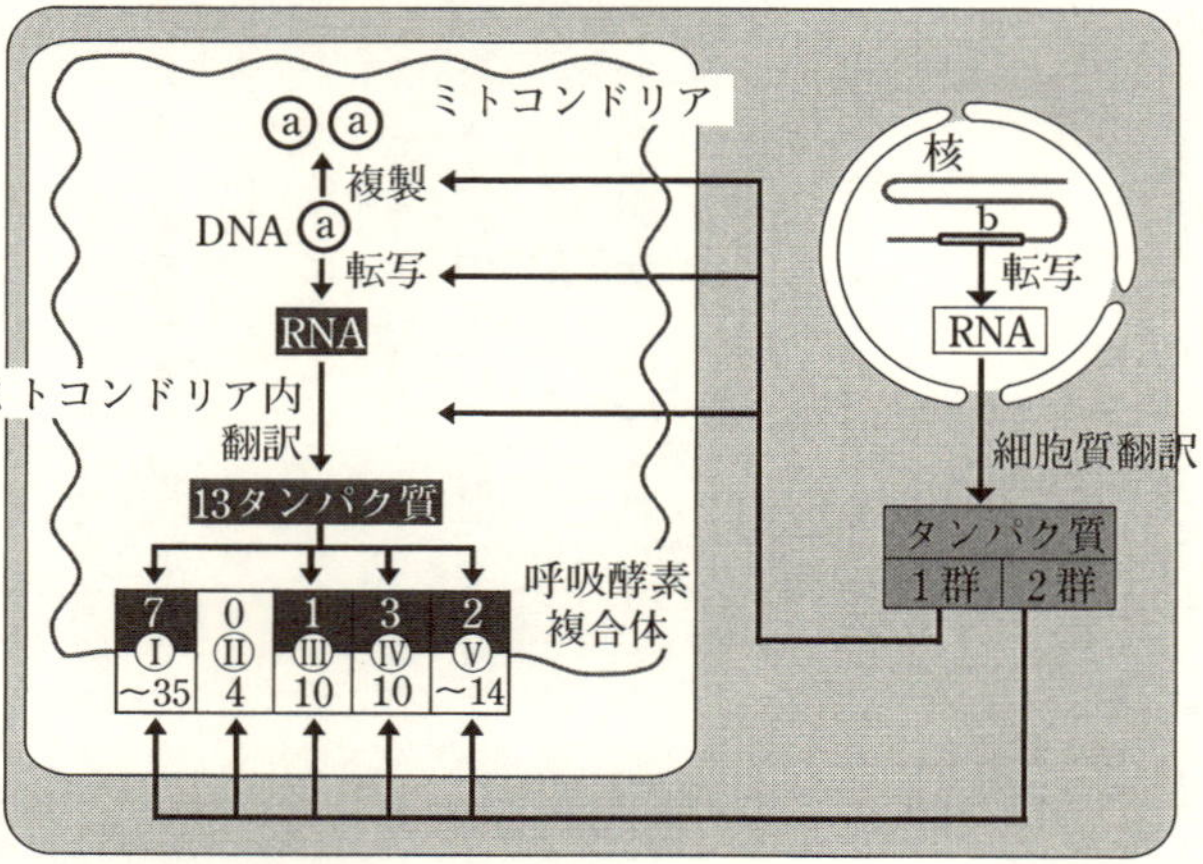

呼吸酵素複合体Ｉ、II、III、IV、ＶはmtDNAにコードされるタンパク質（サブユニット）の数がそれぞれ7、0、1、3、2個。核DNAにコードされるサブユニットの数が約35、4、10、約14個である。

図2-2　ミトコンドリア遺伝子発現系の二重支配

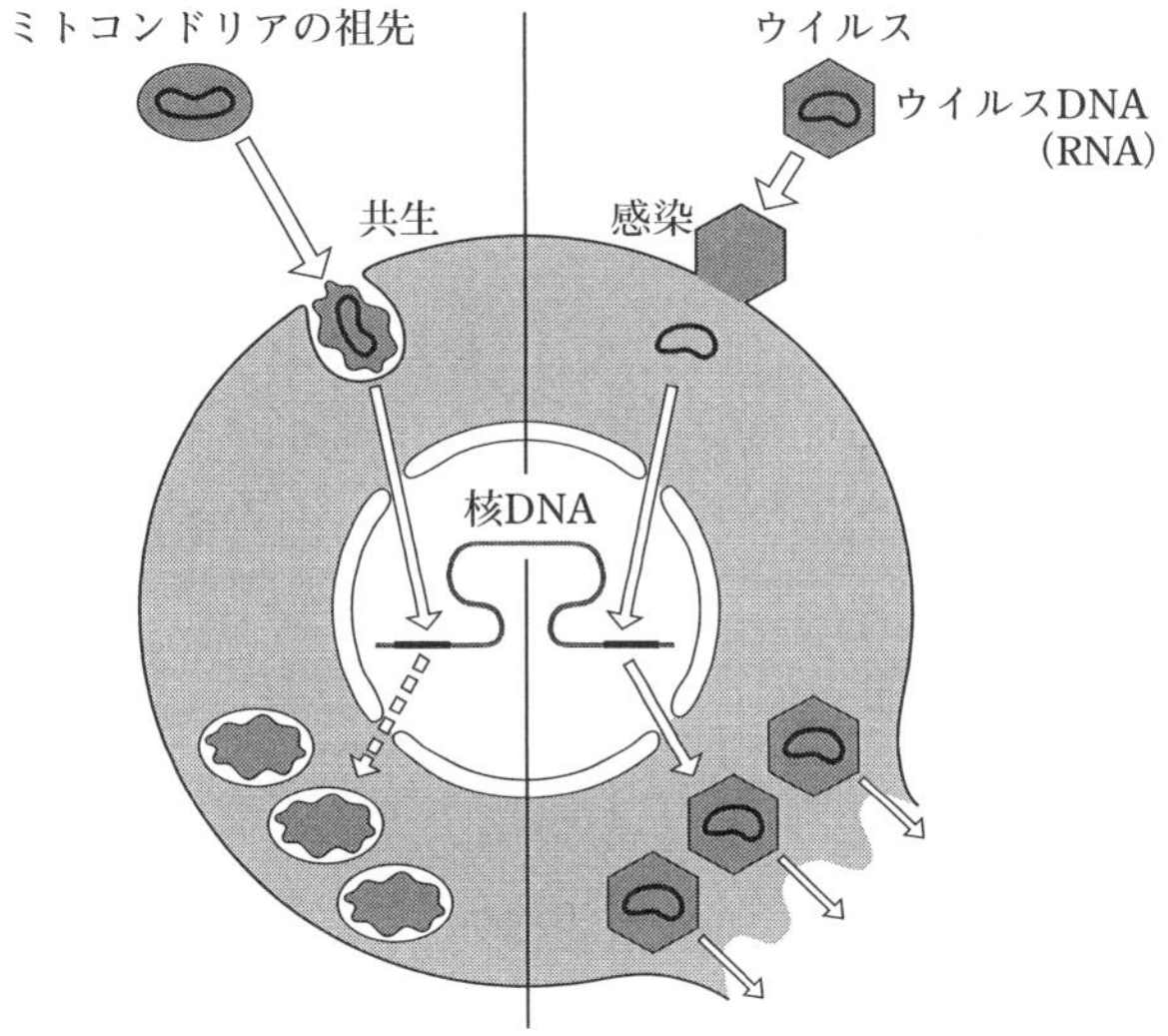

図2-3　ミトコンドリアとウイルスのパラサイト戦略

NAを核の中に避難させるだけで、自らが作り出したATPを外に出さなかったかもしれない。しかし、こうした利己的なミトコンドリアの末裔は宿主もろとも絶滅してしまったのか、現在では確認することはできない。結局、宿主である真核生物にもATPを分け与える献身的なミトコンドリアの祖先の選択のほうが生存競争には有利だったのであろう。

2-4　避難できなかった遺伝情報——mtDNA

mtDNAを世界で初めて発見したのは、スウェーデン、ストックホルム大学の生物学者マーギット・ナスだった。一九六三年のナスの報告によると、ニワトリ胚の電子

A　核とミトコンドリアのDNAコピー数

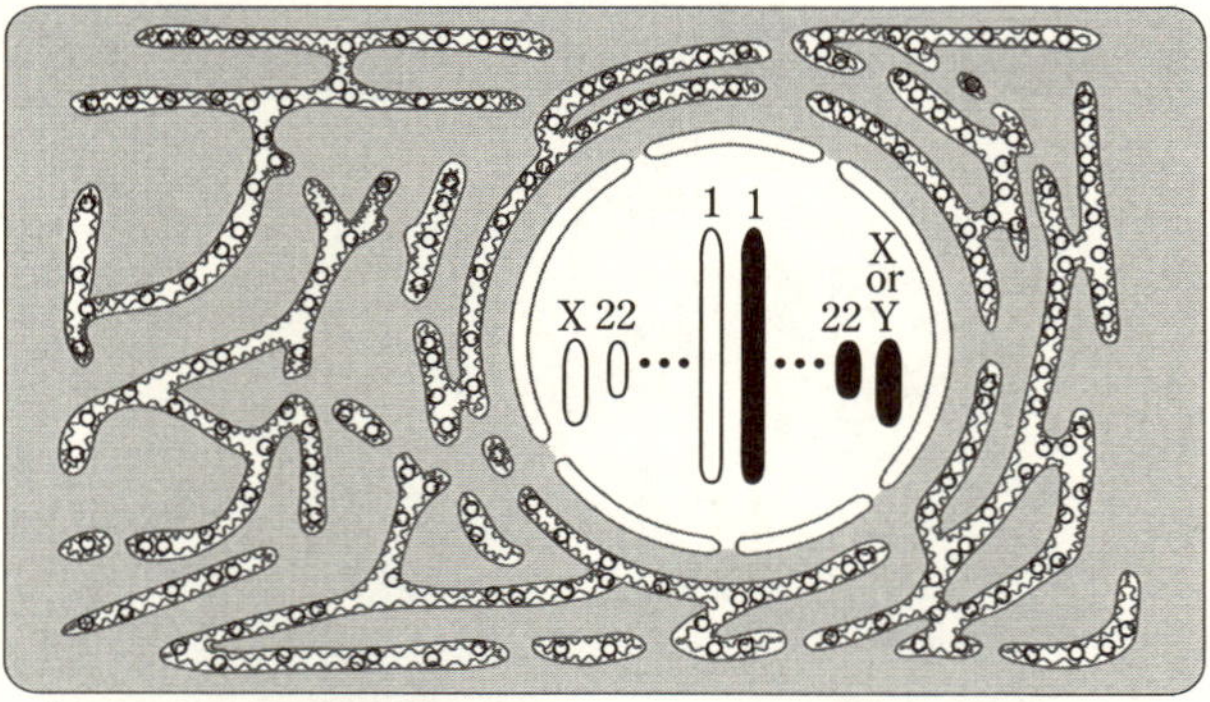

核DNAは両親からそれぞれ１コピーずつ同等に受け取る。
mtDNAはすべて母親由来で１つの細胞当たり数千コピー存在する。
核には母親由来の1〜22番染色体とX染色体（⬭）
　　　父親由来の1〜22番染色体とXまたはY染色体（⬬）
が持っている遺伝情報が含まれる。
ただし、染色体という構造をとるのは細胞分裂するときだけである。

B　核とミトコンドリアの遺伝子発現

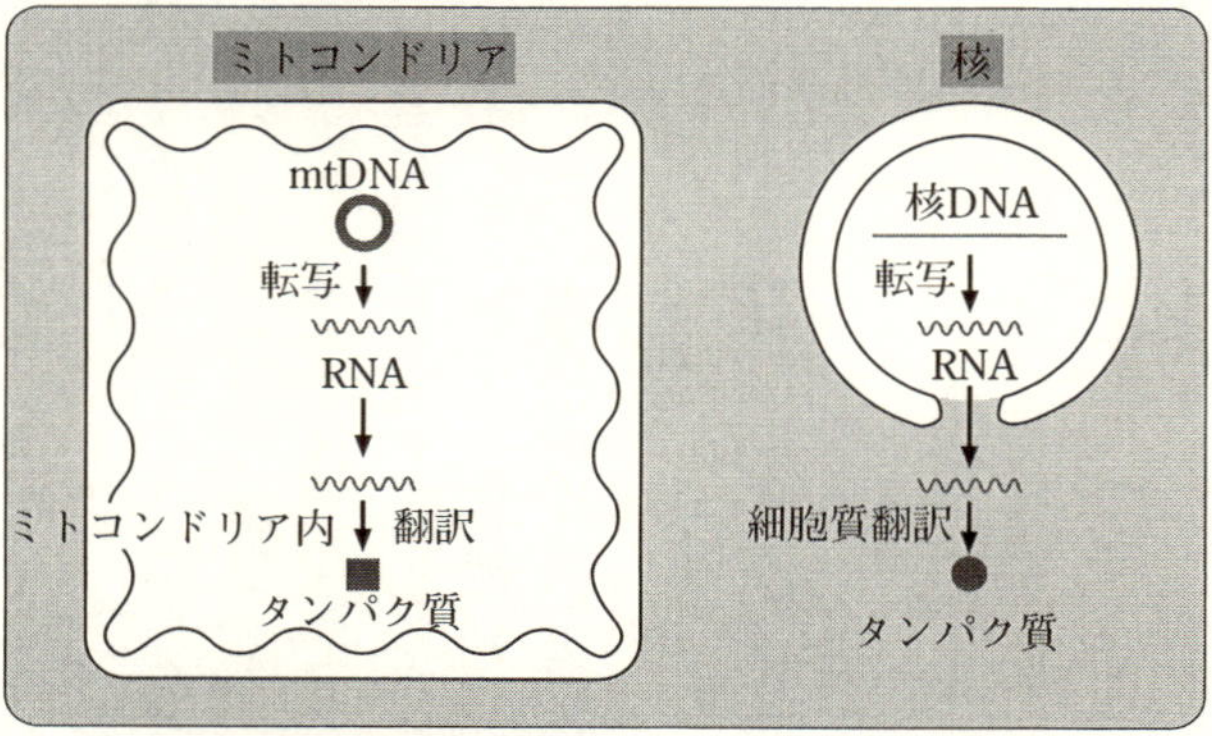

核DNAからRNAへの転写は核で行われるが、RNAからタンパク質への翻訳は細胞質で行われる。
mtDNAからRNAへの転写、およびRNAからタンパク質への翻訳はすべてミトコンドリア内で行われる。

図2-4　独自のDNAを持つ細胞小器官

顕微鏡写真をみたところ、ミトコンドリア内だけにＤＮＡ分解酵素でのみ消失する繊維状物質があったという。この物質こそがmtＤＮＡだった。この発見は世界に衝撃を与え、リン・マーギュリスが細胞内共生説を確信する重要なきっかけともなった。ミトコンドリア研究者たちが驚くのは無理もなかった。なにしろ、核にしかないと思われてきたＤＮＡが、ちっぽけな細胞小器官にも含まれていたのだ。この発表以後、ミトコンドリア研究者の関心はこのmtＤＮＡに向かい、分子生物学的なアプローチによる研究が急ピッチに進められ、いろいろなことがわかってきた。

ひとくちにＤＮＡといっても、核ＤＮＡとmtＤＮＡではさまざまな点で違いがある。大きく分けると、四つの相違点がある。

①細胞内の数と遺伝様式

mtＤＮＡの場合、塩基配列がほとんど同じ分子が一つの細胞当たり数千コピーもの集団として存在する（図２‐４Ａ）。また第六章で詳しく述べるように、mtＤＮＡ分子は例外なく母親由来である。これに対し、核ＤＮＡの場合は両親からそれぞれ一コピーずつ受け継ぐ。したがって細胞内に計二コピーしか存在しない。

②遺伝情報が翻訳（タンパク質に変換）される場所

核ＤＮＡの遺伝子は核の内部で転写されてＲＮＡになった後、核の外に出て、細胞質でタンパク質に翻訳されるのに対し、mtＤＮＡ遺伝子のＲＮＡへの転写とタンパク質への翻訳はすべてミトコンドリア内で行われている（図2－4B）。

③細胞が分裂する際の遺伝情報の複製と分配

核DNAはDNA合成期にすべての複製作業が行われる。その後、細胞分裂のため染色体の構築が行われ、しばらくしてから分裂期になると特殊な分裂装置（図2－5㋑）が出現する。この装置は、親細胞が持っていたすべての遺伝情報（ゲノム）を、分裂して生じた二つの娘細胞が同等に持つように厳格に分配する役目がある。この分裂装置があるおかげで、何回も細胞分裂を繰り返した後でも、一つ一つの細胞は受精卵の核DNAとほとんど変わらない遺伝情報を持つことができるのだ。

これに対し、mtDNAを複製したり娘細胞に分配する方法は核DNAとはまったく異なる。数千コピーもあるmtDNAの複製はランダムに起きることに加え、mtDNAには核DNAのような分裂装置はない。そのためmtDNAは、基本的には確率法則に従ってランダムに娘細胞に分配される（図2－5㋺、薄い色の波線でリング状になっているのがミトコンドリア）。その結果、親細胞が正常（野生）型mtDNAと突然変異型mtDNAの両方を持っていても、細胞分裂してできる娘細胞の中には、どちらか一方の型しかないというようなことが生じてくる（図2－5）。

④DNAの遺伝情報を遺伝子として利用する頻度と遺伝暗号の使い方

生物の設計図としてDNAに刻まれているすべての遺伝情報をゲノムと呼んでいる。たとえば

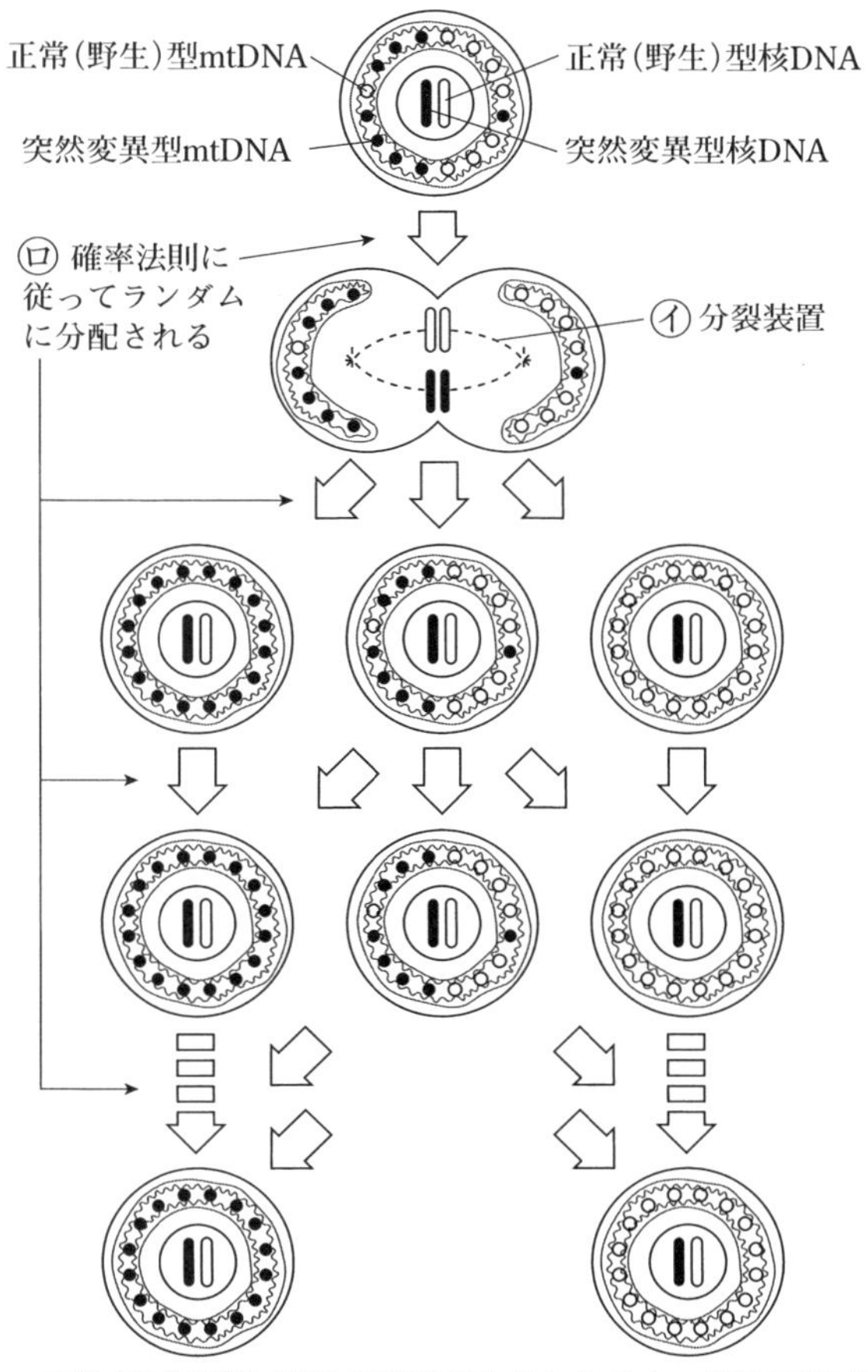

正常(野生)型と突然変異型が共存した場合、核DNAは分裂装置により両者ともに厳格に分配されるのに対し、mtDNAは確率の法則に従いランダムに分配されるため、何度も細胞分裂を繰り返すうちに両者の共存状態は長続きせず、どちらか一方を失うことになる。

図2-5　核DNAの厳格分配とmtDNAのランダム分配

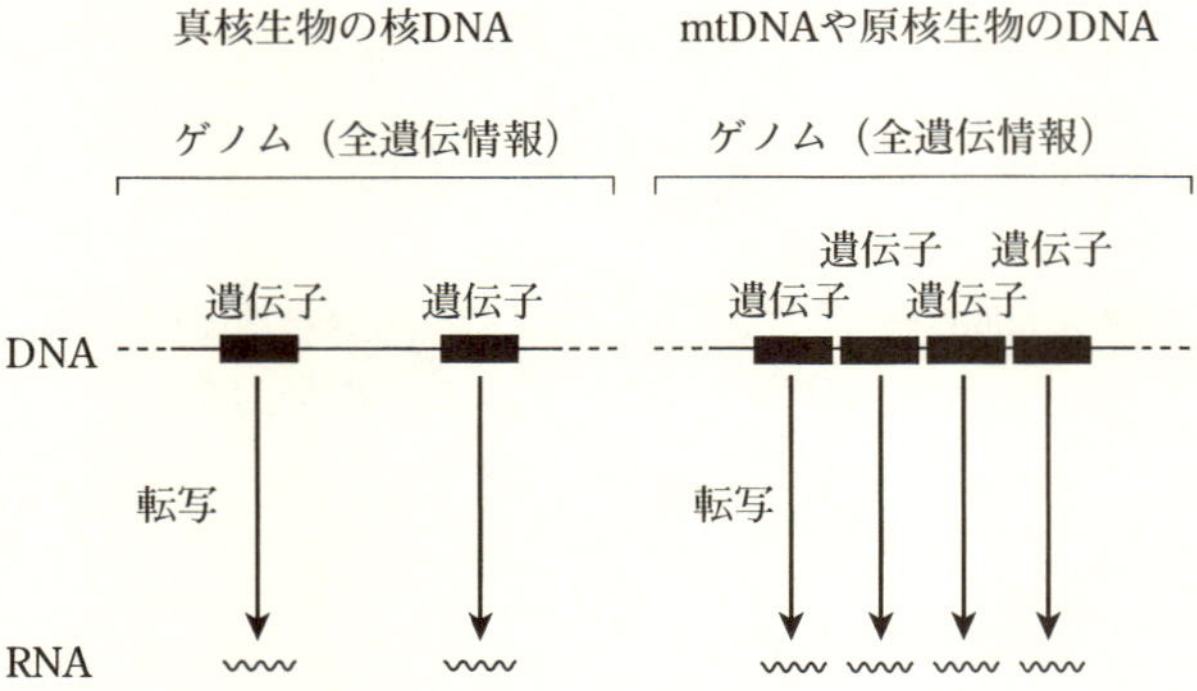

図2-6　ゲノムと遺伝子

ヒトの核ゲノムは片親からもらうすべての遺伝情報、すなわち二三種類の染色体DNAの遺伝情報のことを指す（38ページ、図2-4A）。ただし、この遺伝情報すべてが遺伝子として働いているわけではない。遺伝子と呼べるのはゲノムの遺伝情報の中でRNAに転写される領域だけである（図2-6）。遺伝子は主に以下の三種類に分類される。①タンパク質に変換（翻訳）されるmRNA（伝令RNA）をコード（指令）する遺伝子（構造遺伝子）、②アミノ酸を運搬するtRNA（転移RNA）をコードする遺伝子（tRNA遺伝子）、③リボソームを構成し、タンパク質への翻訳を助けるrRNA（リボソームRNA）をコードする遺伝子（rRNA遺伝子）。

　真核生物の核DNAの場合は遺伝子として利用している領域、つまりRNAに転写される領域はゲノム全体のわずか五％以下であるのに対し、この小さなmtDNAは、無駄な遺伝情報を徹底的に排除しており、逆にゲノ

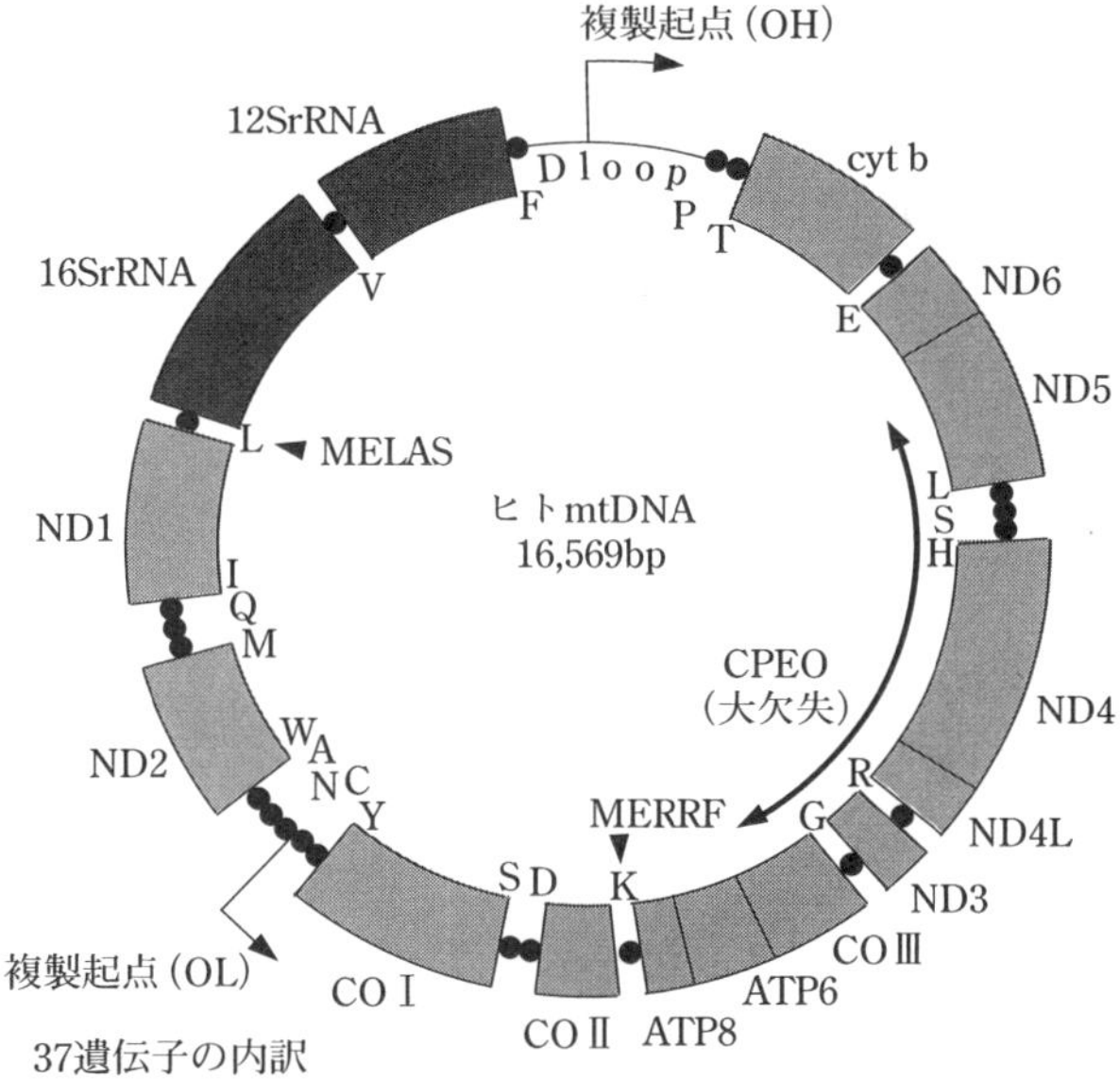

37遺伝子の内訳

構造遺伝子(13個)
複合体Ⅰ(7個) ND1, ND2, ND3, ND4
ND4L, ND5, ND6
複合体Ⅲ(1個) cyt b
複合体Ⅳ(3個) COⅠ, COⅡ, COⅢ
複合体Ⅴ(2個) ATP6, ATP8
rRNA遺伝子(２個) 12SrRNA, 16SrRNA
● tRNA遺伝子(22個) F, P, T, E, L, S, H, R, G, K, D,
S, Y, C, N, A, W, M, Q, I, L, V

図２-７　ヒトmtDNAの遺伝子地図

ム全体の九五％を遺伝子として利用している（図2－6、図2－7）。この徹底した節約ぶりとDNAからタンパク質へ翻訳される際の遺伝暗号の使い方が、現在生きている多くの原核生物のDNAによく似ていることから、「ミトコンドリアの祖先はこのような原核生物の祖先と同じである」という細胞内共生説の重要な論拠の一つになっている。

2－5　ミトコンドリアと核に分散した設計図の統合

それにしても、不思議なのは、ミトコンドリアにmtDNAが残っていることだ。ミトコンドリアの祖先がパラサイトとして原始真核生物に侵入した後、自らの設計図をすべて核の中に避難させてしまえば、危険なミトコンドリアの中にDNAを残さずにすんだはずだ。なぜ、ミトコンドリアはDNAの一部を置き去りにしたのだろうか。

残念ながら、現時点ではmtDNAが存在する理由を合理的に説明できる仮説は提出されていない。すべての遺伝子を核に亡命させてしまった生物は何かの不具合により種の存続ができなくなりすぐに絶滅してしまったのか。あるいは、可能ならば全部亡命させたかったのに、地球上の生物がとってきた試行錯誤という手法ではこれを達成できなかっただけのことなのか。もしかするといずれ未来の生物はmtDNAの核への全面避難に成功し、酸化的ストレスからのがれることで、老化しにくくなり長寿を達成することになるのか。謎のままである。

いずれにしても、ミトコンドリアの設計図といえるDNAが核とミトコンドリアに分散されているために、ミトコンドリアの構造や機能維持のメカニズムは極めて複雑なものになっている（36ページ、図2－2B）。

ヒトなど哺乳類のmtDNAは約一万六〇〇〇塩基対からなる小さな環状二本鎖DNAでできており、そこにはわずか三七種類の遺伝子がコードされているにすぎない。この程度の数の遺伝子では、酸素呼吸のような複雑な生命活動を制御することはできない。そのため、mtDNAは、核の中に分散しているDNAと連携をとりながら働いている。

mtDNAにある遺伝子から作られる一三種類のタンパク質は例外なくミトコンドリア内膜に局在し、そこで呼吸酵素複合体を作ってエネルギー生産に貢献している（36ページ図2－2B）。これらのタンパク質がミトコンドリアの外に出て核DNAにある遺伝子の発現をコントロールしている可能性を示す証拠はいっさい提出されていない。したがって、ミトコンドリアの構造や機能の維持は核DNAの遺伝子からの一方的な支配を受けているのである。

〈補足〉多少専門的になるかもしれないが、核DNAに存在し、mtDNAをコントロールする遺伝子群の役割を簡単に説明しておこう。もう一度、図2－2Bを見てほしい。ミトコンドリアの遺伝子群はその働きぶりから大きく二つのグループに分けられる。第一群は、mtDNAの複製や転写、さらには翻訳などを支配する遺伝子である。第二群は、ミトコンドリアの呼吸酵素複合体を構成するタンパク質をコードする遺伝子群である。mtDNAに存在する一三種の構造遺伝子は、すべてATP生産に必要な呼吸酵素複合体を構成するタンパク質に翻訳されるが、どれも単独では機能しない。ミトコンドリアの内膜で、核DNAに存在する遺伝子が作ったタンパク質と集合して、はじめて生理活性を持つ酵素複合体を形成することができるのである。

このようにmtDNAの複製や遺伝子発現系、さらにはミトコンドリア呼吸酵素複合体の生理活性も、かつてミトコンドリアが核DNAに移住させた自らの遺伝子に強烈に支配されることになる。したがってミトコンドリアの呼吸活性が低下しても、その原因はmtDNA上の遺伝子だけでなく、核DNAの遺伝子の異常による可能性も十分に残されている。

2-6 mtDNAも核に強制避難させたら？

先に、mtDNAがいまなおミトコンドリアにも残存する理由を正確に知ることはできないと述べたが、少々手荒い方法を使えば、mtDNAの遺伝情報をすべて人工的に核DNAに強制移住させることは可能だ。その場合、細胞質で遺伝情報がきちんとタンパク質に翻訳され、そのタンパク質がミトコンドリア内の適正な場所に戻ることができるような工夫が必要となる。この問題さえ解決すれば、マウスなどを用いて、このような遊びをすることは理論的には十分可能なのである。

このようないたずらをしたマウスを作ることにどのような生物学的意義があるのか？　単に研究者の好奇心を満足させるだけの遊びと思われる方もいるだろう。しかし、この遊びが成功すれば、なぜmtＤＮＡがいまだに生きる化石のようにミトコンドリアに残存しているのかというミステリーに対する解答が得られるはずである。

たとえば、mtＤＮＡをすべて核に移植したマウスが何も健康上の問題がなく、むしろ酸化的ストレスから解放されて長生きできるのであれば、mtＤＮＡがなおミトコンドリア内に存在するのは、たまたま進化という試行錯誤ではまだ核への避難が達成できていないだけのことになる。一方、もしこのようなマウスが何らかの理由で生存できないのならば、そのような試行錯誤はとっくに経験済みで、単にすべての遺伝情報を核に避難させることに成功した生物は、逆に何らかの問題が生じて生きていけなくなってしまった（絶滅した）という結論を出すことができる。

これまで述べてきた進化のシナリオは、まるでミトコンドリアが生存競争の中で生きのびる最善の戦略を選んできたかのようである。しかし、実際は単なる試行錯誤の繰り返しと偶然の結果なのである。共生以来の一〇億年という気が遠くなるような時間を使っても、生物たちは試行錯誤を繰り返すことでしか進化することができないため、達成できないことがたくさんあったはずだ。しかし、分子生物学の技術をもってすれば、生物が一〇億年かけても達成できなかったことを、数年足らずで実現できるかもしれない。つまり分子生物学を使うことで、進化の限界を克服できるかもしれないわけだ。もしかすると、この実験によって老化や癌化から解放された長寿マウスが誕生し、人類の見はてぬ夢であった不老長寿の糸口がつかめるかもしれない。

2-7 mtDNAを完全に削除したら?

では、反対にミトコンドリアの中にあるmtDNAを核に移住させずに削除してしまったなら、ミトコンドリアは増殖できずに消えてしまうのだろうか。ミトコンドリアはかつて独立した生命体であったことを考えると、そうあっても不思議ではない。

実は、この解答はすでに出ている。詳しくは第八章で説明するが、筆者たちは、mtDNAをまったく持たないマウス細胞(マウスmtDNA欠損細胞)を樹立することに成功した。このマウスの細胞を使って確認したところ、mtDNAを失ってもミトコンドリアは消失することはなく、形こそ劇的に変化するが増殖を続けることができたのである。

独立した生命体においては、その設計図が遺伝情報として書き込まれているDNAを失うと生きていくことはもちろんできない。ではなぜミトコンドリアは消えることもなく、増え続けることができるのだろうか。答えは簡単である。ミトコンドリアを構成する因子をコードしている遺伝子のほとんどすべては、核に移住しており、その中にはミトコンドリアが増殖するのに必要な情報も含まれている。したがって、mtDNAがなくなっても、核DNAに組み込まれた遺伝子のリモートコントロールを受け、ミトコンドリアそのものは増殖することができるのである。

残念ながらmtDNAを失うと、ミトコンドリアは残ってもクリステが退化してふくらみ、生命エネルギー生産工場としての働きは完全に停止する。このため生命エネルギーの供給は、酸素を使わない解糖系（詳しくは第三章で説明）のみにたよらざるをえなくなる。したがってmtDNA欠損細胞は通常の培養条件で育てることはできず、大量のブドウ糖のほかに、いくつかの栄養素を加えた栄養培地を使わないと死んでしまう。それでもこの細胞の増殖はかなり悪い。

さて、mtDNA欠損細胞が培養条件さえ整えれば何とか生きていけるのなら、私たちの体も栄養さえ十分にとればmtDNAなしで生きていけるだろうか。すでに特定の組織のmtDNAの複製が何らかの理由により停止し、その結果、mtDNAの量が極端に減少するヒトの症例が報告されている。ヒトのmtDNA欠損細胞でも培養条件を工夫することにより何とか生存が可能であったが、個体レベル、特にその胎児期に特定組織のmtDNAの複製が途中で停止すると、その後の正常な発生を大きく妨げることになり、最終的には胎児の段階、あるいは生後の早い時期に死亡してしまう。ごく最近、スウェーデン、カロリンスカ研究所のニルス・ラルソンらは、mtDNAを複製するのに必要な遺伝子（この遺伝子は核ＤＮＡに存在する）を破壊したマウスを作ったところ、確かにmtＤＮＡがなくなり、生まれる前に確実に死亡することを報告している。こうした実験からも、ミトコンドリアとその中のmtＤＮＡはヒトを含むすべての多細胞生物にとって不可欠の存在であることがうかがえる。第三章では、ミトコンドリアが具体的にどのような働きをしているのかを説明しよう。

第3章

ミトコンドリア
―危険なエネルギー工場―

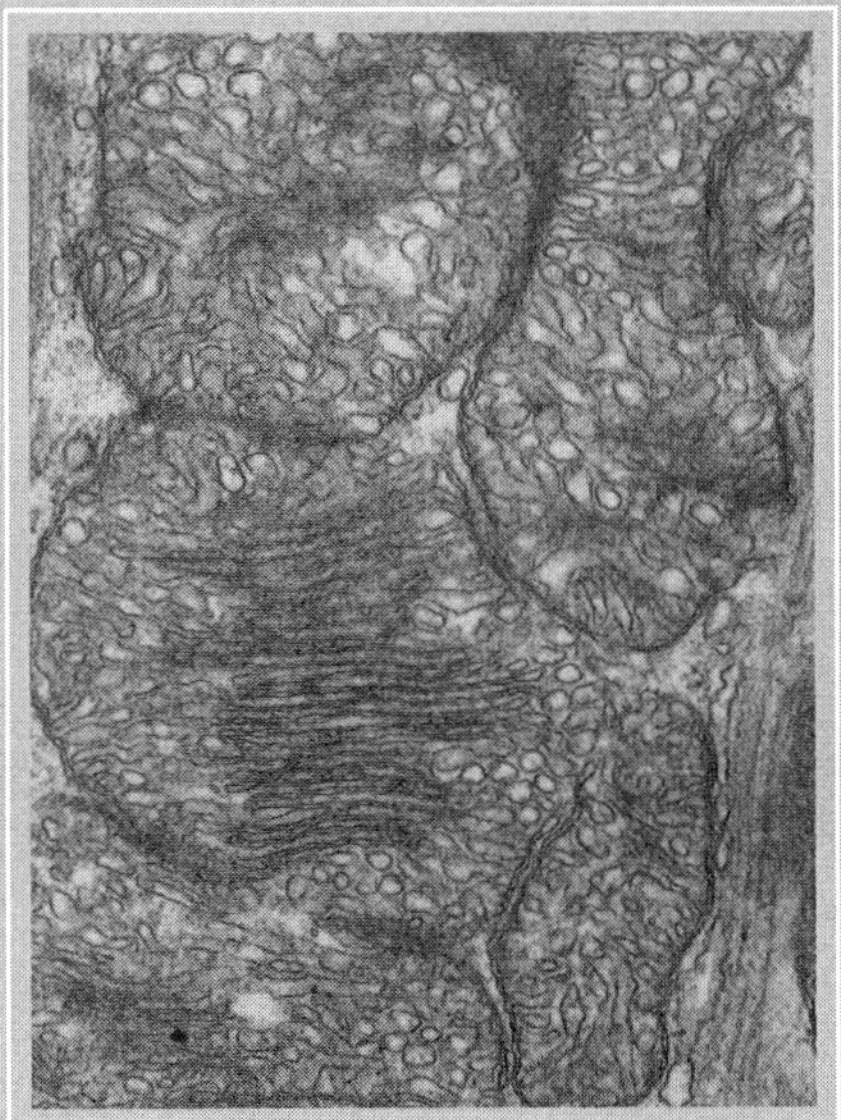

マウスの心筋の中にある呼吸欠損になったミトコンドリア。電子顕微鏡像をみるとミトコンドリアは膨れ上がり、ミトコンドリア間の仕切りが曖昧になっている。エネルギー生産量が低下し、このマウスの心電図にも異常が現れている。

3－1　生命エネルギー工場となったパラサイト

生命エネルギーを生産するミトコンドリアの役割は、我々の社会生活における「発電所」を考えるとわかりやすい（図3－1）。皆さんは停電になったとき、いかに自分たちの生活や仕事に重大な支障をきたすか、すでに経験済みのことと思う。停電が一時的なものならまだしも、いつまでも復旧しなかったとしたら、経済や社会は深刻な打撃を受けるはずだ。少なくとも都市生活は壊滅的な被害を受けるだろう。

ミトコンドリアの停電も、私たちの体に深刻な事態をもたらす。ミトコンドリアで製造された生命エネルギーは合成されてから短時間で消滅する。そのため、ミトコンドリアが停電し、生命エネルギーを合成する機能が停止すると、たちまち私たちは死にいたるのである。

実は、生物が生命活動に利用できるエネルギー（生命エネルギー）はATP（アデノシン三リン酸）が分解されてADP（アデノシン二リン酸）になるときに生じるエネルギーに限られている（図3－2）。ミトコンドリアはATPを大量に作り出す工場で生物はこのATPを使ってさまざまな生命活動を営んでいる（図3－1）。

生命活動に利用されるエネルギーの源のほとんどは太陽から降り注いでくる光のエネルギーに由来する。しかし、生物は光のエネルギーを直接ATPに変換することはできない。ATPを作

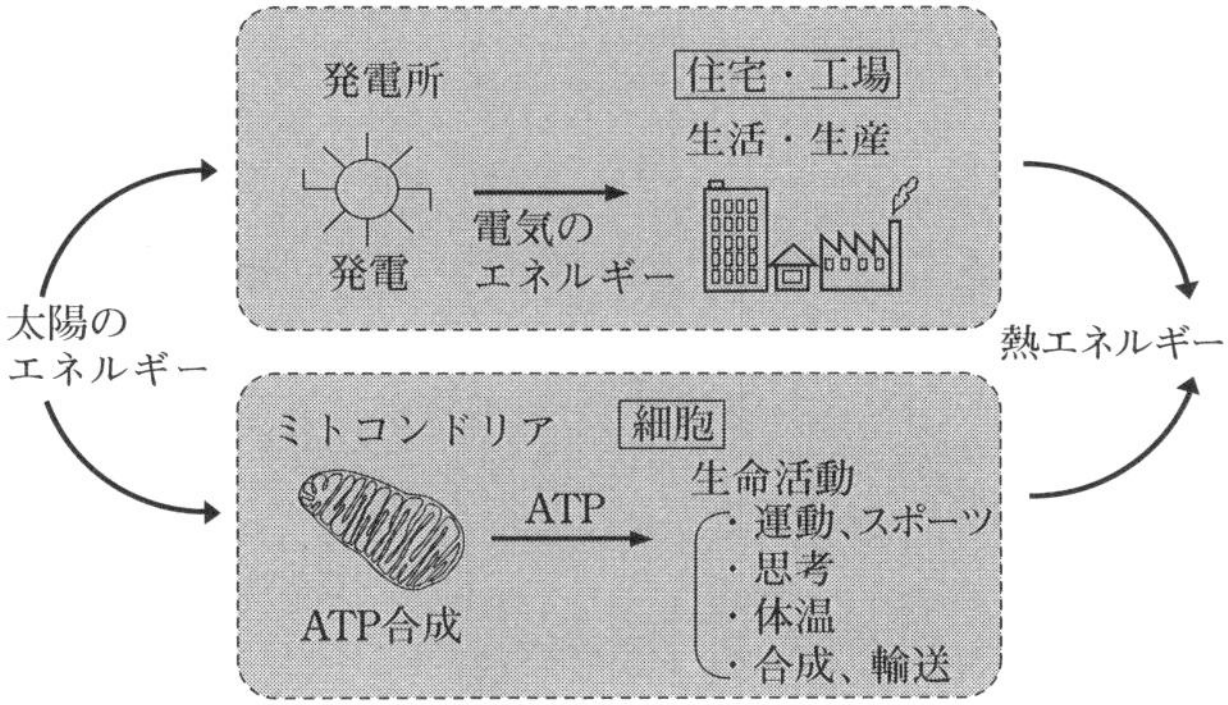

図3-1　エネルギー工場としてのミトコンドリア

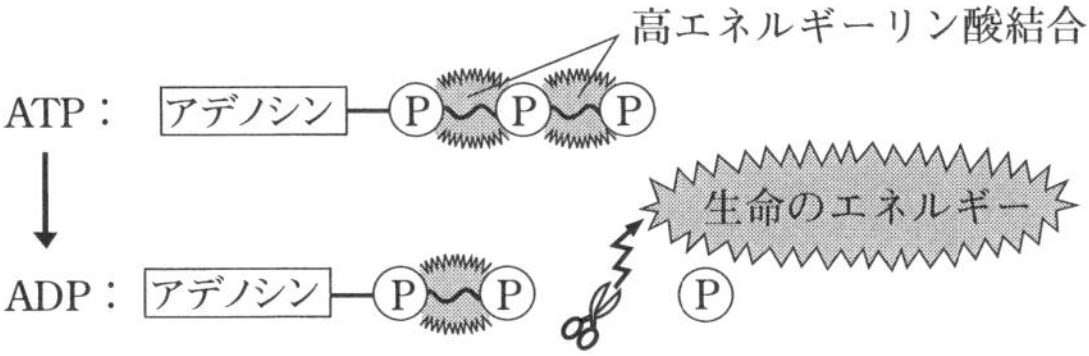

図3-2　エネルギー通貨としてのATP

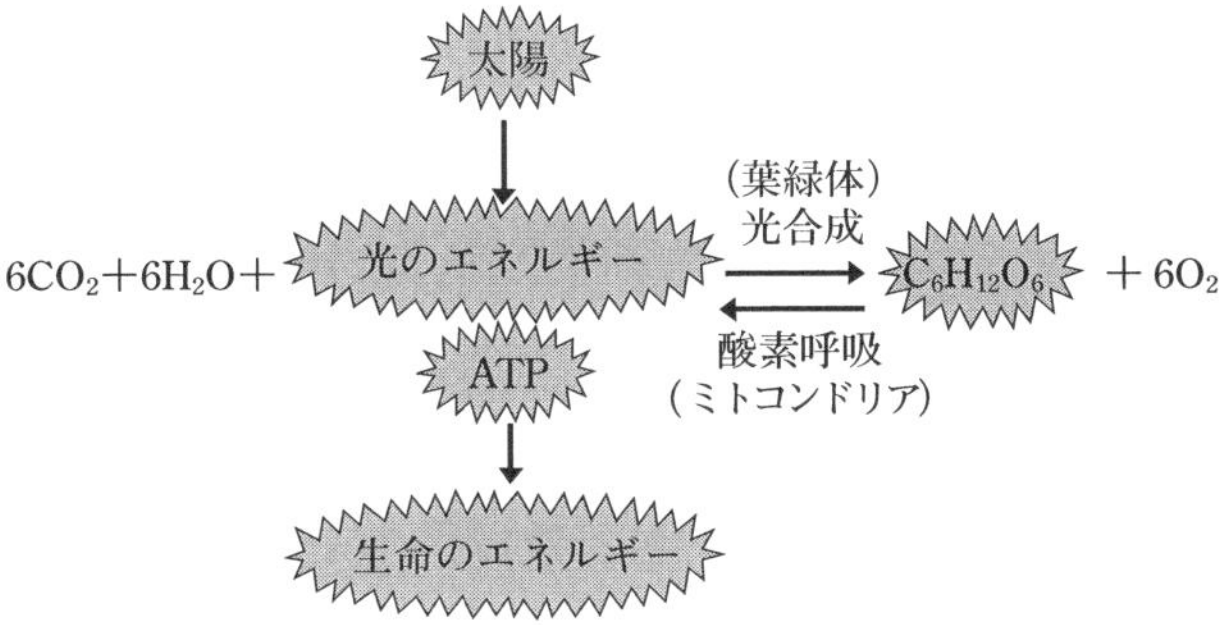

図3-3　生命エネルギーにいたるエネルギーの流れ

り出すためには長く複雑なエネルギー変換の道をたどらなければならない（図3－3）。

光のエネルギーを化学エネルギーに最初に変換するのは、植物の細胞に存在する葉緑体という細胞小器官である。葉緑体は光合成を行い、水（H_2O）と二酸化炭素（CO_2）と光のエネルギーから、ブドウ糖（$C_6H_{12}O_6$）と酸素（O_2）を作り出す。つまり、光のエネルギーはブドウ糖の中に化学のエネルギーとして導入されるわけだ。

私たちは、このようにして植物が光合成で作ったブドウ糖などの栄養素を食事によって摂取し、植物が光合成によって作った酸素を呼吸で取り込む。体内に入ったブドウ糖は小腸で、酸素は肺で血液に入る。そして、個々の細胞は血液によって運ばれてきたこのブドウ糖と酸素を取り込み、それに引き続いてミトコンドリア内で大量のＡＴＰを生産する酸素呼吸が行われる。

ブドウ糖からＡＴＰを作る過程を詳しく説明したのが図３－４である。高校の教科書にも登場するお馴染みの図であるが、順を追って説明していこう。我々が通常行っている酸素呼吸は、解糖系→ＴＣＡ回路（クエン酸回路）→電子伝達系の三つの過程を経て段階的に行われる。酸素呼吸の第一段階ともいえる解糖系では、ブドウ糖が細胞質の中にある酵素の力によって、ピルビン酸に分解される。この際に、ブドウ糖一分子当たり、二分子のＡＴＰが生成される。このプロセスでは酸素はまったく使われない。一般にこのように酸素を用いないでＡＴＰを取り出すことを嫌気呼吸（無酸素呼吸）という。

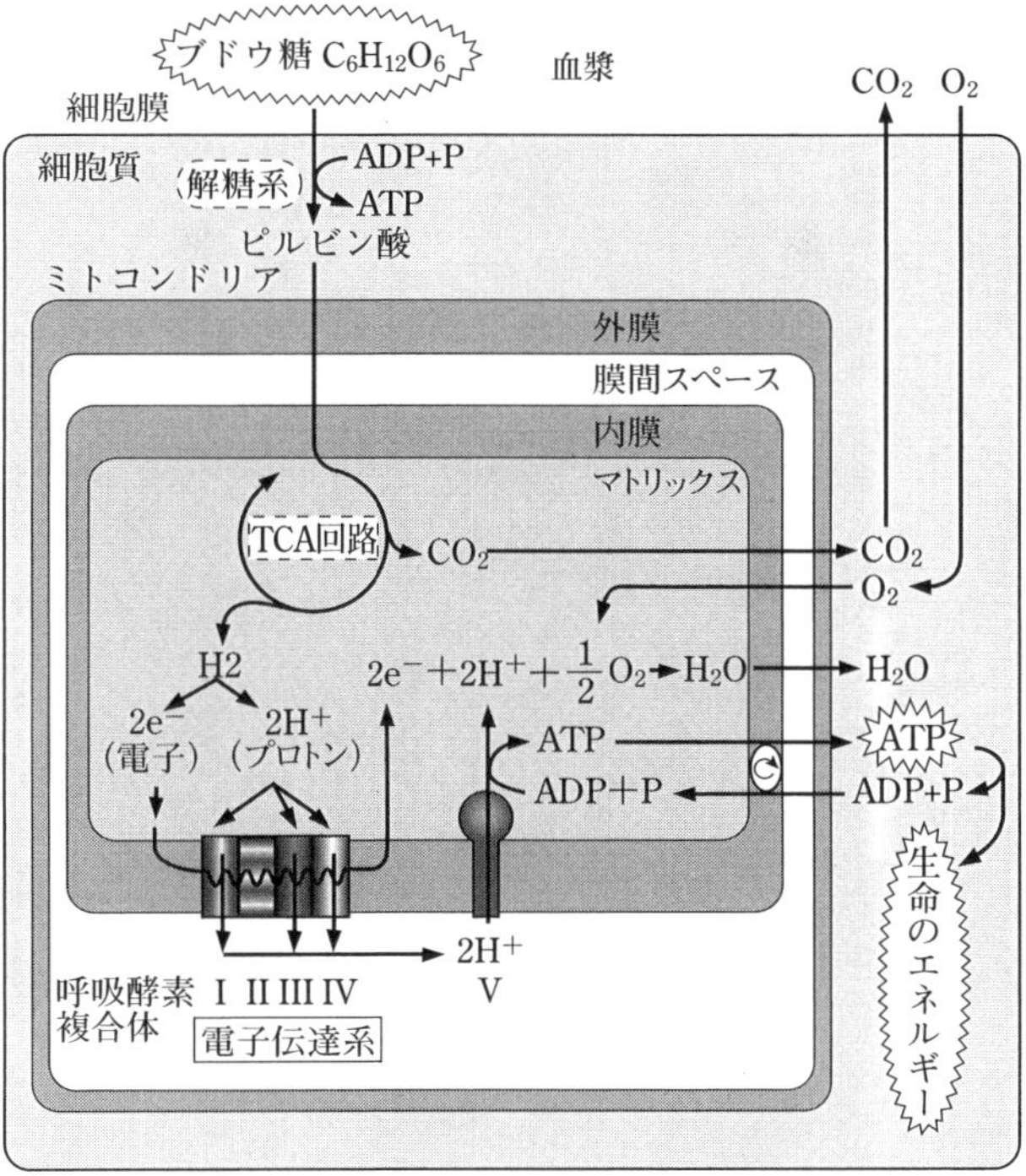

図では便宜上、内膜にクリステ構造をとらせていない。
実際は図1-1に示したようなひだ状のクリステ構造をとることで表面積を大きくし、大量のATP合成が行えるようになっている。

図3-4　酸素呼吸によるATP合成の道すじ

実は、ヒトもこの嫌気呼吸を行っているのをご存じだろうか。駅の階段を全速力で駆け上がるなどの激しい運動を行うときは、瞬発的に筋肉を使う。このようなとき、筋肉は一時的に酸素が足りない状態になるため、嫌気呼吸を行ってエネルギーを得る。激しい運動をすると筋肉痛になるのは、この嫌気呼吸によって乳酸が筋肉にたまるためだ。

話を酸素呼吸に戻そう。ミトコンドリアの出番がやってくるのは、解糖系に続くTCA回路に進んでからだ。解糖系で生じたピルビン酸はミトコンドリア内のマトリックス（18ページ、図1－2A）に入り、途中クエン酸などに分解される。この際にも二分子のATPが生じる。そして、TCA回路で作られた水素は、ミトコンドリア内部の呼吸酵素複合体が一定の順番でならんだ電子伝達系に運ばれ、その過程で三四分子のATPが製造される。つまり、酸素呼吸によって得られる三八分子のATPの約九割が電子伝達系で製造されるわけだ（実は、ブドウ糖一分子から作られるATPの数については三八が確定した数字というわけではなく、最近の研究では、三〇～三二分子といわれている。本書では取りあえず、高校教科書のデータに従った）。

3－2　活性酸素という内在危険因子

ここまで読み進められた読者は次のように思われるかもしれない。「停電とはいかずとも、ミトコンドリアの機能が低下すると、人体にさまざまな悪影響が出るのではないか？」と。こう思った方はなかなか鋭い。実は、ミトコンドリア研究者の間でも、かねてよりミトコンドリアの機能低下と病気を結びつけて考える者が多かった。ただし、これを裏付けるだけのデータはなかなか報告されなかった。

しかし、一九八〇年代に入ると、事態は一変する。活性酸素によって、mtＤＮＡが回復不可能な深刻なダメージ（突然変異）を受けるという報告が相次ぎ、年をとるにつれてミトコンドリアの呼吸酵素活性が徐々に低下することも明らかになった。こうした研究成果を踏まえ、多くのミトコンドリア研究者が、ミトコンドリア内に存在するmtＤＮＡが、老化や老化にともなう生活習慣病の発症に深く関与しているという「老化ミトコンドリア原因説」を提唱するようになる（これについては第九章で詳しく説明する）。

ミトコンドリアの関与をうかがわせる状況証拠は揃っている。核膜に手厚く保護された核ＤＮＡと違って、mtＤＮＡはミトコンドリア内で絶え間なく発生する活性酸素の間近にある。前述したとおり、酸素呼吸の過程で発生する活性酸素の酸化作用はきわめて強力であり、周囲にある物質とたちまち反応して、瞬時に破壊してしまう。

mtＤＮＡは、原子力発電所の炉心近くで防護服もつけずに働く作業員のようなもので、極めて危険かつ過酷な状況で、生命エネルギー生産という重労働を強いられている。そもそも、このような問題があったからこそ、ミトコンドリアの祖先はパラサイトとして原始真核生物に飛び込み、自らの設計図のほとんどを原始真核生物の核に避難させたと思われるのだ。ミトコンドリアに取り残されたmtDNAは、自らを犠牲にしてエネルギーを作り続けた結果、さまざまなダメージが蓄積し、ついにはそれに耐えかねて反乱を起こしたのかもしれない。老化、生活習慣病など、我々の健康を脅かす多くの病気に、ミトコンドリアが関与しているというシナリオは確かに説得力がある。

3-3 発癌物質という外来危険因子

実は、生体エネルギー工場で発生する活性酸素などの内的要因以外にも、mtDNAにダメージを与えるものがある。ミトコンドリアは、ベンツピレン、メチルコラントレン、アフラトキシン、ジメチルニトロソアミンなど、細胞外から侵入する多くの発癌作用のある化学物質などの標的にもなっているのだ。これらの発癌物質は核DNAに比べてmtDNAにはるかに高い頻度で結合したり、反応したりすることが報告された。そのためか、癌発症の原因は核DNAよりもmtDNAにある可能性が強いという考え方も出てきた。事実、mtDNAは核DNAに比べて、突然変異が発生する頻度が高く、進化のスピードが五倍~一〇倍も速い。

ＤＮＡの変化（突然変異）は時としてこれまでにない優れた生命機能を作り出してきた。ＤＮＡの突然変異は決して否定的にとらえるものではなく、むしろこのような設計図の変化こそが進化の原動力であり、人類の出現を約束するものであったともいえる。しかし、逆に設計図のやみくもな変化は調和のとれた複雑な生命現象に重大な問題を生じさせる危険性をはらむ。活性酸素などの内的要因や発癌剤などの外的要因はまさにこの不都合な変化を設計図に与えてしまう危険なものなのである。一部の研究者たちは、この点に着目し、発癌作用のある化学物質がmtＤＮＡにダメージを与えることによって、突然変異が蓄積し、その結果、癌が発症するのではないかという仮説を提唱している。

教科書でお馴染みのミトコンドリアが、生活習慣病、老化、はては癌の発症にもかかわっている……。これは従来の生物学の常識ではにわかに信じがたい話である。はたして、ミトコンドリアにかけられたさまざまな容疑は正当なものなのだろうか。次章からいよいよこのミステリーの核心部分に入っていく。

パラサイトは生命持続の司令塔

最近になってミトコンドリアにはアポトーシス（プログラム細胞死）の実行の司令塔としての役割があることがわかってきた。プログラム細胞死は、遺伝子に組み込まれているプログラムに制御された、いうなれば細胞自殺だ。なぜ、アポトーシスのような仕組みを生物は持っているのだろうか。端的にいえば、それは生きるために必要な死である。

生命が生きるためには、死んでもらわなければいけない細胞がある。たとえば、ウイルスに感染した細胞や、癌細胞、自己に対する抗体を作ってしまったりするような細胞は、そのまま放置しておくと、逆に我々個体の生存が脅かされるのである。こういった細胞は、自らプログラムを起動し、自殺し、他に被害を及ぼさないようにする。アポトーシスはまさに献身的な自己犠牲なのである。

アポトーシスの対象となるのは、発生初期には必要であったのに成体ではかえってじゃまになるような細胞も含まれる（図3－5）。古くから知られてきた例として、オタマジャクシの尾の細胞が挙げられる。尾はオタマジャクシが成長してカエルになると不要になる。そこで成長期になると、尾の部分の細胞が死に、カエルのようにしっぽが消える。昆虫の幼虫から成虫への変態では、さらに劇的で総合的な細胞のリストラが行われる。たとえばチョウが幼虫のときには、地面を這うのに必要であった筋肉細胞も、空を飛ぶ成虫には重荷となる。そこで、さなぎの中で幼虫から成虫に変態する時に、筋肉細胞はアポトーシスによって静かな死を迎える。

ミトコンドリアはこのプログラム細胞死をコントロールする中枢に位置している。そしてその個体や子孫の個体の生存を脅かす害のある卵を自らが出す指令によって死滅させることにより、自分だけでなく子孫の死も回避しているのである。

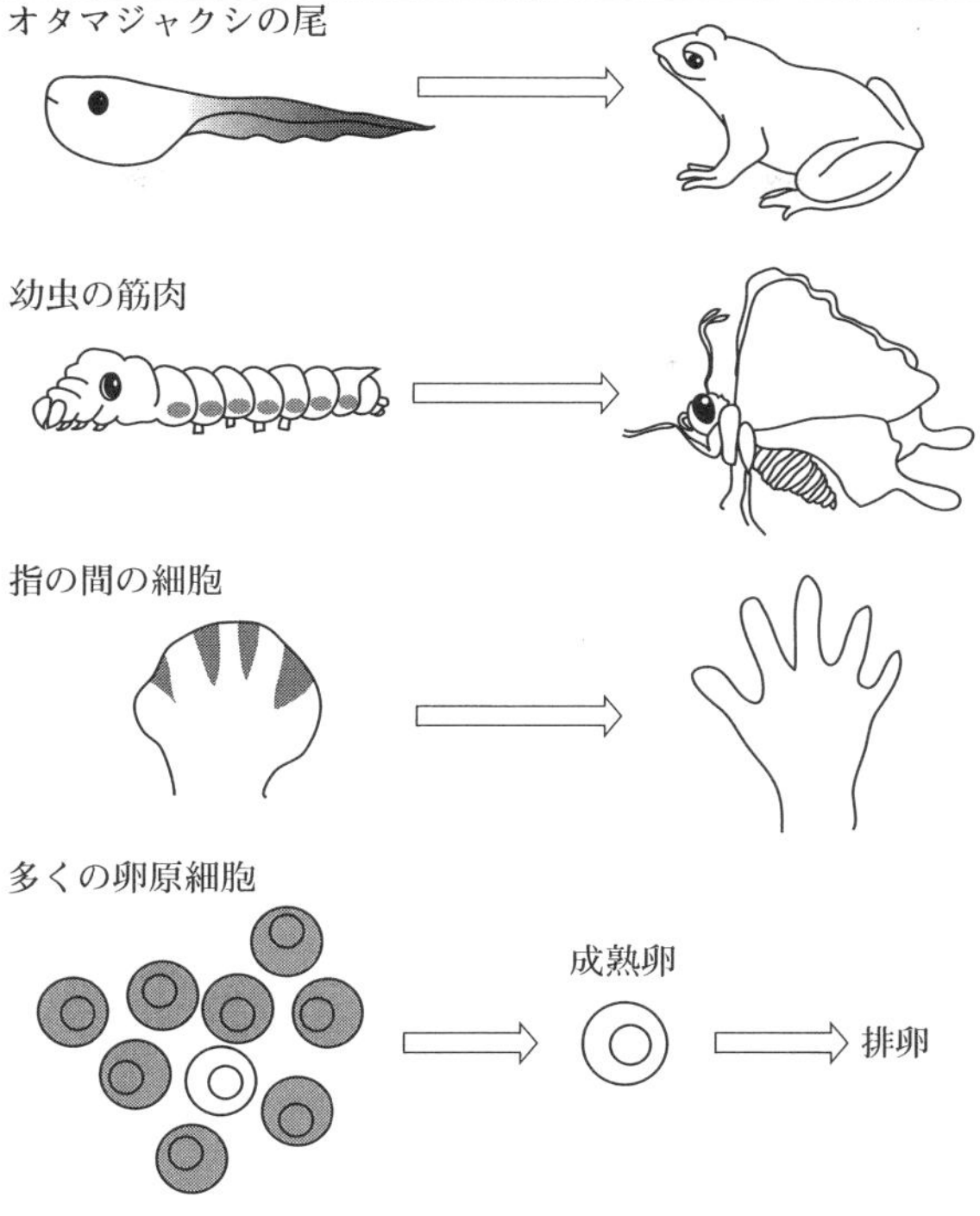

図3-5　身近に観察できるアポトーシス

つまり、ミトコンドリアは、大量の生命エネルギーの生産と、プログラム細胞死（アポトーシス）実行の司令塔としての役割という、生物が生きるためになくてはならない極めて重要な二つの役割を果たしているのだ。何という皮肉だろう。私たちはパラサイトなしでは一時たりとも生きていけなくなっているのである。

第4章

癌ミトコンドリア原因説の真偽

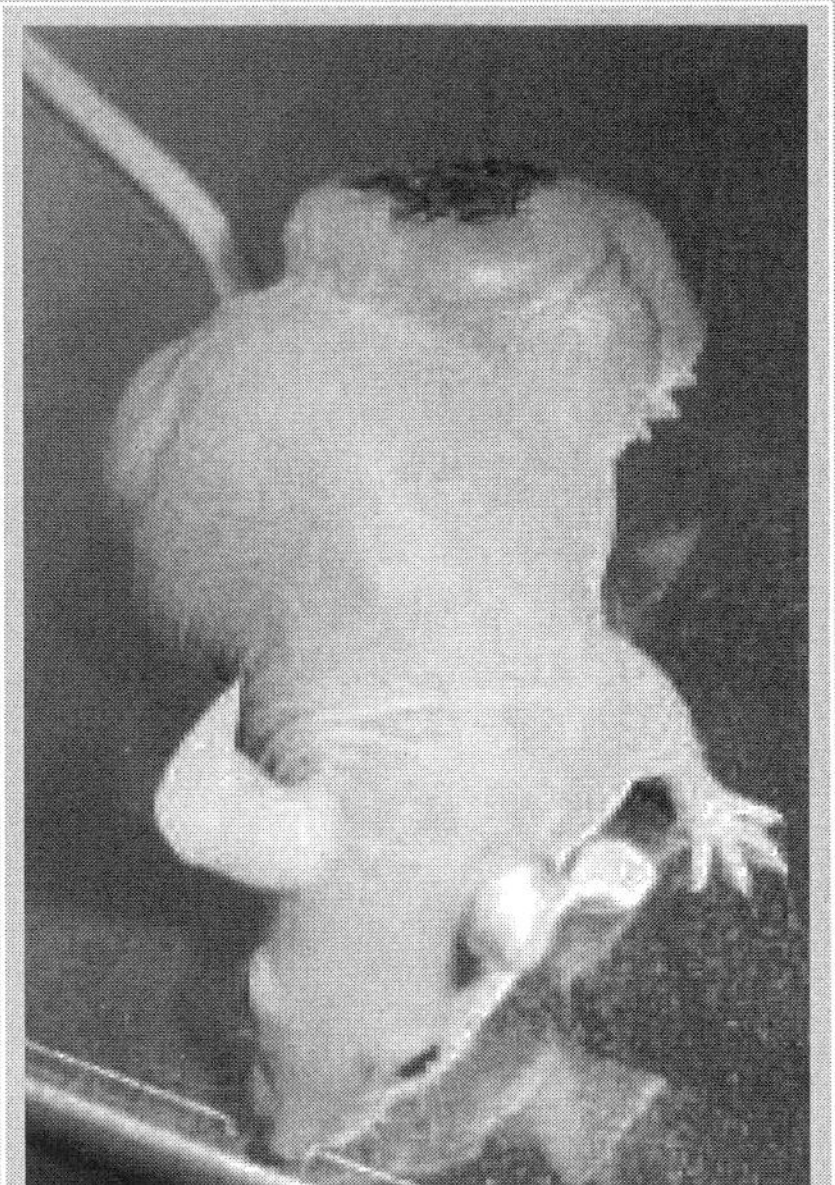

ヌードマウスの背中にできた腫瘍。ある細胞が癌としての性質（造腫瘍性）を発現するかどうかを判定するために、免疫能力が著しく低下しているヌードマウスの背中の皮下にその細胞を注入したところ、写真のような腫瘍が形成された。

4－1　ミトコンドリアに向けられた疑惑の目

ミトコンドリアの機能低下が健康にさまざまな悪影響をもたらすという疑惑は、かなり早い段階からささやかれてきた。とりわけ、癌とミトコンドリアの関連については多くの科学者が注目し、七〇年以上前からさまざまな研究がなされてきた。

最初に、ミトコンドリアの異常が、癌の発症にかかわっているのではないかと疑ったのは、一九三一年に「呼吸酵素の特性および作用機構の発見」の研究でノーベル医学・生理学賞を受賞したドイツのオットー・ワールブルグだ。彼は、癌細胞の中にあるミトコンドリアの呼吸酵素の働きが正常細胞に比べて弱く、反対に酸素を使わない解糖系の呼吸酵素の働きが異常に高くなっていることに着目し、癌組織のミトコンドリア内の酸素呼吸の機構に何らかの障害が出ていると考えた。

第三章ですでに述べたが、酸素呼吸は、解糖系、ＴＣＡ回路、電子伝達系の三つのプロセスに大別される。ワールブルグは、癌組織では何らかの理由でミトコンドリア内のＴＣＡ回路または電子伝達系の呼吸酵素に障害が起きているため、ＡＴＰの生産量が減り、その不足部分を補うために、解糖系の活性を高める代償作用が働いたと考えたのだ。

その後すぐにこの考えは否定されることになる。というのは、その後の研究で、必ずしもすべての癌組織でミトコンドリアの呼吸酵素活性が低下しているわけではないことがわかったのである。さらに癌細胞であっても十分に酸素が供給されていれば、呼吸酵素活性が正常な状態に回復することが判明した。以後、癌組織でミトコンドリア内の呼吸酵素活性が障害を受けているとする考え方は急速に支持を失っていった。

ところが、一九六三年にマーギット・ナスによってミトコンドリアにmtＤＮＡが発見されたことで状況が変わってくる。多くのミトコンドリア研究者は「活性酸素が絶えず発生するミトコンドリアの中に無防備のままさらされているのであれば、mtＤＮＡに突然変異が蓄積してもおかしくない」と考え、再び、癌とミトコンドリアの異常との関係を疑い出したのだ。その後、mtＤＮＡの突然変異をターゲットにした研究が相次いで行われ、mtＤＮＡは核ＤＮＡに比べて突然変異が起きやすいことが明らかになった。

さらに一九八〇年代に入ると、ミトコンドリアが多くの種類の発癌剤の標的となっていて、これらの薬剤が核ＤＮＡよりも、mtＤＮＡに対して高い頻度で結合して大きな影響を与えることがわかってきた。これらの情報にもとづいて、一九八七年にテキサス大学のジェリー・シェイとハロルド・ワービンを始めとするいくつかの研究グループは、さまざまな発癌剤によって体細胞のmtＤＮＡが突然変異を起こした結果、細胞の癌化が起こるという仮説「癌ミトコンドリア原因説」を提出し、世界的に大きな反響を呼ぶことになる。

4－2　業務命令――癌細胞mtDNAの突然変異を追え

実は、シェイが「癌ミトコンドリア原因説」を提唱する一〇年前から、筆者たちは、癌とmtDNAの突然変異の関係を探る研究を始めていた。プロローグでも触れたが、この問題はミトコンドリア研究者として筆者が初めて取り組んだテーマであった。

先見の明があったように思われるかもしれないが、このテーマは、学位取得後に就職した埼玉県立がんセンター研究所から与えられた業務命令であった。研究を開始した一九七七年時点では、発癌作用のあるさまざまな化学物質がmtDNAを標的にしていることはまだわかっておらず、研究を行う必然性は不十分で時期尚早であったといわざるをえない。

そのため、研究はまったくの手探りの状態からスタートした。とりあえず、筆者は米川博通（写真、現東京都臨床医学研究所副所長）と、実験用ラットの肝臓癌と正常な肝臓のmtDNAをそれぞれ用意し、両者のmtDNAの間に塩基配列の差があるかどうかを調べることにした。

ご存じのようにDNAは四種類の塩基（A＝アデニン、G＝グアニン、C＝シトシン、T＝チミン）の配列（塩基配列）の組み合わせによって、さまざまな遺伝情報を提供している。mtDNAに突然変異が起きると、こうした塩基配列が変わってしまうため、細胞の癌化などのさまざまな不具合が生じる可能性が高まる。

とはいえ、塩基配列を調べることは、そう簡単なことではなかった。当時は、分子生物学の実験手法や機材も貧弱で、全塩基配列を調べるのは大変な仕事であった。そこで当時発売されたばかりの制限酵素を使ってmtＤＮＡを切断し、その切断のされ方（切断型という）の差を調べてみることにした。

筆者（写真左）と米川博通（写真右）

ここで、制限酵素について少し詳しく説明しておこう。制限酵素とは、大腸菌などの原核生物（バクテリア、細菌類ともいう）がウイルスの感染から身を守るために持っているＤＮＡを分解する特殊な酵素のことである。人間では外部から侵入してきたウイルスなどを攻撃する免疫システムが発達しており、ウイルス感染などを未然に食い止めることができる。これに対し、バクテリアは一つの細胞でできているため、我々のような免疫系が存在しない。そのため、侵入してくるウイルスのＤＮＡを特異的に認識し、それを切断する制限酵素を用いて、感染から身を守っているのである。

制限酵素にはさまざまな種類があり、特定の制限酵素は特定の塩基配列だけを認識してその認識部位だけを「制限的」に切断する。したがって、バクテリアの種が違うと、保有している制限酵素も異なり、DNAの塩基配列の認識部位も異なる。たとえば、大腸菌が持っているEcoRIという制限酵素はGAATTCという塩基配列だけを特異的に認識しその部位だけを切断する。もちろんその際、大腸菌自身のDNAが切断されないような工夫も凝らされている。

4－3 いきなり訪れたビギナーズラックとフライング

制限酵素を使ってmtDNAの突然変異を発見するカラクリは次のようなものだ。mtDNAの塩基配列の中に、特定の制限酵素が認識する部位があったとしよう。通常であれば、制限酵素はその塩基配列を認識し、ハサミのように切り取ることができる。ところが、このmtDNAの中に突然変異があり、塩基配列が異なっていると読みとりができないため、この制限酵素では切り取りができなくなる。逆に、本来切断されなかった場所が突然変異によって制限酵素の認識部位となり、新たに切断されるようになる場合もある。つまり、正常細胞と癌細胞のmtDNAの塩基配列が突然変異によって異なると、制限酵素処理によって生じるDNA断片の長さ（分子量）と数が異なる可能性が出てくるわけだ（図4－1）。

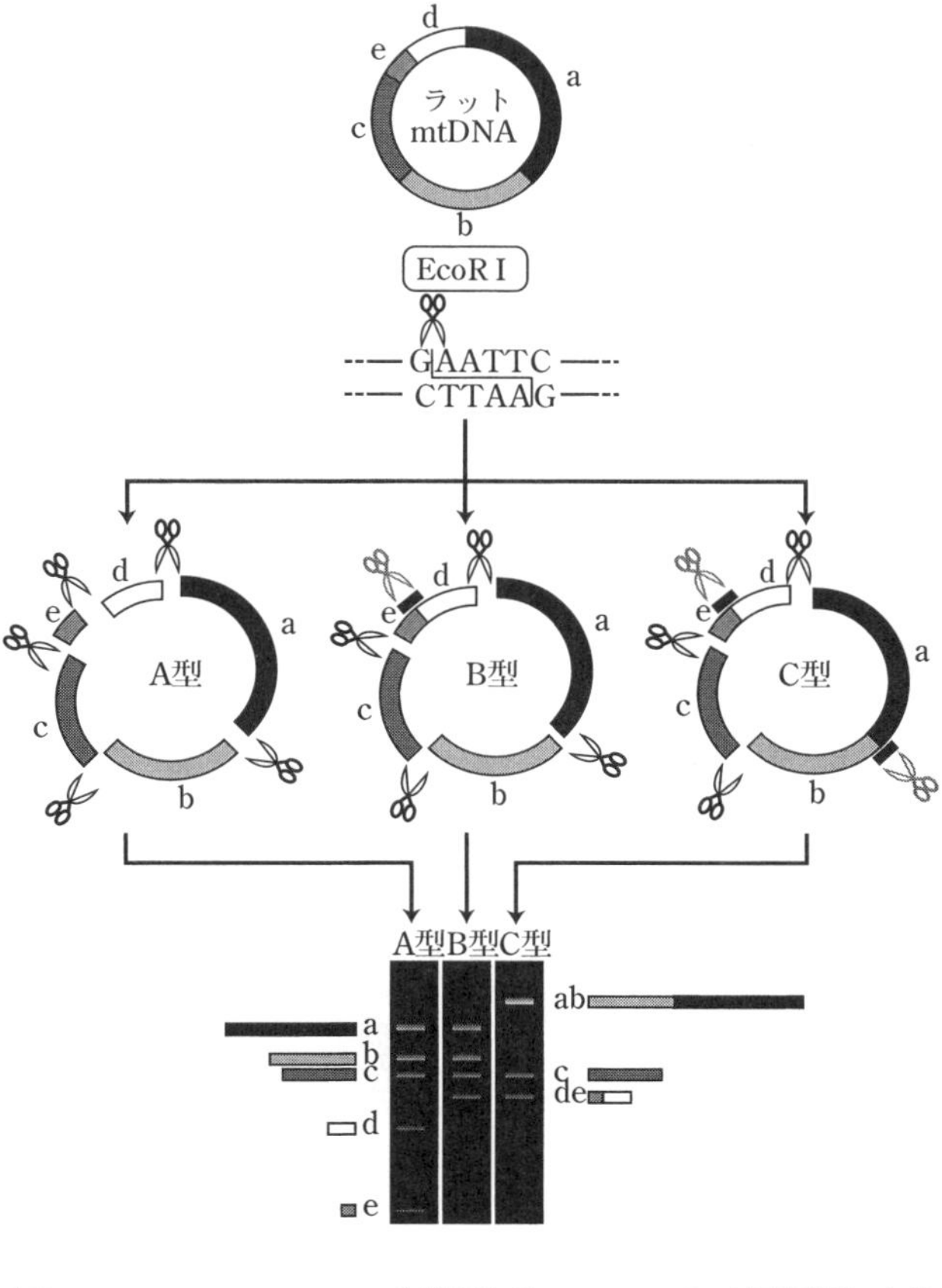

図4-1　ラットmtDNAの制限酵素EcoR Iによる切断型の解析

制限酵素を使う方法は確かに簡単ではあるが、あまり効率的なものではなかった。というのも、この方法ではmtDNAによほど多数の突然変異が生じない限り、その差を見つけることができないからである。また、突然変異が多数発生したとしても、用意した制限酵素がその塩基配列を読みとれなければそれを発見することはできない。つまり、よほど運がよくなければ、突然変異を発見できないのである。

しかも当時は、制限酵素の種類もまだ少なく、認識部位の塩基配列が異なるあらゆる種類の制限酵素を使って切断型を調べても、せいぜいmtDNA全塩基配列の五%前後しか調べられなかった。単純計算すれば、塩基配列二〇個につき一つ以上の突然変異が生じていなければ判別できない計算になる。当時の分子生物学の常識に照らしても、それほど頻繁に突然変異が起きるとは思えなかった。

あまり気が進まない実験ではあったが、業務命令である。とりあえずラットの肝臓癌と正常な肝臓からそれぞれmtDNAを精製し、制限酵素EcoRIを使って、切断片の長さを比較してみることにした。

しかし、予想に反し、両者の切断型には明らかな差が認められたのである。ラットの正常な肝臓から調製したmtDNAの切断型はA型で、ラットの肝臓癌から調製したmtDNAの切断型はC型であった（69ページ、図4－1）。この結果は、正常肝臓のmtDNAが突然変異によってA型から

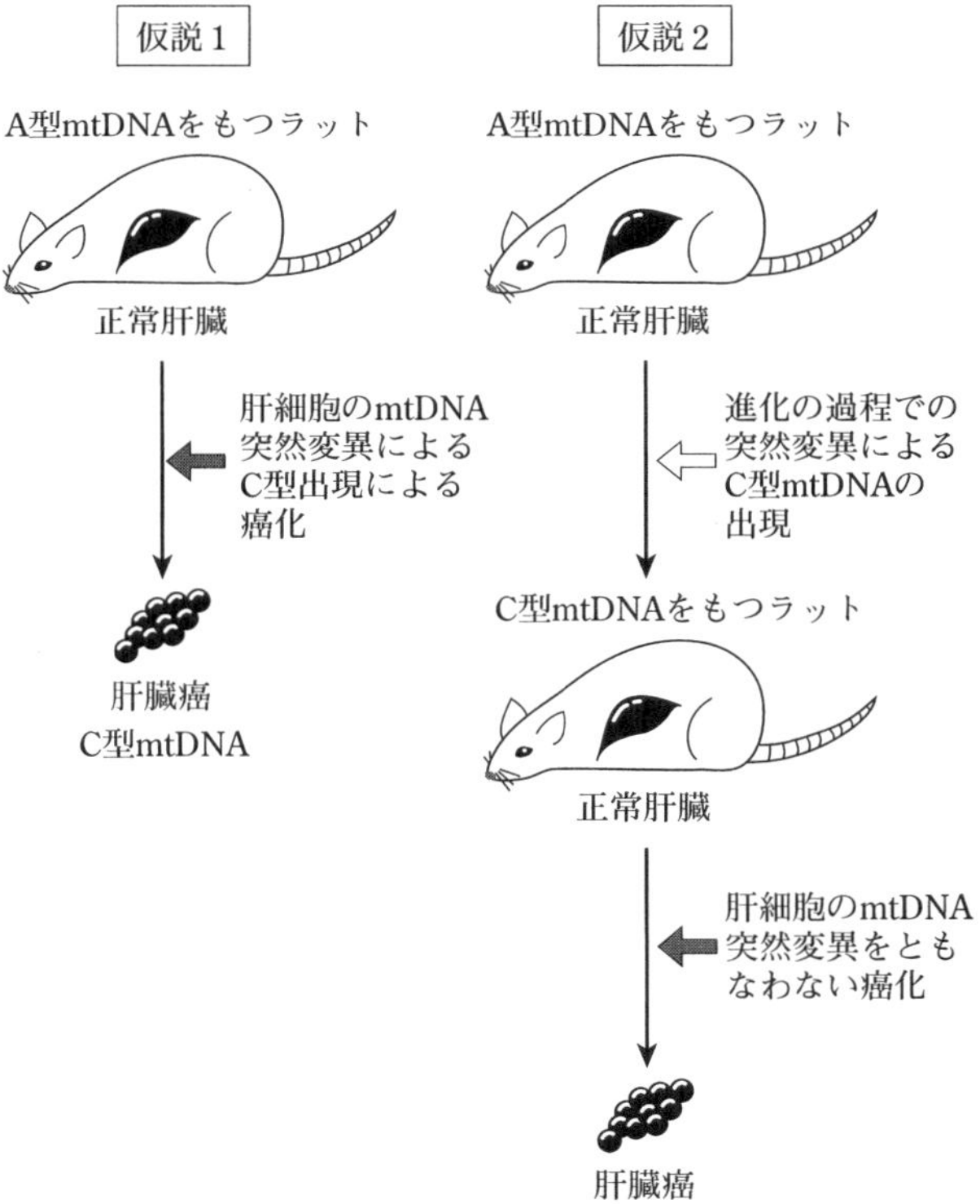

図4-2　mtDNAの切断型と肝臓癌の関係

C型に変化することによって癌化した可能性（図4−2、仮説1）を示していた。この研究を始めた翌年の一九七八年にあわててこのビギナーズラックを短い論文にまとめて癌研究の速報誌に発表した。

しかし、この結果だけでは、mtDNAの突然変異と癌化を結びつけるわけにはいかない。ひとくちに突然変異といっても病原性があるものもあれば、まったくないものもあるからだ。

生物学では、突然変異が生命活動に与える影響の大きさの違いに応じて、「多型突然変異」と「病原性突然変異」に分類している。多型突然変異は、その遺伝子が作るタンパク質などの構造や機能には重大な影響を与えず、単に形や色、大きさの違いのようないわゆる個性を与えるだけのものである。これに対し、病原性突然変異は、遺伝子が作るタンパク質やtRNAの構造や機能を大幅に損なうことにより正常な生命活動に支障をきたし、病気の原因となったり、場合によっては個体の死をもたらす重篤なものだったりする。当然、肝臓癌の原因になるような突然変異は、後者の病原性突然変異の範疇に入る。

したがって、次にやるべきことは、ラットの肝臓癌で発見されたC型mtDNAの突然変異が本当に病原性突然変異であることを証明することであった（図4−2、仮説1）。それを行うには、この肝臓癌のC型mtDNAと同じ切断型を持つ正常個体のラットは存在しないことを明らかにしなければならない。ところがラットのmtDNAを調べてみると、同じ実験用ラットの系統の中に、

A型以外にこのC型mtDNAを持つ正常個体が存在し、これとは別にもう一種類別の切断型（B型、図4－1）を持つ個体も発見された。そこで実験用ラットの系統を拡大し、日本の野生ラットも調べると、さらにD型などが見つかり切断型の種類は急激に増加していった。

それだけではない。別の肝臓癌のmtDNAを調べたところ、今度は正常ラットにしか存在しないはずのA型が発見されたのである。これらの結果から、切断型の違いは癌化とはまったく無関係で、初めから存在した多型突然変異を反映した可能性が高いことが明らかになった（図4－2、仮説2）。あの速報はもちろん嘘ではないが、とんだフライングになってしまった。

4－4　目的外の謎の扉を開く鍵

癌細胞で見つけたと思った病原性突然変異が、単に個体差を反映した多型突然変異であることが明らかになった瞬間、本来なら真っ青になって研究計画を見直す局面である。しかし、筆者はまるで落胆しなかった。なぜなら、この研究成果は、考えようによっては、大変価値あるもののように思えたのだ。大学院で恩師からピュアサイエンスの魅力、つまり単に好奇心を満足させる研究の重要性を刷り込まれてきたせいか、なんでも面白がる習癖が染みついていた。筆者は、このmtDNAを使った面白い基礎研究をいくつか思いついた。

一つは、A型とB型のラットを交配して、mtDNAが母性遺伝しているかどうかを明らかにする研究である（詳細は第六章で述べる）。もう一つはmtDNAの多型突然変異をラットの系統分類に利用する研究である。mtDNAの切断型の差はラット（ドブネズミとクマネズミ）の種内やごく近縁の種間の系統分類学的研究に特に有効に活用でき、これまでの核DNAの突然変異のみを指標としてきた系統分類学とは異なる新しい視野を提供することができた。

さらに、筆者は、この手法を使って、日本人や人類の起源を突き止めることを考えた。mtDNAの切断型の違いは、ラットだけではなく、人間にも存在するはずだ。mtDNAの切断型を調べていけば、人類の起源を突き止めることも夢ではない。

しかしこの壮大な計画には一つ大きな壁が立ちはだかっていた。それはこの研究が筆者の専門である癌研究とはまったく関係がなかったのだ。たとえ学問的に意味のある研究であっても、埼玉県立がんセンター研究所という組織の研究者には、癌研究と直接関係がないテーマを研究することは許されなかった。案の定、上司からはこの計画に待ったがかかり、結局中止に追い込まれた。

結果論だが、この判断は間違っていなかった。なぜなら、この発見から二年後、カリフォルニア大学のアラン・ウイルソンのグループによってヒトのmtDNAを使った大規模な研究が行われ、mtDNA切断型の多型でたどった人類の起源がアフリカの一人の女性に由来するという、世に有名なあの「ミトコンドリア・イヴ説」が発表されたのである。そもそも人類学者ではない筆者がやっていても確実に彼らに負けていたはずである。

4-5 癌のミトコンドリアゲノム配列を決めれば謎が解けるのか?

気がつくと癌細胞のmtDNAに突然変異が蓄積しているかどうかという問題は振り出しに戻ってしまった。はじめに考えた戦略をさらに推し進め、制限酵素の種類を増やして切断型を比較しても、問題の解決にはなりそうになかった。仮に制限酵素を使わずに、癌細胞のmtDNAの全塩基配列（ミトコンドリアゲノム配列）を苦労して決めても、今回と同じ間違い、すなわち発見された突然変異がすべて単なる多型突然変異であるという疑念を払拭することができない。

ちなみに筆者たちがフライングをしたあのビギナーズラックの報告から三年後の一九八一年、ヒトのmtDNAのすべての塩基配列(ミトコンドリアゲノム配列)が決定された。これはノーベル賞を受賞したケンブリッジMRC研究所のフレデリック・サンガーたちの功績である。そのすぐ後にマウスのミトコンドリアゲノム配列がカリフォルニア大学のデビッド・クレイトンたちによって明らかにされた。

ヒトの核ゲノムの全塩基配列が二〇〇一年に解読されて話題になったが、ミトコンドリアゲノムはその二〇年前に全塩基配列が解読され、すでにポストゲノム時代に突入していたことになる。核ゲノムの場合は三〇億塩基対もあるのに対して、ヒトのミトコンドリアゲノムの全長がたかだか一万六五〇〇塩基対しかないことを思えば解読が早いのは当然かもしれない。現在ではさまざまなマウス系統のmtDNAや、さまざまなヒトのmtDNAの全塩基配列が簡単に決定できるようになった。しかし、それから二〇年以上も過ぎたというのに、これまでに癌との因果関係をきちんと示したmtDNA突然変異の報告はいっさいない。

なぜだろう。それは、どんなにがんばって塩基配列を決めても問題の解決にはならないからである。癌細胞のmtDNAの塩基配列をすべて解読し、正常組織と比較して塩基配列の差をリストアップすれば、癌細胞のmtDNAにいくつもの突然変異が存在することを明らかにできるだろう。しかしそれだけでは単なる状況証拠で、これらの突然変異が癌化の原因になっていることを証明したことにはならない。たまたまある突然変異型mtDNAを持った細胞がたまたま癌化し、その細胞のクローンが異常に増殖した場合があってもおかしくないからである。この可能性を完全に否定することができなければ、mtDNAの突然変異と癌の因果関係を証明したことにはならない。

mtDNA突然変異が引き金となって、癌が発症すると仮定した場合、二つの可能性を考える必要がある。一つは、その突然変異が雌の生殖細胞のmtDNAに起こり、そこから生じる卵を通じ

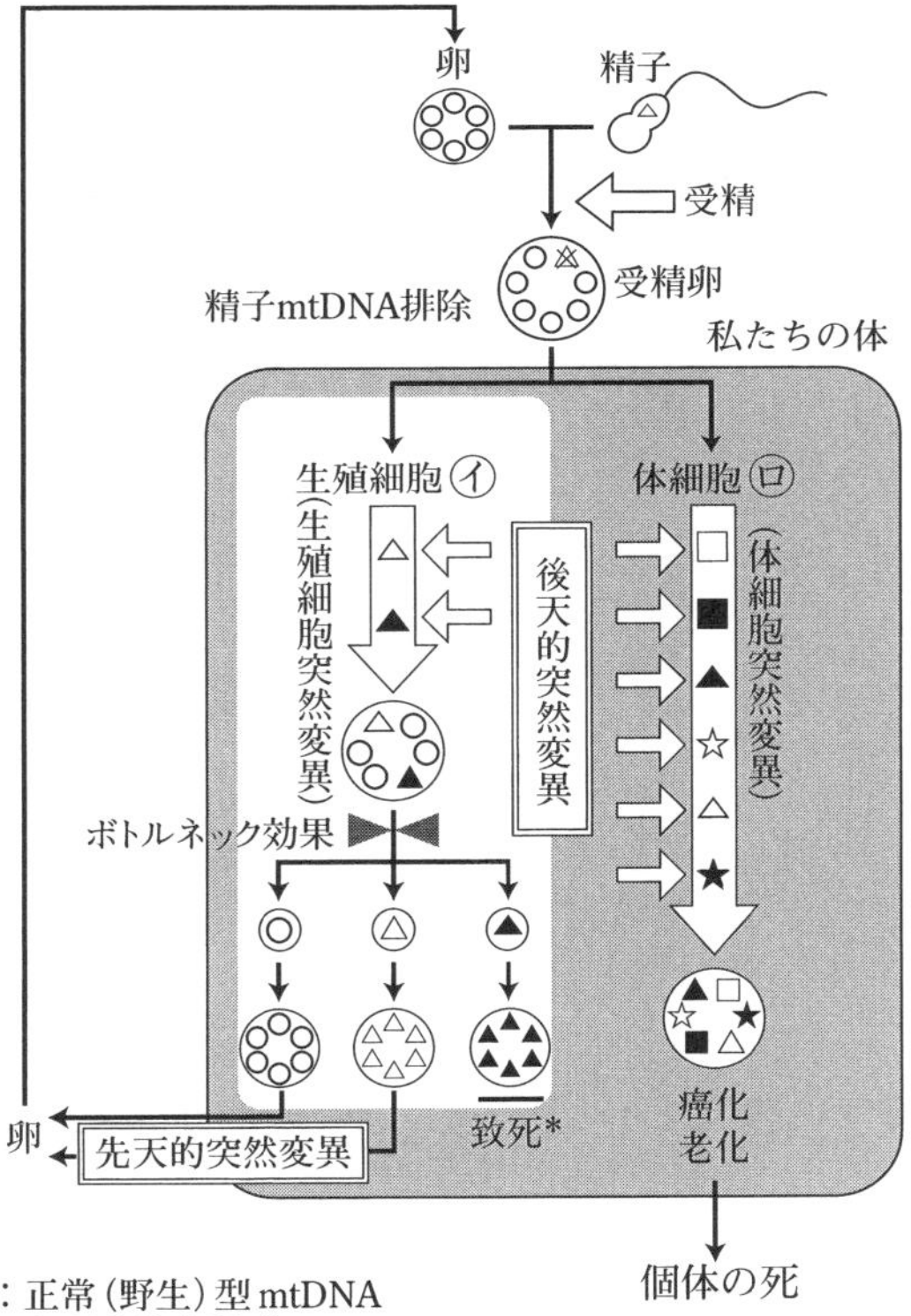

○：正常（野生）型 mtDNA
△□☆：多型突然変異型 mtDNA
▲■★：病原性突然変異型 mtDNA
＊：ボトルネック効果による病原性突然変異型 mtDNAの消去

体細胞に生じた後天的突然変異は体細胞突然変異と呼ばれ、体細胞の死により消去されるが、生殖細胞に生じた後天的突然変異は、先天的突然変異に姿を変えて子孫に伝わる。ただし、この突然変異が強い病原性を持つ場合は致死になるが、それが弱い場合は致死にならず母性遺伝する疾患の原因となる。

図 4-3　体細胞と生殖細胞の mtDNA に生じた後天的突然変異の運命の差

て子孫に受け継がれていく場合だ（図4－3㋑）。この場合、その卵が受精し受精卵から作られる多くの細胞がこの先天的突然変異型mtDNAを持つことになるから、その癌は母性遺伝することになる（詳しくは第六章参照）。しかし、母性遺伝する癌など聞いたことがないから、筆者たちはこの可能性についてては限りなくゼロに近いと考えた。

もう一つの可能性は、生殖細胞ではなく、体細胞のmtDNAに後天的に生じた突然変異（体細胞突然変異）によって、癌が発症するというシナリオだ（図4－3㋺）。体細胞は、生物体を作っている細胞のうち、生殖細胞以外のすべての細胞を指す。体細胞のmtDNAは、発癌剤などの化学物質や放射線、さらに酸素呼吸によるエネルギー生産の副産物として生じる活性酸素などの影響を常に受けている。加齢とともに突然変異が蓄積されていくことは広く知られており、このような後天的体細胞突然変異が癌を引き起こす可能性は十分に考えられた。この場合は、癌が母性遺伝するとは限らない。ただし、これはあくまでも可能性を論じただけにすぎず、mtDNAの突然変異と癌を結びつける因果関係はなにひとつ証明されていない。

4－6　ミトコンドリア移植で謎は解ける

癌ミトコンドリア原因説を立証するにはどうしたらいいか。もっとも明快な方法は、癌細胞の中に含まれる突然変異型mtＤＮＡをミトコンドリアとともに正常細胞に移植し、これによって癌という表現型（表現型については82ページのコラム参照）も一緒にその細胞に移植されるかどうかを確認するというものだ。もし、癌ミトコンドリア原因説のシナリオが正しければ、癌細胞に含まれるmtＤＮＡの突然変異の移植によって、正常細胞は表現型が変わる（癌化する）はずである。そして、その時こそ、少々の無理をしても癌細胞のmtＤＮＡの全塩基配列を決めれば、癌化の原因となる突然変異を突き止めることができるはずだ。

筆者がこのミトコンドリア移植法について調べ始めた一九八一年、国立がんセンター研究所放射線研究部の関口豊三と戸須眞理子たちから共同研究の誘いがあった。関口は、カロリンスカ研究所（スウェーデン）のニルス・リンゲルツのところで細胞質移植の技術を身につけて、帰国したところであった。この方法は、まず培養細胞から核だけを除き、残りの細胞質体と目的の細胞とをポリエチレングリコールやウイルスなどを媒体として細胞融合するという当時開発されたばかりの最新技術であった。

細胞質移植の手法を使えば、癌細胞のミトコンドリアを正常細胞に移し替えることができる。次ページの図４－４を参照しながらその手順を紹介しよう。まず、癌細胞からあらかじめ核だけ除き（①）、残った細胞質体と正常細胞を融合させる（②）。そして、その結果生じた細胞質雑種細胞（サイブリッド）を分離して、培養する（③）。ちなみに、このサイブリッドの核は、正常細

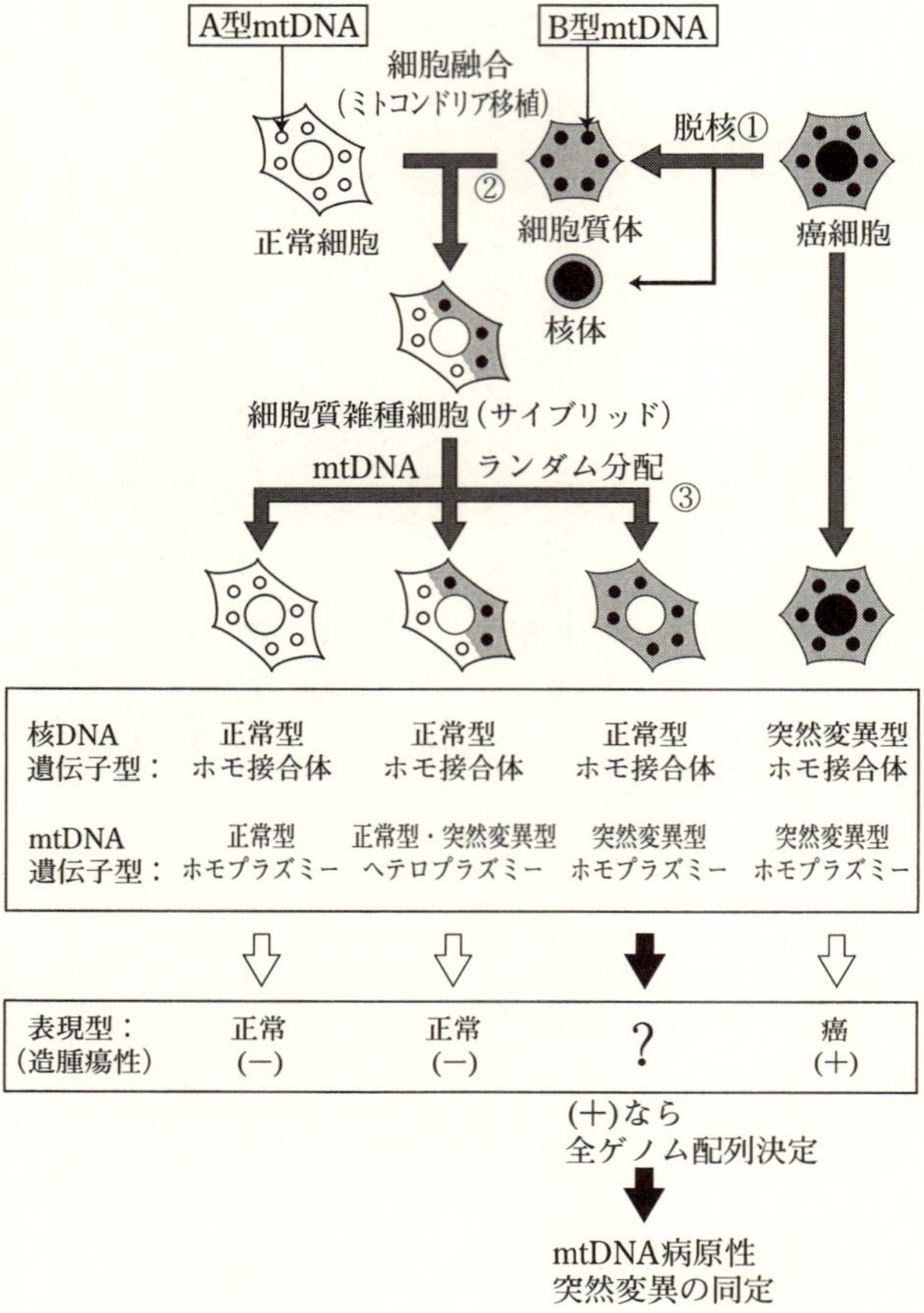
A型mtDNA
B型mtDNA
細胞融合
(ミトコンドリア移植)
脱核①
②
正常細胞
細胞質体
癌細胞
核体
細胞質雑種細胞(サイブリッド)
mtDNA ランダム分配
③
核DNA
遺伝子型:
正常型
ホモ接合体
正常型
ホモ接合体
正常型
ホモ接合体
突然変異型
ホモ接合体
mtDNA
遺伝子型:
正常型
ホモプラズミー
正常型・突然変異型
ヘテロプラズミー
突然変異型
ホモプラズミー
突然変異型
ホモプラズミー
表現型:
(造腫瘍性)
正常
(−)
正常
(−)
?
癌
(+)
(+)なら
全ゲノム配列決定
mtDNA病原性
突然変異の同定

図4-4　細胞工学を用いたミトコンドリア移植

胞に由来し、ミトコンドリアとその中のmtＤＮＡは正常細胞と癌細胞の両方に由来する。したがって、正常細胞由来と癌細胞由来のmtＤＮＡが共存する状況（ヘテロプラズミー）となる。

あとは、正常細胞が癌細胞由来のmtＤＮＡの移植を受けたことで、造腫瘍性という表現型が発現するように変化するかどうかで判定すればいい。造腫瘍性の有無は、細胞をヌードマウスの背中の皮下に注入し、そこに腫瘍を作ることができるかどうかで判断する。ヌードマウスとは突然変異によって毛の角質化に異常をきたし、無毛（ヌード）になったマウスのことだ。実はこのマウスは、同時に別の突然変異によって免疫が十分に働かないため、マウスの癌細胞はもちろんラットやヒトの癌細胞を移植しても拒絶反応を起こさないという特徴を持つ。このヌードマウスの背中に腫瘍を作ることができれば、その細胞の表現型はもはや正常ではなく癌化していることになる（63ページ写真）。

4-7　禍転じて福となす――捨てたデータが甦る

実験の準備はできた。しかし、その前に解決しなければならない大きな問題が立ちはだかっていた。mtＤＮＡの移植が理論どおり成功したことを証明する作業である。関口の細胞質移植の手法を使えば、理論的には癌細胞のmtＤＮＡが、正常細胞の細胞質に移植できるはずだ。しかし、

「遺伝子型」「表現型」

ミトコンドリア移植の話に進む前に、これから何度か出てくる「表現型」と「遺伝子型」という専門用語について解説しておこう。

遺伝子に突然変異が生じた場合「遺伝子型」が変化するという。そしてこの突然変異を起こした場所によっては、その遺伝子から作られるタンパク質の働きによって表現される形質、すなわち「表現型」が重大な影響を受けることになる。この様子を、高校の教科書にも出ている有名な鎌状赤血球貧血症という病気を例に具体的に説明しよう。

この病気は黒人に多い劣性遺伝病で、適切な治療をしなければ重傷の溶血性貧血により成人前に死亡する恐ろしい病気だ。その原因はヘモグロビンβ鎖遺伝子の突然変異により赤血球が破壊されやすくなるためである。

鎌状赤血球を発症する突然変異型遺伝子（*s*）は劣性で、このホモ接合体（*s*／*s*……両親からこの突然変異遺伝子を受け取った場合、図4－5では*s*遺伝子は黒い棒で表されている）の個体が鎌状赤血球貧血症を発症し、治療しなければ成人前に死亡する。これに対し、正常型（＋）とこの突然変異型遺伝子（*s*）とのヘテロ接合体（＋／*s*……片親からこの突然変異型遺伝子を受け取った場合）の個体はほとんど貧血を起こすことがないだけでなく、赤血球がマラリア原虫に感染しにくいという利点がある。このためアフリカなどの悪性マラリアが流行する地域ではこの突然変異型遺伝子は完全に淘汰されず、その保有頻度は高いところでは人口の二〇％以上に達する。

図4－5Aをご覧いただければわかるとおり、「遺伝子型」には、正常型のホモ接合体（＋／＋）、正常型と突然変異型のヘテロ接合体（＋／*s*）、突然変異型のホモ接合体（*s*／*s*）の三通りがある。また、このケースの「表現型」は赤血球の形（円盤型

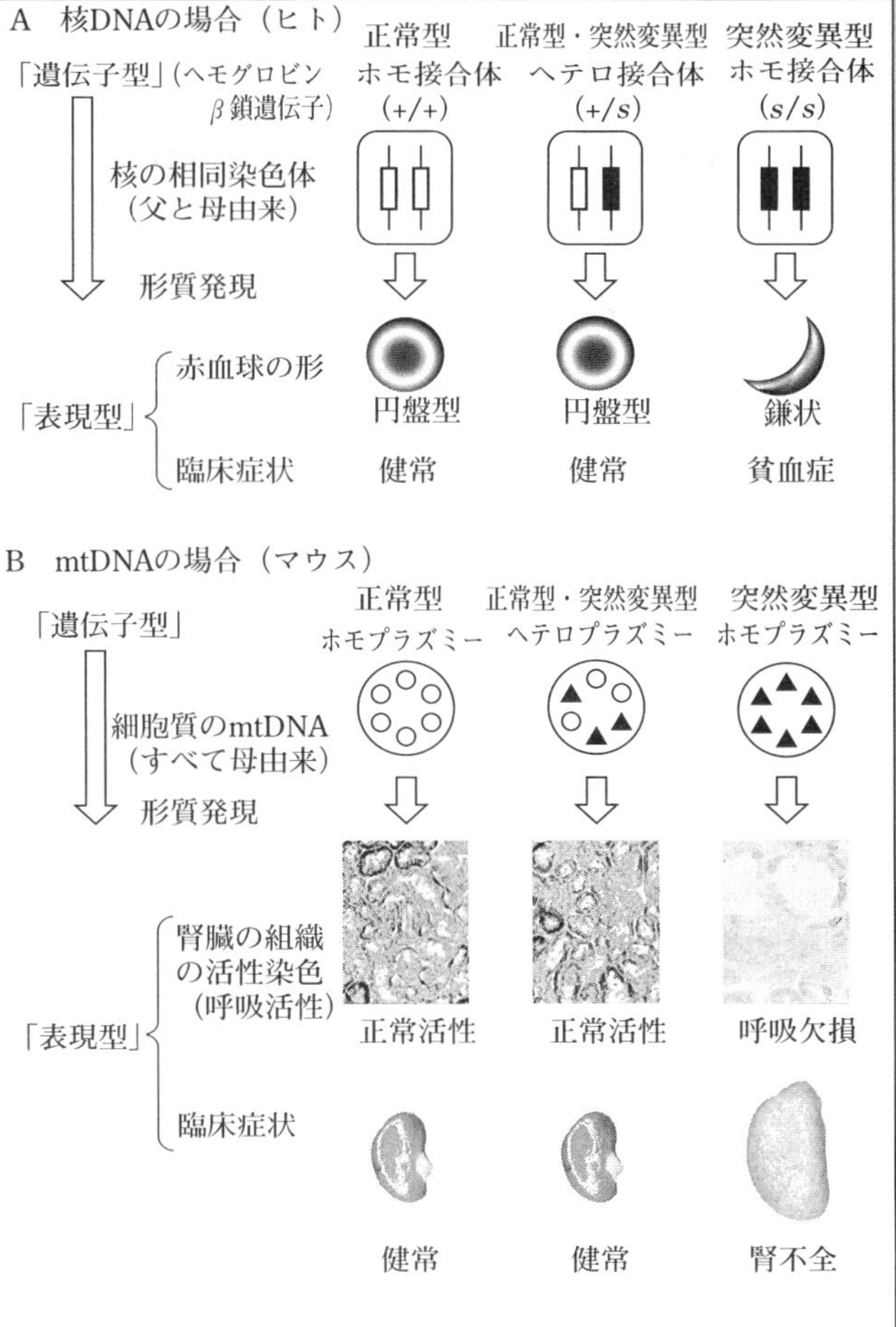
A　核DNAの場合（ヒト）
正常型
ホモ接合体
(+/+)
正常型・突然変異型
ヘテロ接合体
(+/s)
突然変異型
ホモ接合体
(s/s)
「遺伝子型」(ヘモグロビンβ鎖遺伝子)
核の相同染色体
(父と母由来)
形質発現
「表現型」
赤血球の形
円盤型
円盤型
鎌状
臨床症状
健常
健常
貧血症
B　mtDNAの場合（マウス）
正常型
ホモプラズミー
正常型・突然変異型
ヘテロプラズミー
突然変異型
ホモプラズミー
「遺伝子型」
細胞質のmtDNA
(すべて母由来)
形質発現
「表現型」
腎臓の組織の活性染色
(呼吸活性)
正常活性
正常活性
呼吸欠損
臨床症状
健常
健常
腎不全

図4-5　核DNAとmtDNAの遺伝子型と表現型

か鎌状か）と臨床症状（健常か貧血か）に分けられる。この突然変異は劣性であるため、遺伝子型が（＋／＋）と（＋／s）の場合で同じ表現型（正常赤血球、健常者）となるのに対し、遺伝子型が（s／s）の場合でのみ表現型は鎌状赤血球とその結果生じる溶血性貧血となる。

以上、述べたのは核DNA上の遺伝子に突然変異が生じた場合の遺伝子型と表現型の関係であるが、mtDNA上の遺伝子に突然変異が生じた場合は様子が若干異なってくる。というのは、細胞に存在するmtDNAの遺伝子はすべて母親由来で数千個の集団として存在するからである（図4－5B）。しかしすべて母親由来であっても、正常型遺伝子と突然変異型遺伝子を持つmtDNAがさまざまな割合で存在することがあり、これをヘテロプラズミーと呼んでいる。これに対し、その細胞のmtDNA集団がすべて正常型か突然変異型のどちらか一方である場合をホモプラズミーという。馴染みのない専門用語に戸惑われるかもしれないが、図を見ればすぐにご理解いただけるであろう。

第八章で詳しく述べるが、筆者たちが樹立したミトコンドリア病態モデルマウスの研究から、mtDNA上の遺伝子の「遺伝子型」と「表現型」の関係が明らかになった。このマウスの細胞を構成するmtDNA集団の遺伝子型が正常型のホモプラズミーである場合と、正常型と突然変異型が混合するヘテロプラズミーの場合はともに表現型として正常な呼吸活性を示し、腎臓も健常である。これに対し、遺伝子型が突然変異型のホモプラズミーに近い状態では表現型が呼吸欠損（ミトコンドリア呼吸酵素活性の欠損）となり、腎不全という臨床症状を発現する（図4－5B）。

注．本書では、わかりやすくするために「正常型」と記載しているが、学術的には「野生型（Wild type）」を使用する。

理論的に移植されたということと実際の移植の成否とは別である。もしmtDNA移植が成功したことを証明できなければ、この実験結果は何の意味も持たない。そして筆者にこの問題解決のヒントを与えてくれたのが、なんと、筆者がビギナーズラックで見つけたラットmtDNAの多型突然変異であった（70〜71ページ）。

繰り返しになるが、この多型突然変異は癌と何の関係もなかった。当時、埼玉県立がんセンター研究所の研究員だった筆者は、癌とは無関係とわかった研究をいつまでも続けるわけにはいかず、いくつかの基礎研究に応用する以外はさしたる使いみちもなく、その存在は頭の中から忘れ去られていた。しかし、癌とはまったく関係がないということが、逆にこの局面では大きな意味を持つことに気づいたのである。

筆者たちは、この突然変異を、mtDNAの移植が正しく行われたかどうかを判断するマーカーとして利用できると考えた。あらかじめ移植する側とされる側のmtDNA切断型が異なる組み合わせの細胞を用いてmtDNAを移植し、改めてmtDNAの切断型を調べる。移植に用いたmtDNAが導入されていることがわかれば、移植が成功したことが証明できる。もし、癌化によって、切断型が簡単に変わってしまうと、マーカーとしての役目を果たさなくなる。このように、癌化しても切断型が変わらないということが重要な意味を持ってくるのだ。

筆者たちは、早速、細胞融合の手法を用いてmtDNAの移植を行うことにした。まず切断型が

Ｂ型のmtＤＮＡを持つ癌細胞を用意し、そこから核を取り除いた細胞質体を作る。次に、Ａ型のmtＤＮＡを持つ正常細胞を用意し、これを先の細胞質体と融合させ、細胞質雑種細胞を作ることに成功した（80ページ、図４－４）。

もし、移植が理論どおりに正しく行われれば、癌細胞にあったＢ型のmtＤＮＡの突然変異が細胞質雑種細胞の中に存在しているはずである。実際に、制限酵素を用いて実験してみると、確かにＢ型のmtＤＮＡも存在していることが確認された。移植は無事成功したのである。癌研究にはまったく関係がないと思われてきたmtＤＮＡの多型突然変異が見事な復活劇を果たしたのである。

しかし、難題がまだ残っていた。癌細胞からＢ型mtＤＮＡを受け取ったことは確実であるとして、移植された細胞にはもとから存在したＡ型mtＤＮＡが残っていた。mtＤＮＡの突然変異と癌の因果関係を正確に分析するには、この正常細胞由来のＡ型mtＤＮＡを取り除く必要があった。この時点ではこの問題は完全には解決できなかった。ただ、mtＤＮＡは細胞分裂にともないランダムに分配されるので、多くの細胞質雑種細胞のクローンの中で癌細胞由来のＢ型mtＤＮＡを高い割合で持つものを選ぶことはできた（図４－４、③）。

準備も整い、いよいよ癌ミトコンドリア原因説に決着をつけるときがやってきた。しかし、結果は期待に反していた。癌細胞由来のmtＤＮＡを大量に含んだ細胞質雑種細胞を、ヌードマウスの背中に注射してみても、マウスの背中にはいつまでたっても癌は生じなかった。つまり、筆者たちの実験結果からは、mtＤＮＡに蓄積した突然変異が癌の原因になるという「癌ミトコンドリア原因説」は成立しえないことになる。

この成果は一九八四年に癌研究の一流誌に掲載されたが、完全なmtＤＮＡの置換ができておらず、きちんとした結論を下すにはさらなる検証作業が必要であった。

第5章

癌ミトコンドリア原因説との対決

ジェリー・シェイの自宅のプールサイドにて。濡れた髪を気にして繰り返し拭きにくる筆者の娘をみつめるシェイ（左端）と彼の父親（右端）

5－1　シェイとの出会い

ミトコンドリアを移植する実験成果は意外な人物から高く評価されることとなった。テキサス大学健康科学センター・ダラス校のジェリー・シェイ（89ページ、写真）。そう、ほかならぬ「癌ミトコンドリア原因説」を主張した人物である。当時、シェイは癌ミトコンドリア原因説をまだ発表しておらず、理論構築のための準備作業を進めていた。その彼が筆者に「自分の研究室で実験の手伝いをしてほしい」というのだ。

しかし、よりにもよってなぜ筆者に？　我々が行ったミトコンドリア移植の実験から得られた結論は、mtDNAの突然変異の蓄積は癌化とは関係がないというものだった。それに対して、シェイは、化学発癌剤がmtDNAを傷つけ、その突然変異の蓄積によって癌が発生することを確信していた。二人の考えは、まったく相容れないものであった。

実は、シェイは筆者たちのmtDNAの切断型を使った実験技術に目をつけたのだった。当時、彼は発癌剤を使ってマウス細胞を癌化させ、その細胞中にあるmtDNAの塩基配列の変化を調べていた。そして、癌化したマウス細胞にはmtDNAの突然変異が蓄積しているはずだから、制限酵素による切断型が大きく変化していると予測していた。彼がこの分野に詳しい筆者に白羽の矢を立てたのは理に適ったことであった。考え方が自分の意見と相容れない場合でも、その人間が持っている経験や技術が自分にとって有益であれば、積極的に研究室にまで招き入れる。いかにも合理的なアメリカ人らしいやり方であった。

実は、この提案は筆者にとっても、決して悪い話ではなかった。例のmtDNAの移植実験には重箱の隅をつつくような実験を経なければ解決できない問題が残っていた。第四章の最後にも書いたとおり、筆者たちの実験手法では、細胞質の中にわずかに正常細胞のmtDNAが残っていた。この正常細胞のmtDNAが、癌の発症を食い止めているという可能性を完全に否定することはできなかったのである。アメリカの恵まれた研究環境であれば、この残された難問を解決できるかもしれなかった。

熟慮した結果、シェイの申し出を引き受けることにした。ただし、一つの条件をつけることを忘れなかった。まず、研究室では日本でやり残した課題、すなわち、癌細胞の中にあるmtDNAを正常細胞に移植し、正常細胞のmtDNAを癌細胞のmtDNAで完全に置換したうえで正常細胞の癌化が誘導されるかどうかを見極めること。そしてもしこの操作で、癌化が誘導されたならmtDNAが犯人であることが確実なので、mtDNAの塩基配列を調べるという手順で研究を進めることを主張した。

シェイは、一刻も早く、発癌剤処理によって癌化したマウスのmtDNAの配列を調べたがっていたので、彼を説得するのは一苦労だったが、最後は折れて筆者の条件を聞き入れてくれた。一九八五年、筆者は妻子を日本に残し、テキサス州、ダラスへと旅立った。

残る課題は、筆者たちのミトコンドリア移植の手法が、マウスにも適用できるかどうかだった。これまで行ったミトコンドリア移植は、すべてラットを用いたものだった。マウスとラットは同じげっ歯類に属するものの、系統学的な距離は離れており、その形態も大きく異なっている。マウスは小型でハツカネズミとも呼ばれ、ミッキーマウスのモデルにもなっている（もちろん、あんなに大きくはない）。これに対して、ラットは、マウスに比べてサイズが大きく、ドブネズミやクマネズミと呼ばれている。

これまでの実験で、マウスではなくラットの細胞を使ったのは、実験用ラットのmtＤＮＡにはさまざまな切断型の差があるのに、実験用マウスのmtＤＮＡ切断型はほとんどの系統でまったく同じだったからだ。すでに樹立されているマウスの培養細胞はほとんどすべてが実験用マウスに由来し、どれもドメスティカス型というmtＤＮＡを持つため、マウスの細胞間ではmtＤＮＡの移植を確認することはできなかった。

幸いにして、当時埼玉県立がんセンター研究所にいた米川博通と国立遺伝学研究所の森脇和郎たちの研究によって、日本産野生マウスのモロシヌス型mtＤＮＡは実験用マウスのドメスティカス型mtＤＮＡと区別できることがわかっていた。つまり、実験用マウスと日本産野生マウスを組み合わせれば、マウスの細胞でもmtＤＮＡが移植されたかどうかを確認できるはずだ。

シェイの研究室に入った筆者は、発癌剤処理によってマウス細胞を癌化させ、そのマウス細胞のミトコンドリアを移植する実験をしていく中で、偶然にも都合のよい発見をした。それはモロシヌス型mtDNAを持つ日本産野生マウスをドナーにし、ドメスティカス型mtDNAを持つ実験用マウスの細胞を受容体として使うと、理由は不明であるがモロシヌス型mtDNAに完全に置換できたのである。しかもドナーと受容体の組み合わせを逆にしても、常にモロシヌス型mtDNAがドメスティカス型mtDNAを追い出すことも判明した。この現象を利用して、筆者は、核DNAは正常細胞由来であるのに対し、mtDNAはすべて発癌剤によって癌化した細胞から導入したモロシヌス型mtDNAという細胞を作り上げた。そこでこの細胞が癌化しているかどうか確認するため、ヌードマウスの背中に注射して調べたところ、癌は発生することなく、何の変化もなかったのである（次ページの図5－1㋑）。

この結果は、仮に発癌剤処理によってmtDNAに突然変異が生じ、これが蓄積したとしても、この突然変異だけでは細胞を癌化できないことを明確に示している。mtDNAが直接の原因でないとすると、残された可能性は、核DNAの突然変異のみで癌化が起こるのか、核DNAとmtDNAが相互に連携して癌化が起こるのかの二つに一つしかありえない。

この疑問に答えるため、今度は、逆に核DNAが癌細胞に由来し、mtDNAはすべて正常細胞に由来する細胞を作って、これをヌードマウスの背中に注射して育てたところ、なんと癌が発生

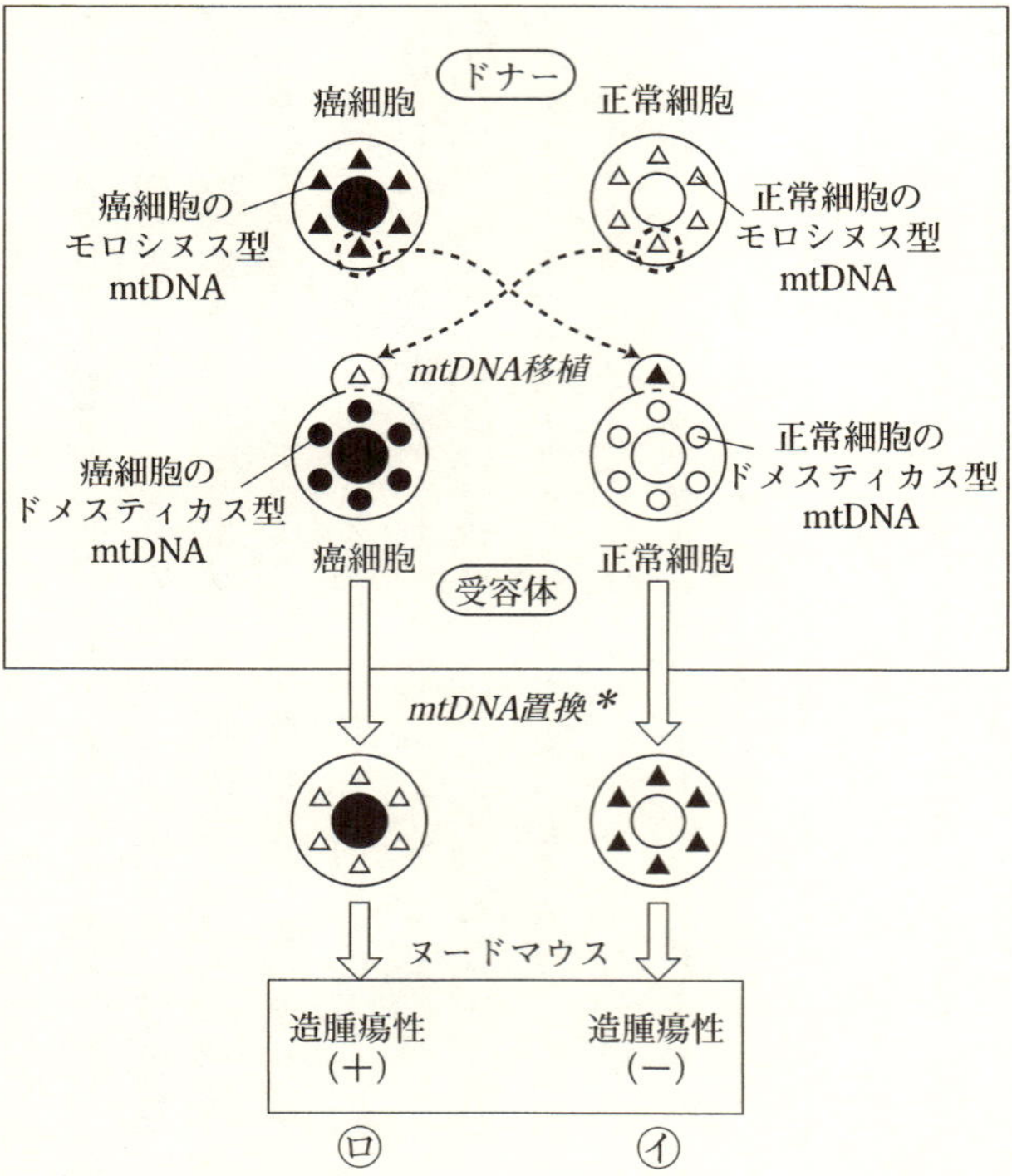

＊mtDNA置換：モロシヌス型mtDNA（△、▲）はドメスティカス型mtDNA（○、●）よりも伝達能力が優れているので△または▲を導入後、細胞を培養するだけで置換が可能になる。

図5-1　ミトコンドリア置換法による癌ミトコンドリア原因説の否定

したのである（図5－1㋺）。これはいかなることを意味するのか。

実験結果から導かれる合理的な結論は、癌化する（造腫瘍性を発現する）には、mtDNA突然変異はまったく必要がなく、核DNAの突然変異単独で十分であるというものだった。少なくとも、マウス培養細胞が発癌剤によって癌化するケースでは、シェイの仮説、すなわち癌ミトコンドリア原因説は完全に否定されたのである。ここで彼に感謝しなければならないのは、こちらのわがままを受け入れてくれたことと、その研究結果が彼にとって極めて都合の悪いものであったにもかかわらず、いっさいクレームをつけず論文にして公表することを認めてくれたことである。

5－2　シェイの変身と躍進

シェイとは帰国後一～二年の間、共同研究が続いた。しかし、その間の一九八七年に筆者が否定したはずの「癌ミトコンドリア原因説」が発表された。彼はまだ本気でmtDNAの突然変異が癌の原因になると思っていたのだろうか……。そして、まもなく彼からの連絡が途絶えた。しばらくして、彼の名を目にしたのは日本の新聞記事であった。「不老長寿の薬ができそうだ」というタイトルだったような気がする。そこにはあのシェイの名前があり、同僚のウッディー・ライト

ジェリー・シェイ事件

留学中のある日、シェイが長期にわたって海外出張するので、その間に彼が培養していた細胞のmtDNAの切断型を調べておくよう依頼を受けた。彼は、マウスの正常繊維芽細胞を強力な発癌剤ベンツピレンで処理した後、いかにも癌化したような細胞をクローン分離して増やしていた。そしてこの細胞のmtDNAが突然変異を起こしているかどうかを、制限酵素を使って調べてほしいというのである。この研究は、留学当初、彼から手伝うように強く命令されながらその意義に疑問を感じ、必死になって拒否したいきさつがあった。その結果、仕方なく彼自身で行う羽目になった因縁めいたものである。

その細胞を顕微鏡で見るとなるほど彼のいうとおり、癌化したような形態を維持しており、細胞の増殖速度も処理前の細胞より格段に速かった。そこで、発癌剤で処理する前の正常細胞、処理後も形態の変化しなかった細胞、そして処理後形態が著しく変化し、増殖速度も高くなった細胞の三種の細胞からmtDNAを調製し、制限酵素の切断型を比較した。

本当はこの実験もやりたくなかった。発癌剤で処理するくらいでmtDNAの制限酵素による切断型に差が出るはずがないからである。しかし結果を見て驚いた。シェイの予測どおり、形態が著しく変化し、増殖速度も高くなった細胞だけが、まったく異なったmtDNA切断型を示していた。一方、同じように発癌剤を使っても形態の変化しなかった細胞は処理する前の正常細胞と同じ切断型であった。

発癌剤によってmtDNAは激しい突然変異の傷跡をさらしていた。シェイの得意そうな顔が思わず目の前をちらついた。彼の説は正しかったのか。筆者は、大発見をしたというられしさと、自分の考えが間違っていたという敗北感に浸りながら、癌化した細胞のmtDNAのどこがどう変化したのかを解析し始めた。しかし、あまりにも切断型の変化が激しく、制限酵素が認識する部位のどこが新たに生じ、どこが消失したかも予測できなかった。この変化を説明するためには、数千コピーもあるmtＤＮＡ分子のすべてが、しかも三ヵ所以上の認識部位で、それも一斉に同じ突然変異が起こらなければならなかった。突然変異は場所を選ばずランダムに起こるはずなのに……。そう思って切断型を見つめていると、この切断型が以前どこかで見たような親しみのあるパターンであるような気がした。そして日本から持ってきた実験ノートと比較したところ、それはなんとマウスではなくラットのＢ型mtＤＮＡ切断型とそっくりであったのだ。

　そこで、癌化したとされたマウス細胞のmtＤＮＡをさまざまな種類の制限酵素で切断してみたが、すべての場合でラットのＢ型mtＤＮＡと同じ切断型であった。発癌剤処理によって、マウス細胞内にあるmtＤＮＡのすべての分子の同じ場所に突然変異が一斉に起こり、偶然ラットのmtＤＮＡと同じ切断型になってしまったということはまずありえない。これらの結果は、マウス細胞にラットの癌細胞が混入したことを明確に証明しており、シェイはそれをクローン化したのだ。その切断型をシェイに見せて、彼もしぶしぶ納得した。「でもなぜだ？」。

　真相は定かではないが、どうやら、生物学の実験によくあるケアレスミスが原因だったようだ。彼の実験助手が細胞の植え継ぎを行う時、電動式ピペットを使って、ラットの癌細胞を入れたシャーレに勢いよく培養液を入れていた。どうやらその際に、跳ね返りがピペット先端部に付着し、そこからマウスの細胞を培養しているシャーレに混入したようだった。それにしても、筆者がこれを見過ごしていたら、この仕事はそのまま論文として発表され、さらに無駄な研究が長く続くところであった。結局、一年あまりの留学期間では、癌ミトコンドリア原因説を裏付けるデータはなにひとつ得られなかった。

とともに一躍世界的なスターにのし上がっていた。

染色体末端には、染色体を保護しているテロメアという領域があり、哺乳類ではＴＴＡＧＧＧという六つの塩基の配列が数百回反復している。この繰り返される塩基配列は、生物の寿命を決める回数券のようなもので、細胞分裂をするたびにこの部分が少しずつ短くなり、この部分の長さが一定以下になると、細胞は分裂をする能力を失い、死を迎える。ライトとシェイは、このテロメアの長さを回復するテロメラーゼという酵素が生殖細胞だけでなく癌細胞にも発現していることを発見し、これらの細胞に永遠の寿命を与えていると考えたのである。

新聞記事によると、正常な体細胞ではこの酵素は発現せず、テロメアは細胞分裂とともに短くなり老化するので、この酵素を活性化させれば老化は解消するかもしれないという。体細胞のテロメラーゼの活性化によって細胞が若返るどころか癌化してしまわないかと心配な局面もあるが、これはノーベル賞級の素晴らしい研究である。ともかく筆者と違って彼はミトコンドリア研究からはきっぱりと足を洗い見事に変身していた。

一方、日本へ帰国した筆者はすぐに厳しい選択を迫られていた。癌研究をとるかミトコンドリア研究をとるか。答えは決まっていた。シェイと違いミトコンドリアに執着した。しかし、ミトコンドリア研究をとるということは、埼玉県立がんセンター研究所にいつまでもとどまることはできないという前提を受け入れることでもあった。癌研究に縛られずに、学術的に優れた研究を多く発表したいという欲求もピークを迎えていた。そろそろ、長年取り組んできた癌とmtDNAの突然変異の因縁の関係に決着をつける時期であった。

5-3 完全なる癌ミトコンドリア原因説の否定

筆者が帰国後最初に取り組んだのが、mtDNA欠損細胞を用いた究極のmtDNA置換法の確立だった。一九八五年に筆者がシェイの研究室で発見したモロシヌス型mtDNAによる置換法を用いても、受容体となる細胞自身のドメスティカス型mtDNAが一コピーたりとも残っていないという保証はない。この可能性を完全に除く究極の方法は、あらかじめmtDNAをまったく持たないmtDNA欠損細胞を樹立し、この細胞にミトコンドリア移植を行うことである。

同じ一九八五年、ニワトリの細胞でmtDNA欠損細胞を樹立したことがモントリオール大学のレジアン・モライスたちによって報告された。彼らは、DNAの染色に用いられるエチジウムブロマイドを使って細胞を長期間処理するという方法で、mtDNAをまったく持たない細胞を作り上げた。早速、筆者たちはこの薬剤を手に入れて、マウスの細胞で試してみたがどうもうまくいかない。後でわかったことだが、マウスという種は、特にこの薬剤を細胞外に排除する能力に優れており、誰もこの薬剤ではマウスmtDNA欠損細胞は樹立できなかったのである。

一九八九年になって、今度は、カリフォルニア工科大学のマイケル・キングたちがこのエチジウムブロマイド処理でヒトのmtＤＮＡ欠損骨肉腫細胞の樹立に成功したことをサイエンス誌に発表した。そこで筆者たちは、すぐにマウスをあきらめてＨｅＬａ（ヒーラ）細胞にこの処理を行い、mtＤＮＡ欠損細胞を樹立した（図５－２）。ＨｅＬａ細胞は一九五一年に三一歳の黒人女性、Henrietta Lacks（ヘンリエッタ・ラックス）の悪性子宮頸部扁平上皮癌から樹立された世界初の不死化したヒト培養癌細胞で、ＨｅＬａの名称は彼女の氏名の略称からつけたものだ。ＨｅＬａ細胞は、分子生物学の世界では、最もポピュラーなヒト細胞で、この細胞でmtＤＮＡ欠損細胞を樹立できたことは、大きな収穫となった。

筆者たちは、早速、通常のＨｅＬａ細胞とmtＤＮＡをまったく持たないＨｅＬａ細胞をヌードマウスの背中に注射してみることにした。目的は、もちろん、mtＤＮＡを失うことが造腫瘍性の発現に影響を与えているかどうかを調べるためだ。結果は意外なものだった。通常のＨｅＬａ細胞は腫瘍を作ったのに、mtＤＮＡ欠損ＨｅＬａ細胞は何も作らなかったのだ（１０３ページ、図５－３）。このことから、造腫瘍性を発現するにはmtＤＮＡは必須であること、つまりmtＤＮＡが存在しないと癌にはならないことを意味していた。しかし、我々が知りたいのは、mtＤＮＡの病原性突然変異がないと癌にならないのかどうかということなのである。

そこで、今度は、mtＤＮＡをまったく持たないＨｅＬａ細胞に、核を除いたヒト正常繊維芽細胞

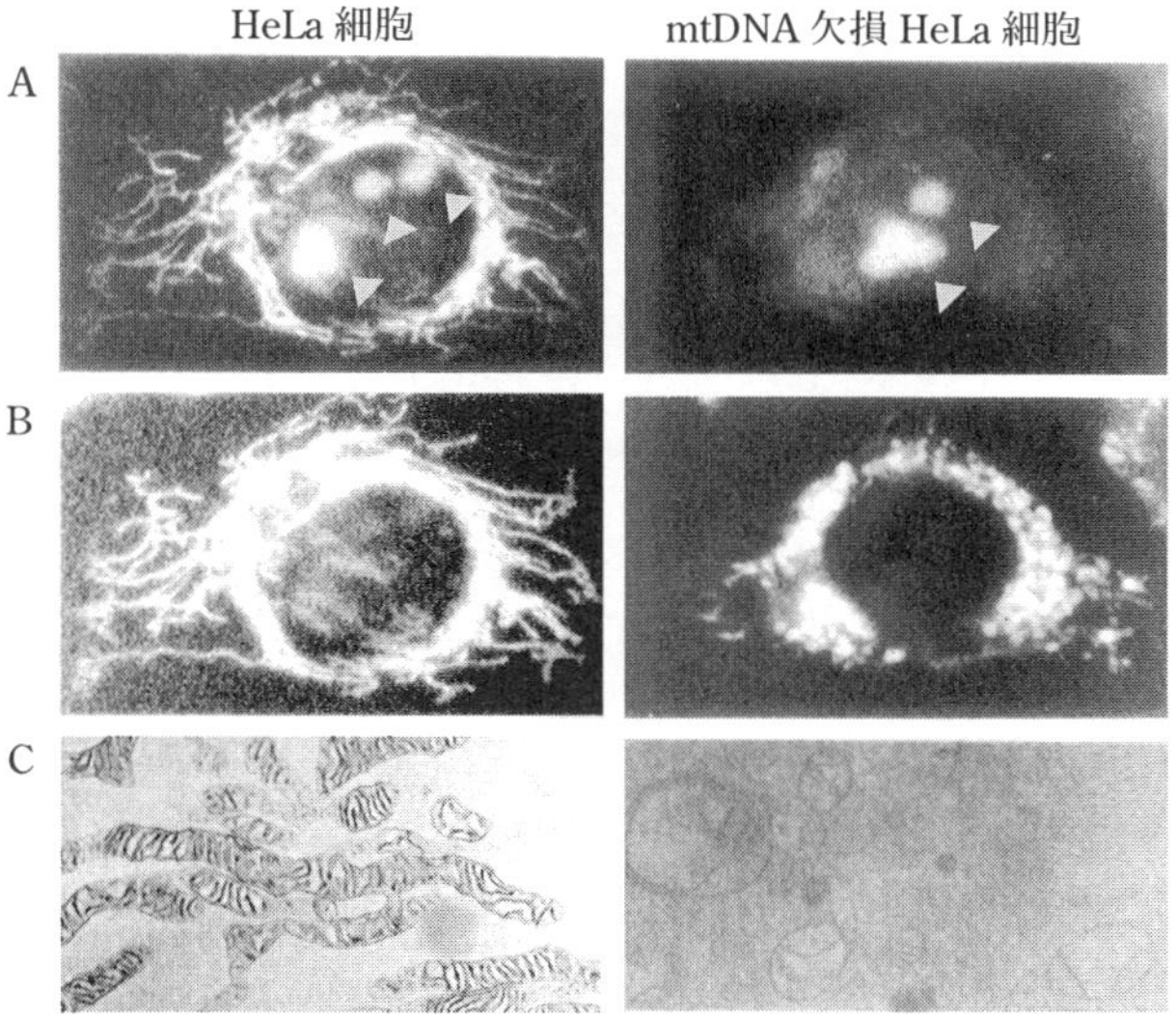

A エチジウムブロマイドによるmtDNA染色
短時間のエチジウムブロマイド染色では、ミトコンドリアにトラップされるため核DNAは染色されないが、核小体（白抜き矢尻）にあるrRNAは染色されてしまう。

B ローダミン123によるミトコンドリア染色

C COX電子顕微鏡像：HeLa細胞のミトコンドリアの内膜とクリステが、チトクロームcオキシターゼ（COX）の活性化のため黒く染色される。mtDNA欠損HeLa細胞の中にあるミトコンドリアのクリステは退化して、ミトコンドリア全体がふくらみ、COXで染色されない。

図5-2　HeLa細胞とmtDNA欠損HeLa細胞のミトコンドリア

を融合した。その結果、核ＤＮＡはＨｅＬａ細胞由来だが、mtＤＮＡは正常細胞由来のもので完全に置き換わった細胞質雑種細胞（サイブリッド）が出来上がった。この細胞をヌードマウスの背中に注入したところ、一〇〇％正常細胞由来のmtＤＮＡしか含まないのに立派な癌を作ったのである（図５－３）。mtＤＮＡをまったく持たないＨｅＬａ細胞は癌細胞を作れないのに、そこに正常細胞由来のmtＤＮＡを導入しただけで造腫瘍性が再発してしまうのはなぜだろう。

おそらく、ヌードマウスの背中に植え付けられたmtＤＮＡ欠損ＨｅＬａ細胞は十分な量のＡＴＰを作り出す能力がないため、癌を作る以前に、細胞自体が単に死んでしまったのではないだろうか。つまり、新たに外から正常細胞のmtＤＮＡを導入することによって腫瘍を作る能力が復活したのは、このＨｅＬａ細胞は酸素呼吸によるＡＴＰを合成する力を取り戻したからだと考えられる。

以上の実験結果から、筆者の見込みどおり、mtＤＮＡの突然変異は癌の発症とは何の関係もなく、核ＤＮＡの突然変異こそが癌の原因であることがわかったのだ。ミトコンドリアにかけられた嫌疑は、まったくの濡れ衣だった。これらの研究成果は一九八九年に癌研究の一流誌に発表することができた。

埼玉県立がんセンター研究所に就職してから一〇年間取り組んできたテーマに、ようやく決着をつけることができたわけだが、心境は複雑だった。「癌とは無関係である」という結論は、癌の

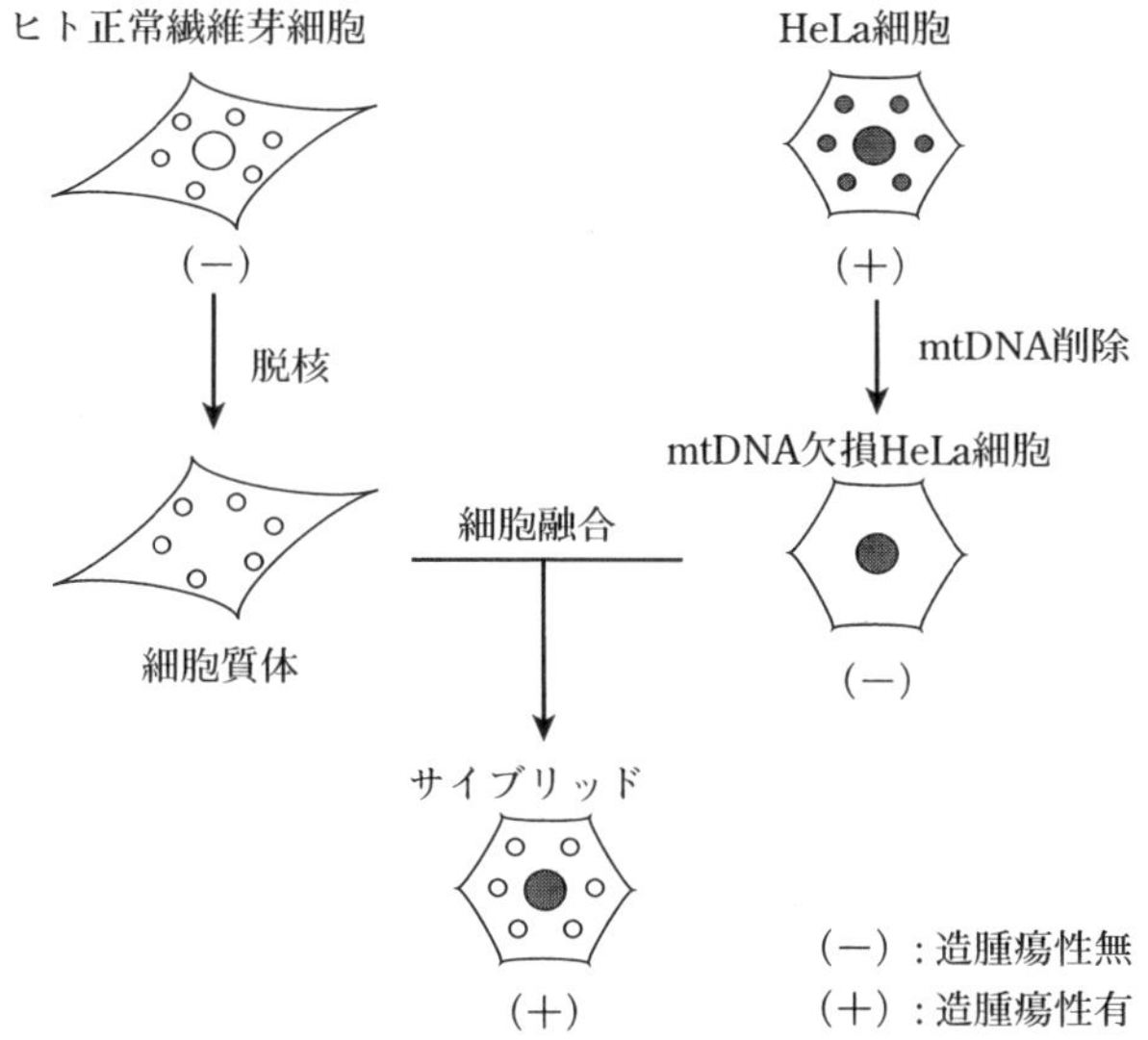

◯と ∘：ヒト正常繊維芽細胞の核DNAとmtDNA
●と •：HeLa細胞の核DNAとmtDNA

図5-3　mtDNA欠損HeLa細胞を用いたmtDNA完全置換法

研究施設に働く筆者の立場をはなはだ悪くするものであった。余談になるが筆者はそれから四年後の一九九三年に筑波大学に移ることになる。

最終的に癌ミトコンドリア原因説は誤りだったわけだが、この経験はその後の研究者人生に大きなプラスになった。特にこのとき培った技術と経験は、後に、ミトコンドリア病の病原性突然変異の判定、マウスmtDNA欠損細胞の樹立などで活かされることになる。

これも余談だが、第八章で解説する病態モデルマウスを作成する過程で、偶然にもマウス癌細胞のmtＤＮＡをすべて正常組織のmtＤＮＡで完全に置換した細胞を樹立していた。もうどうでもよいという気もしたが、これまでどうしても作ることができなかった細胞だったので、懐かしさも伴い、実験をしてみることにした。この細胞をヌードマウスに注射すると、この癌細胞のmtＤＮＡはすべて正常に置き換わっているのに、癌を作る力は依然として失われることはなかった。これは核ＤＮＡの突然変異単独で癌化が起こるという、これまでの筆者たちの実験結果を完全に支持するものであった。

5-4　ときどき燃え出す癌ミトコンドリア原因説

癌ミトコンドリア原因説は筆者たちの論文発表からしばらくの間は、確かに鳴りを潜めていた。しかし二〇〇〇年以降、また再燃の兆しが出ている。癌組織とその個体の正常組織のmtＤＮＡの全塩基配列を調べて比較した結果、癌組織のmtＤＮＡに突然変異が蓄積しているという研究成果が、影響力が極めて高いサイエンス誌やネイチャー・ジェネティクス誌などのスーパージャーナルに相次いで報告されたのである。しかし、これらの報告でも単に突然変異が蓄積しているという状況証拠だけで、癌との因果関係はいっさい示されていない。しかも報告された突然変異を見ても、特にエネルギー生産に影響を与える可能性がない、単なる多型突然変異なのである。

これらの報告にある結果は、筆者がフライングをしたいまから二〇年以上も前の研究レベルと本質的には何も変わらない。制限酵素で塩基配列の差を見つけたか、全塩基配列を決定して差を見つけたかの違いだけである。ましてやミトコンドリア移植の実験はいっさい行っていないのに、なぜ大騒ぎするのかわけがわからない。癌に関する研究では、些細な発見でも注目度が高いということなのだろうか。

筆者のミトコンドリア移植の実験結果を持ち出すまでもなく、以下の二つの状況証拠を考えただけでも、mtＤＮＡ突然変異と癌とは何の因果関係もないのは明らかだ。

①mtＤＮＡにコードされている遺伝子は、すべてミトコンドリアの呼吸酵素活性にかかわるものである。したがってmtＤＮＡの病原性突然変異が起きると、ほぼ例外なく呼吸酵素の活性低下を引き起こし、エネルギー欠損を起こす。事実、このあと、第七章で述べるように、mtＤＮＡ突然変異は呼吸欠損を引き起こし、母性遺伝するミトコンドリア病の原因になっている。しかし、これらの疾患の患者が癌になりやすいとか、癌の呼吸酵素活性が低下しているという報告はいっさいなされていない。

②仮にこれまでの常識では考えられないような病原性突然変異、つまり呼吸欠損を引き起こさないような病原性突然変異が後天的に体細胞のmtＤＮＡに生じ、癌の原因になっていたとしよう。それならば体細胞のmtＤＮＡに生じる後天的突然変異（体細胞突然変異）とまったく同じ突然変異

が卵のmtＤＮＡに生じてもいいはずで、その場合は先天的突然変異として姿を変えて次の世代に母性遺伝していくはずである（77ページ、図4－3）。したがってごくまれにでもいいから母性遺伝する癌があってもいいはずなのに、癌が母性遺伝するという報告もまったくない（母性遺伝については第六章で解説）。

以上、長かった癌ミトコンドリア原因説の研究も一段落し、ミトコンドリアにかけられた嫌疑が晴れたかのようにその時は思った。しかし、この頃から、mtＤＮＡ突然変異の関与がうかがわれる病気が次から次に報告されることになる。

癌化は脱分化をともなうか

私たちの生命のスタートとなる受精卵は細胞分裂（卵割）を繰り返し、多くの細胞を形成して多細胞体となる。そしてそれぞれ特異的な機能を営むことができる細胞に分化して、複雑な生命現象を支えているのである（77ページ、図4－3）。ここで重要なポイントはこれらの細胞はすぐに分化するのではなく、それに先立ち、将来どのような分化細胞になるのかという「決定」が行われることだ。

各細胞は、まず将来生殖細胞の幹細胞になるのか、体細胞の幹細胞になるのかの「決定」を受ける。次に体細胞の幹細胞の場合は、幹細胞が分化した時にどのような機能を営む分化細胞になるのかの「決定」を受けるのである。したがって、それぞれの組織には原則として組織特異的な幹細胞が存在することになる。各組織の幹細胞は分裂する能力を持つ未分化細胞で、必要に応じて分裂し一部は幹細胞に戻るが、残りはあらかじめ決定を受けた分化細胞に分化し機能を果たした後、細胞死を起こして分解されてしまうのだ。

注意しなければならないのは、分化細胞は特殊な機能を営む能力の獲得と引き替えに細胞分裂する能力を失ってしまうという点である。それでは各組織がどのようにして分化細胞を補い続けているのだろうか。分化という現象は不可逆的であるため、分化細胞が「脱分化」して分裂能力のある幹細胞に戻り、細胞分裂して増殖した後「再分化」するということはほとんどない。多くの場合は、各組織の幹細胞が必要に応じて分裂し、分化細胞を供給し続けているのである。しかし、最近どうもこの「脱分化」という言葉が安易に使われているように思えてならない。

本書でもたびたび登場する培養細胞を例に説明しよう。多くの培養細胞は繊維芽細胞か癌細胞であり、本来生体内で分裂する能力のあった幹細胞がシャーレの中で分裂を続けているだけであり、いったん分化した細胞が脱分化して分裂を始めるわけではない。

たとえば皮膚の組織を切り出して培養すると増殖してくる細胞がある。これは皮膚の組織が脱分化して増殖を始めたのではなく、もともとわずかに存在していた繊維芽細胞という分裂能力のある幹細胞が増殖してきたのである。同じことは癌細胞でもいえる。胃癌にしても白血病にしても、見かけは胃の組織や白血球に分化した細胞が脱分化してから異常増殖をはじめたようである。しかし、いずれの場合もそれぞれの組織の幹細胞（未分化細胞）が異常増殖を始めただけであって、厳密にはここにも脱分化という現象は起きていない。

また高校の授業にも取り上げられることがあるイモリ（両生類）の肢《あし》の再生でも脱分化という言葉が安易に使われている。イモリの肢を切断すると未分化な細胞がどんどん増殖し再生芽という特殊な組織を形成する。この再生芽は切断された部分の周辺にある筋肉、軟骨、皮膚などの組織が脱分化して分裂能を獲得したもので、再生芽を形成した後、再分化することで肢の再生が行われるとしている。

しかしここでも確かに脱分化しているという証拠があるわけではない。むしろもともと未分化で分裂能力のある繊維芽細胞や、筋肉、骨、皮膚などの幹細胞がそのまま増殖し再生芽を構築し、それぞれの決定にしたがって分化しただけであると考えるほうが自然ではないだろうか。

これらはいずれの場合も、見かけは分化した組織の中から未分化な分裂細胞が突如増殖してくるという点で共通しており、これを見ると誰しもが脱分化を連想してしまう。しかしこれはあくまでも見かけ上のことなのである。厳密な意味で脱分化を起こしていることが確実に立証されている生命現象はまれだ。見かけだけでサイエンスを語るのはテレビで氾濫している健康番組だけにしてもらいたいものである。

第6章

ミトコンドリアと母性遺伝

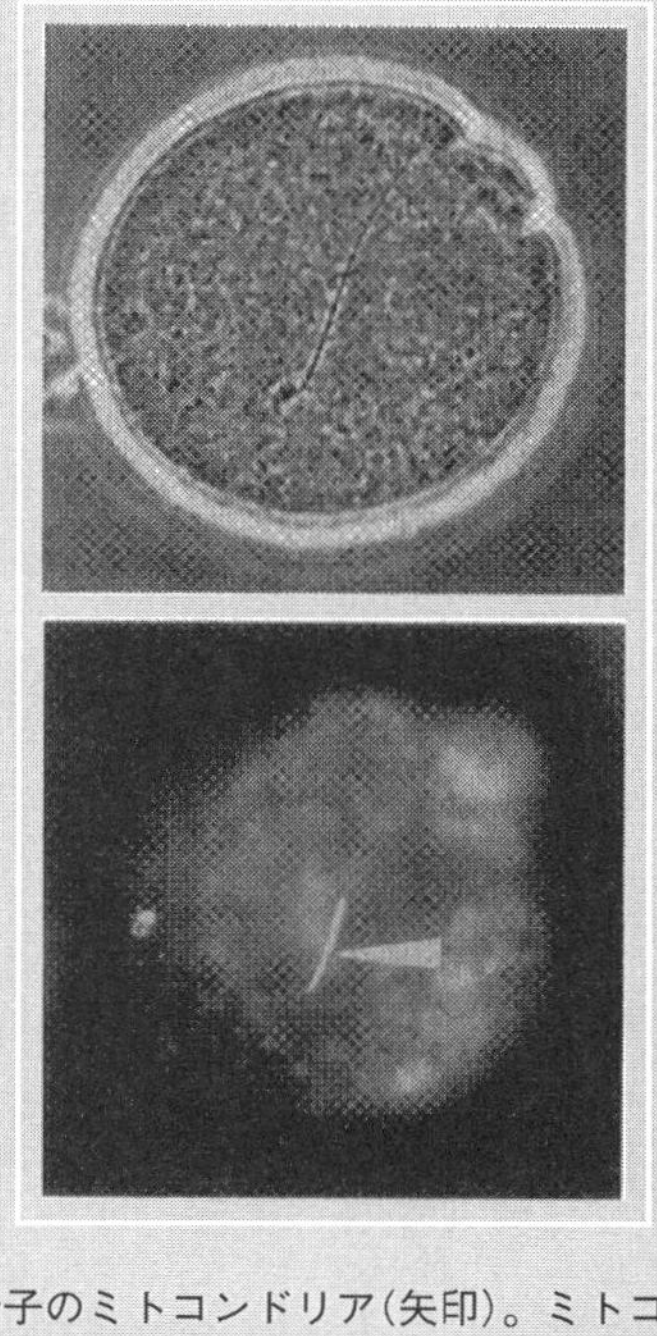

卵に侵入した精子のミトコンドリア（矢印）。ミトコンドリアを選択的に光らせる蛍光色素で染色している。上の写真は位相差顕微鏡像、下は蛍光顕微鏡で撮影したもの。精子の中片部にあるミトコンドリアが光って見えるが、やがて消滅してしまう。

6－1　母性遺伝の謎

ミトコンドリアにはミステリアスな話題が数多くあるが、とりわけ興味深いのは、その中にあるmtＤＮＡの遺伝様式であろう。核ＤＮＡは父親と母親の遺伝情報を同等に伝えるメンデル遺伝であるのに対し、mtＤＮＡは完全母性遺伝するといわれてきた。

しかし、この前提は本当に間違いないのだろうか。この前提が本当だとしたら、mtＤＮＡは父親から子どもにはいっさい伝わらず、母親の完全なるクローンになる。いうなれば、mtＤＮＡは、バクテリアのような無性生殖をしていることになる。無性生殖は比較的短期間で数を増やすことができる反面、生まれてくる子は親の遺伝子の完全なるコピーにしかならず、多様性を失う。このため、急激な気候変動や生態系の変化などの環境変動が起きると、種そのものが絶滅するリスクを負うことになる。有性生殖をする多細胞生物の細胞内小器官でありながら、なぜミトコンドリアは無性生殖のシステムを残しているのか。なんとも不可解である。

また、mtＤＮＡが完全母性遺伝するか否かという問題は、mtＤＮＡの突然変異が関与する可能性のある病気や生命現象にも深く関わってくる。さしたる根拠なしに、父親のmtＤＮＡが子孫に伝わらないと決めつけていいはずがない。

さらにいえば、父親のmtＤＮＡがまったく子孫に伝わらないというのでは、世の男たちにとっ

EcoR I切断型		
母親	父親	子
A	A	A
A	B	A
B	A	B
B	B	B

（A型、B型の区別は図4-1参照）

表6-1　多型突然変異を利用した、ラットmtDNAが母性遺伝することの証明

ては、何か自分の存在を否定されたようでどうにも釈然としない。この問題のきちんとした決着はこのように学問的側面だけでなく情緒的な観点でも極めて重要なのである。本章では、この完全母性遺伝の謎に迫ってみたい。

6-2　精子mtDNAは子孫に伝わるのか？

哺乳類では、受精の際、精子の中片部（113ページ、図6-1㋑）にあるミトコンドリアは受精卵に取り込まれることが明らかになっている。問題は精子のミトコンドリアにある父親由来のmtDNAが、たとえ、ほんのわずかでも子どもに伝わるかどうかである。この問題は、長い間、ミトコンドリア研究者を悩ませてきた。

この問題が解決されたのは比較的最近の話である。手前味噌になるが、世界で初めて哺乳類のmtDNAが完全に母性遺伝していることを、具体的なデータで証明したのは、筆者と米川博通のグループによる一九九五年の共同研究であった。

しかし、ここにいたる道のりは長く、険しいものだった。

一九六三年に当時ストックホルム大学にいたマーギット・ナスがmtDNAを発見した当初から、mtDNAが母性遺伝である可能性はささやかれてきた。というのも、哺乳類では卵と精子に含まれるmtDNAのコピー数が極端に異なることから、受精卵の中にあるmtDNAの大部分は母親由来であることが予想されていた。しかし、技術的な制約もあり、父親由来のmtDNAが完全に排除されるのか、それとも微量ではあるが存在しているのかはわからなかった。

筆者たちは一九七八年に癌研究の中で偶然発見したラットのmtDNA多型突然変異（70〜71ページ）を利用して、種内交配でmtDNAは母性遺伝することを初めて明らかにした。第四章でも述べたとおり、ラットのmtDNAを制限酵素による切断型で調べてみたところ、子のmtDNA切断型が例外なく母親のものと同じであり、母性遺伝が行われているのは間違いなかった（表6－1）。

しかし、この実験結果はまだ十分なものとはいえなかった。というのも、父親のmtDNAの量があまりにも微量であるため、もし受精卵に存在していたとしても、当時筆者たちが用いた実験手法ではとても検出することができなかったのだ。したがって、精子のmtDNAは子孫に伝わっているとの見方を完全に否定できなかった。

受精卵に存在する精子由来のmtDNAはあったとしても微々たるものだ。マウスの卵に存在するmtDNAは五〇万個。これに対し、精子には、鞭毛運動にエネルギーを供給するためのミトコ

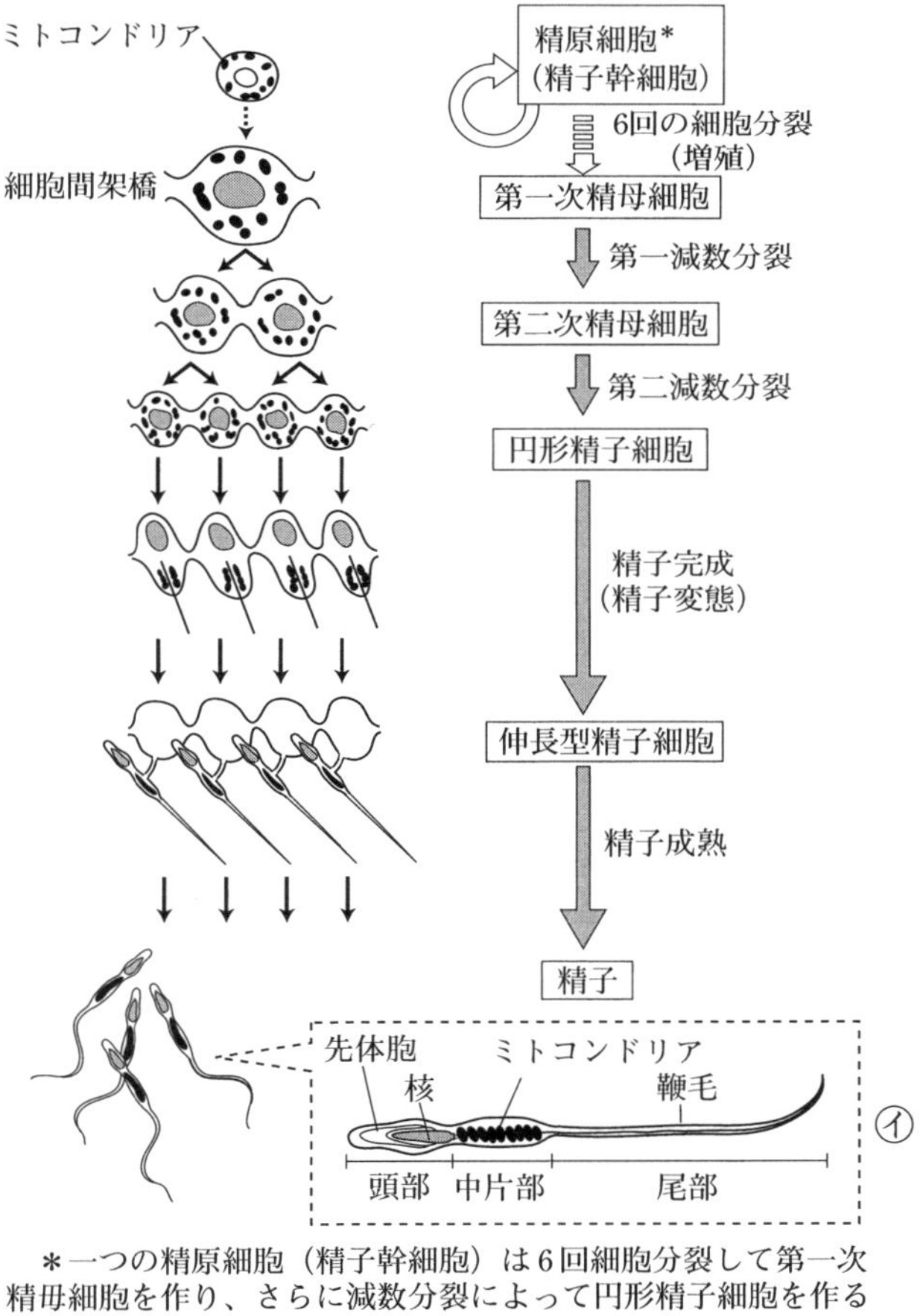

＊一つの精原細胞（精子幹細胞）は6回細胞分裂して第一次精母細胞を作り、さらに減数分裂によって円形精子細胞を作るが、おたがいの細胞質は細胞間架橋によってつながっている。
その後、精子完成（精子変態）によってできた伸長型精子細胞は精巣を離れて精巣上体へ移動し、そこで運動能を持った精子へと成熟する。

図6-1　精子形成とミトコンドリアの変化

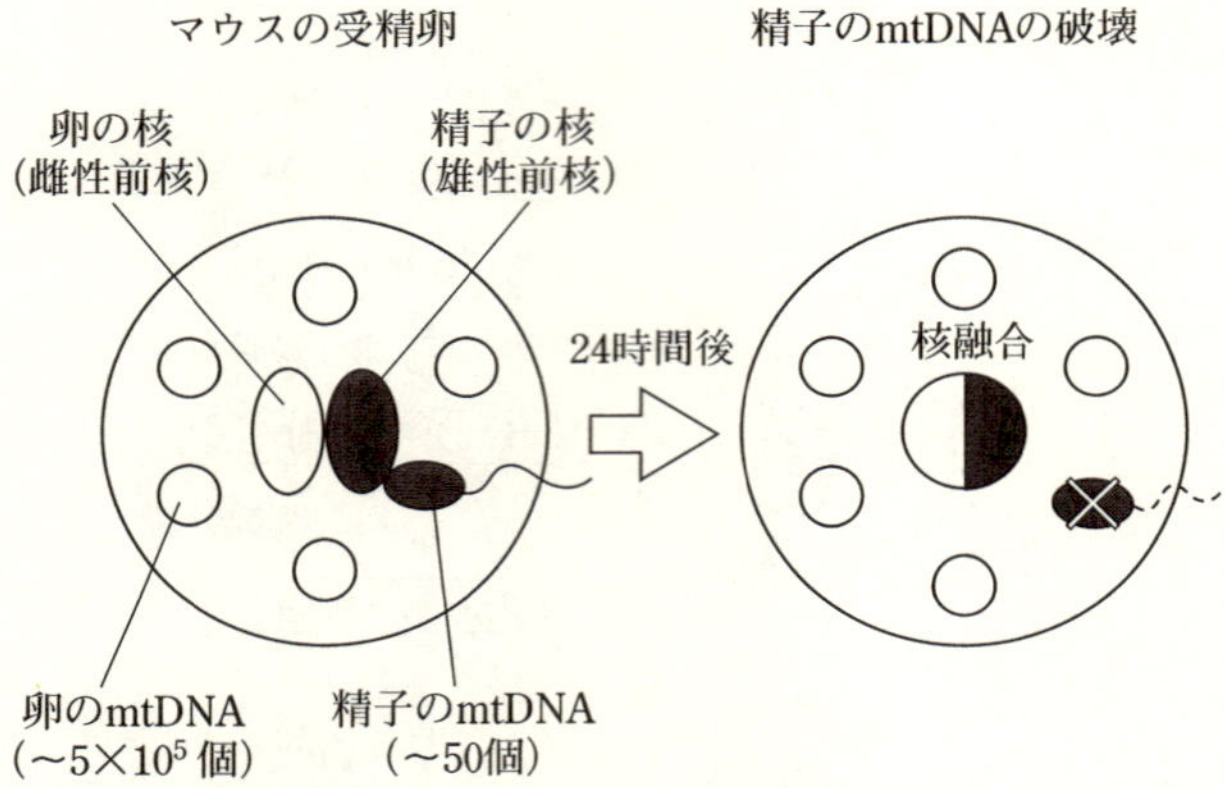

図6－2　受精直後に存在する精子由来のmtDNA

ンドリアが中片部にあるだけで（図6－1㋑）、その中に含まれるmtDNAはわずかに五〇個程度しかない（図6－2）。つまり受精卵の中にはわずか〇・〇一%の父親由来のmtDNAが導入されるだけである。しかし、〇・〇一%とはいえ、父親由来のmtDNAが子に伝わっているとすれば、完全母性遺伝とはいえない。

　こうした可能性があるにもかかわらず、筆者たちはmtDNAが完全母性遺伝することを確信していた。というのも、ラットの同一個体の各臓器におけるmtDNA集団の塩基配列が驚くほど均一だったからだ。どの個体のどの臓器のmtDNAを見ても、他の切断型を持つmtDNAの混入を示す結果が得られなかった。このようなことは、父親のmtDNAの混入を避けるための排除システムがなければまずありえない。仮に受精のたびに切断型の異なる精子mtDNAが〇・〇一%でも侵入し続ければ、世代を重ねることにより徐々にさまざまな突然変異が蓄積し、塩基配列の異なるmtＤＮＡも検出されなくてはならない。

一九七八年に発表した筆者たちの論文では、常に同一個体のmtＤＮＡ集団の塩基配列が均一に維持されるためには、精子のmtＤＮＡが受精後に何らかの機構により積極的に排除され、決して子孫に伝わらないと想定しなければ説明できないと結論づけた。しかし、これはあくまでも状況証拠に基づいた推論であるというのが多くの研究者の批判であった。残念ながら、当時としてはそれを直接証明するすべがなく、この研究は長い間封印されたままになった。

6－3　生命科学に革命をもたらしたＰＣＲ法の出現

それから一〇年後の一九八八年、この封印を解く技術が開発された。ＰＣＲ(polymerase chain reaction……ＤＮＡ合成酵素連鎖反応）法。これは、米国のバイオベンチャー企業の社員であったキャリー・マリスの発案したバイオ技術で、少量の標本からＤＮＡを高速かつ大量に複製できる画期的なものだ。

ＰＣＲ法は、高温でも活性が安定している好熱菌のＤＮＡ合成酵素を使い、ＤＮＡの特定領域を限定して、ＤＮＡの複製を何度も繰り返す手法だ。ごく微量のＤＮＡでも、ＰＣＲ法で増幅すれば、すぐに必要な部分のＤＮＡサンプルを大量に手にすることができる。このため、入手することが難しい貴重なヒトの組織のように、これまであまりに微量で解析できなかったサンプルからでもDNAを大量複製することができるようになり、その塩基配列を決定することが可能になった。実際、PCR法が開発されてから、生物学、医学、農学を始めとする研究領域の進歩は目覚ましく、その後の生命科学の発展に与えた影響は計り知れないものがある。キャリー・マリスはこの功績により、一九九三年のノーベル化学賞を受賞している。

PCR法の登場によってmtDNAの研究も一気に進み、従来にはなかった新しい研究領域も誕生した。たとえば、mtDNAを使って人類の祖先を探る人類学などはその代表格といえるだろう。遺体やミイラ、剝製や化石などの骨髄や歯髄などには、mtDNAがわずかながら保存されていることがある。PCR法を使えば、これらのサンプルの中に残存するmtDNAの特定領域を増幅することができる。この増幅されたmtDNAの塩基配列を比較することで、生物の系統や進化をより正確に調べることができるのである。

最近では、アルプスの氷河で見つかった冷凍原始人「アイスマン」、シベリア凍土のマンモス、琥珀の中に閉じこめられた昔の昆虫などからもmtDNAが検出されて大きな話題になった。また、mtDNAは祖母、母、娘……と母系の家族でほぼ同じ塩基配列を示すことから、母子鑑定などの際にも信頼度の高い情報を提供している。

このように、生物進化の研究、犯人の確定、親子の鑑定などに、PCR法によって増幅させた

DNAの塩基配列を比較する手法が頻繁に用いられるようになってきた。増幅する対象としては、核DNAもあるが、mtDNAのほうがより有効である場合が少なくない。その理由として、mtDNAは核DNAに比べ進化速度が速くその塩基配列の差が個体差に反映していること、死後も骨髄や歯髄の中に安定して残存すること、コピー数が極端に多く普段から増幅されている状態にあることなどの利点があげられている。

6−4 PCR法で精子mtDNAの運命を追え

さて、このPCR法をうまく使うと、理論的には一匹の精子のmtDNAを増幅して検出することも簡単である。しかし、同じ一匹の精子でも、受精卵の中の精子由来のmtDNAとなると、話が違ってくる。なにしろ受精卵には、同じ塩基配列を持つ卵のmtDNA分子が大量に存在しており、その中にごく少量の精子由来のmtDNAが紛れ込んでいる。こうした状態で、PCR法を使った増幅を行ったとしても、卵由来のmtDNAも同時に増幅されてしまうため、精子由来のmtDNAのみを検出することはできない。

精子由来のmtDNAだけを選択的に増幅するためにはどうしたらいいか。悩んだ挙げ句、筆者たちは異種間交配の受精卵を使うことにした。種が異なるとmtDNAの塩基配列も大きく異なる

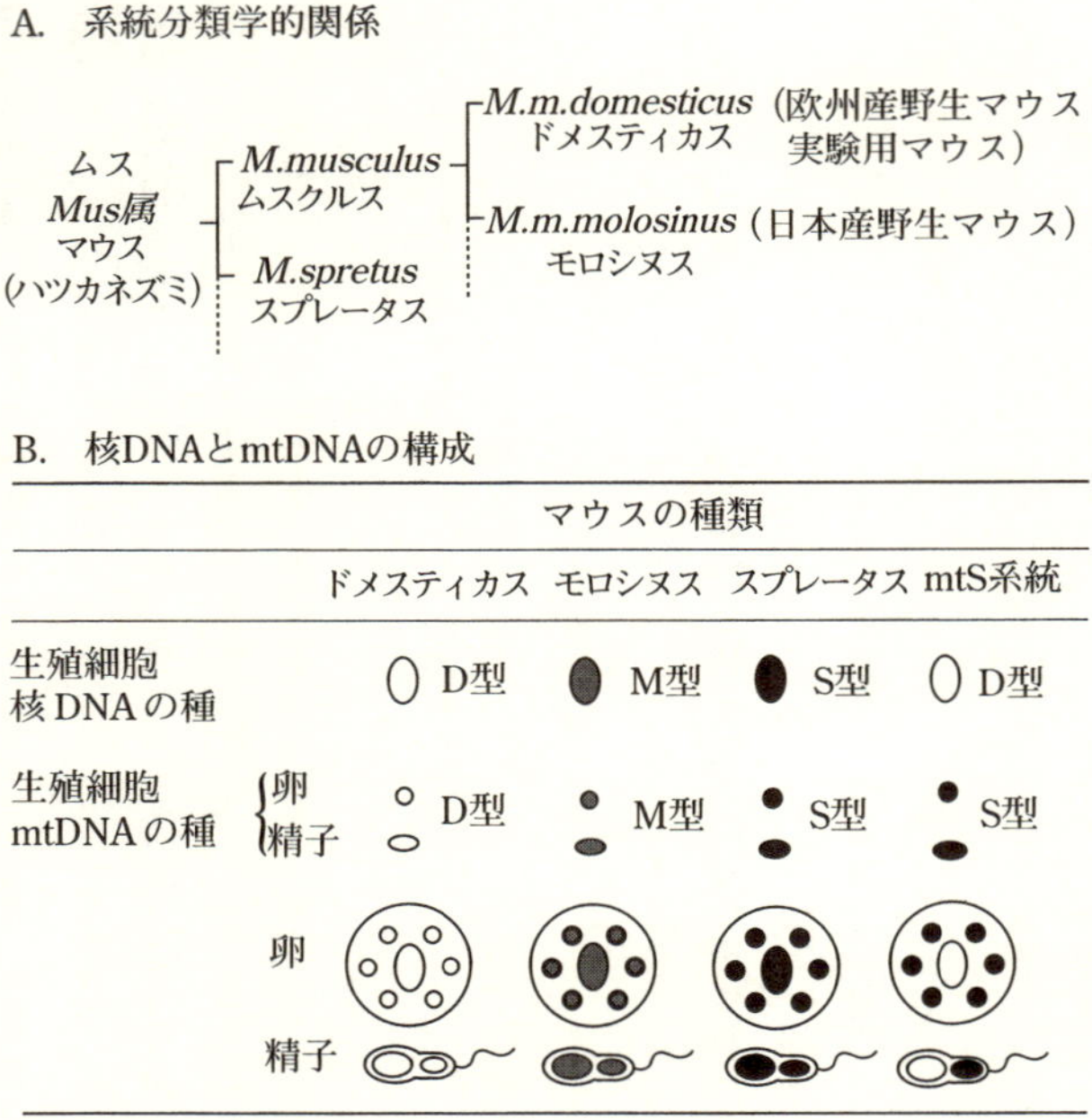

図6-3　今回の実験に登場するマウスたち

ため、卵由来のmtDNAと精子由来のmtDNAを区別することができる。つまり、精子のmtDNAだけを選択的に増幅することも可能なわけだ。

普通は種が異なると交配できないが、ウマとロバからラバが生まれるように、比較的近縁の生物種の場合、例外的に交配することができる。筆者たちが最初に目をつけたのが、遺伝学的バックグラウンドがしっかりしているマウス（ハツカネズミ）だった。

マウスはＭｕｓ（ムス）属のネズミの総称で、同じマウスでも異なる種が存在する（図６－３Ａ）。これから述べる異種間交配の候補に挙がったのが、ムスクルスとスプレータスという二つの種である。この二つの種は形態的には非常に似通っているものの、異なる種に属している。ムスクルスは世界中に分布しているのに対し、スプレータスは欧州のイベリア半島から北アフリカにかけて生息している。

ムスクルスとスプレータスの関係はちょうどウマとロバの関係に似ていて、人工的に交配させると確率は低いが種間雑種を作ることができる。ただし、種が異なるため、ムスクルスとスプレータスを交配してできた雑種の雄は子どもを作る能力がない。そのため雑種どうしを交配しても子を作ることができない。一方、この雑種の雌は、親の種であるムスクルスまたはスプレータスと交配すると子を作ることができる。このように、交配で生まれた子を、もう一方の親と同じ種や系統に戻してかけ合わせることを「戻し交配」という（１２２ページ、図６－４㋺）。

しかし、このような異種間交配は自然界では起こりえない人工的な交配である。理想的には種内交配で受精卵の中に侵入した精子由来のmtＤＮＡだけを選択的にＰＣＲ法で増幅できれば申し分ない。そのために亜種どうしの交配も検討した。亜種とは分類学上の用語で、同一種に属するが生息地域の地理的分布などが異なる集団を指す。亜種間の形態学的差違ははっきりしないことが多いが、それぞれの特徴的な突然変異がＤＮＡに蓄積されているため、今回の実験目的には大変都合がいい。我々が注目したのがドメスティカス（欧州産野生マウス）とモロシヌス（日本産野生マウス）という二つの亜種である（図6－3A）。

こうした検討作業を重ねた結果、実験の障害となる問題はほぼ解決した。あとは、ムスクルスとスプレータスの異種間交配あるいは、同じムスクルスの仲間であるドメスティカスとモロシヌスの亜種間交配をすれば、受精後に、精子がどのような運命をたどるのかを解明することができる。しかし、当時、筆者は埼玉県立がんセンター研究所に勤務していたため、癌と直接関係のないこの基礎研究を堂々と行うことは許されなかった。

6－5　お父さんのmtDNAは少しだけ子どもに伝わるという衝撃的報告

じりじりとした日々を送っている中、一九九一年のネイチャー誌に、スウェーデンのウプサラ大学のウルフ・ギレンスティンと、あの「ミトコンドリア・イヴ説」を提唱したカリフォルニア大学のアラン・ウイルソンたちの共同研究をまとめた衝撃的な論文が掲載された。mtDNAは完全母性遺伝するというこれまでの常識を覆し、マウスの精子由来のmtDNAが常に子孫に伝達するというのである。この研究は日本でも多くの新聞や雑誌に取り上げられ、「父親のmtDNAも子どもに伝わっていた」と報道されて、世の男たちを安心させたものであったが、筆者たちは絶望のどん底に突き落とされた気分になった。mtＤＮＡの切断型の研究に続いて、またもや、ウィルソンに先を越されてしまったのである。

しかし、問題の論文を読み進めていくと、落胆は安堵に変わった。というのはこの論文は多くの矛盾を抱えていたのである。我々にもまだ挽回のチャンスは残されていた。

筆者たちの計画と違っていたのは、彼らはムスクルス（ドメスティカス）とスプレータスの異種間交配で得られた種間雑種（Ｆ₁）の個体を使っていたのではないという点であった。彼らが使ったのはmtＳ系統（１１８ページ、図６－３Ｂ）の個体だったのである。

次ページの図６－４に、このmtＳ系統マウス作製の手順をまとめた。まず、スプレータス（●がスプレータス由来のmtＤＮＡを表す）とドメスティカス（○がドメスティカスのmtＤＮＡ由来を表す）を交配させる（イ）。ここで生まれた種間雑種の雌をドメスティカスの雄と戻し交配させる（ロ）。そして生まれた雌を再び同じ要領でドメスティカスの雄に八～二六回も戻し交配を繰り返すのである。しかし、実際にこれらの交配を彼らがやったわけではなく、別の目的でこの操作を行って作ったmtＳ系統のマウスが当時すでに開発されており、その個体（ハ）を入手して実験に利用したことが予想された。

彼らがこの個体に注目したのも無理はない。八～二六回戻し交配をしたということは、この個体が八～二六回にわたって、卵のmtＤＮＡとは種の異なる精子mtＤＮＡの侵入を受けたことを意

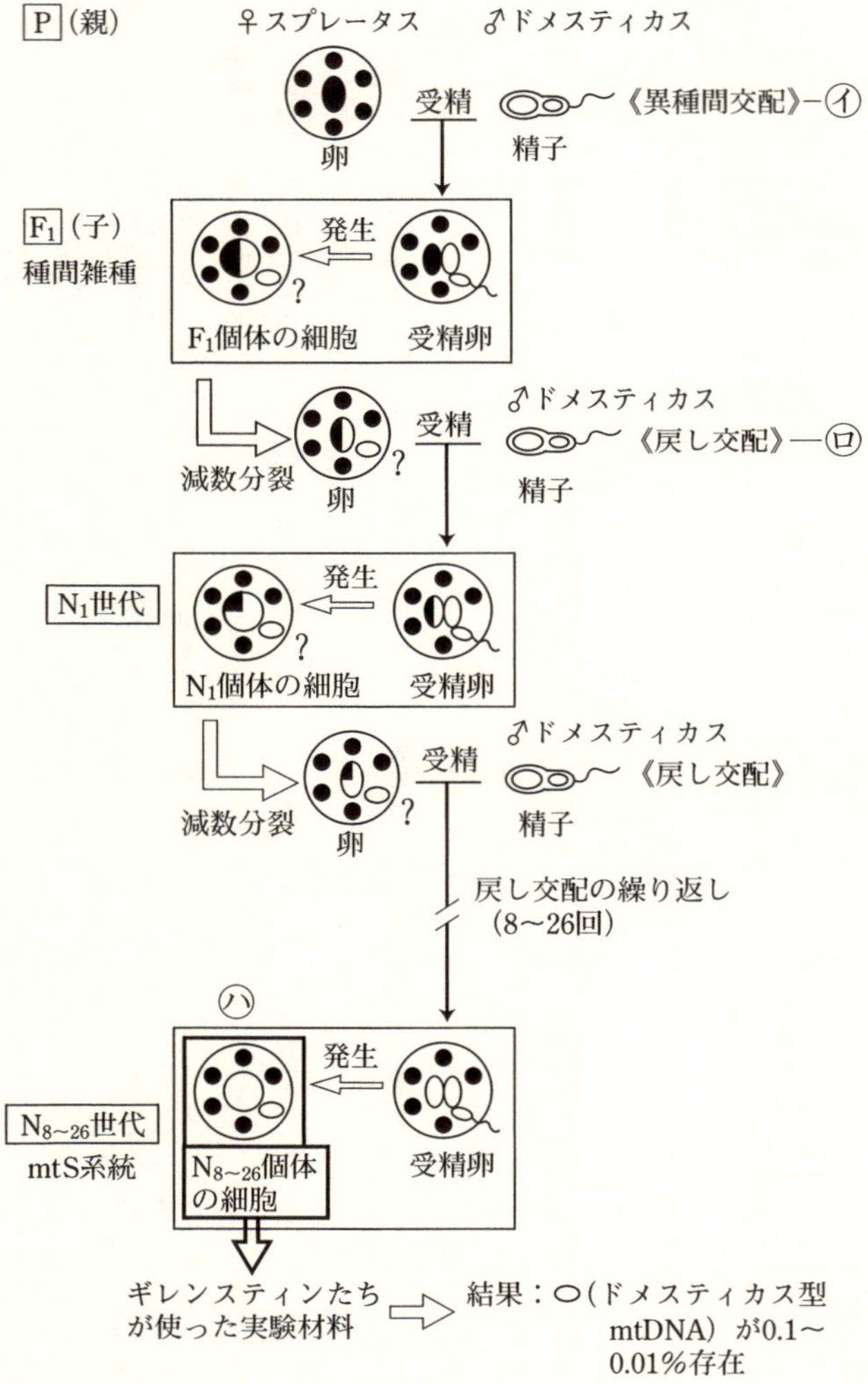
P (親)
♀スプレータス
♂ドメスティカス
受精
卵
精子
《異種間交配》—(イ)
F1 (子)
種間雑種
発生
?
F1個体の細胞
受精卵
減数分裂
卵
?
受精
♂ドメスティカス
精子
《戻し交配》—(ロ)
N1世代
発生
?
N1個体の細胞
受精卵
減数分裂
卵
?
受精
♂ドメスティカス
精子
《戻し交配》
戻し交配の繰り返し
(8〜26回)
(ハ)
N8〜26世代
mtS系統
発生
N8〜26個体の細胞
受精卵
ギレンスティンたちが使った実験材料
結果：○(ドメスティカス型mtDNA) が0.1〜0.01%存在

図6-4　ギレンスティンたちの実験

味している。ギレンスティンとウイルソンは、一回に導入される父親由来のmtDNAはごく微量とはいえ、これだけの交配を繰り返しているのだから、PCR法で増幅できる程度は蓄積していると考えたのだ。ネイチャー誌によると、彼らの読みどおり、これらの個体のすべての臓器に、父親由来のmtDNAが一様に〇・〇一～〇・一%程度は存在していたという。

いち早く感度の高いPCR法を取り入れ、異種間交配によって樹立した個体の中から〇・〇一%しかない精子由来のmtDNAの検出に成功した戦略は独創性に富み、賞賛に値するものだ。しかし、あえて重箱の隅をつついていると批判されることを覚悟でいえば、この研究は次のような四つの問題点を抱えていた。

①自然界では決して起こりえない異常な異種間交配で起こったことを種内交配でも起こると類推して結論を導いている。

②ムスクルス（ドメスティカス）とスプレータスの間の交配で得た種間雑種（図6－4F1）を調べないで推論しているだけである。

③PCR法はあまりにも感度が高いため、ごく微量の混入物でもそれを選択的に増幅してしまうという危険性がある。本来であれば、増幅されるDNA以外もすべて同じ操作をしたサンプルをとるなどして実験の信頼性を高める作業を行うべきなのに、それを怠っている。

④どの臓器を調べても、精子に由来するmtDNAが全mtDNA中の〇・〇一～〇・一%程度存在

している。この実験結果は、mtDNAがランダムに子孫に伝わる事実と矛盾する（41ページ、図2−5）。

このように、筆者はこの報告を読んだとき、強い違和感を覚えた。そしてその違和感は以下に述べるように正しい直感であった。

6−6　衝撃的報告の衝撃的矛盾

もう少し詳しく四つの問題点について説明しよう。①は極めて重要な問題だ。異種間交配は人為的で異常な交配であり、異種間交配で起きていることが、種内交配でも同様に起きていると結論づけることはできない。したがって、今回の実験結果から一般的な結論を導き出すには、異種間交配で起きていることが、種内交配でも起きている証拠を見せる必要がある。

とはいえ、この証拠を提出することは不可能といっていい。なぜなら、種内交配では精子と卵のmtDNAの塩基配列がほとんど同じであるために、五〇万個もある卵のmtDNAを増幅せずに、受精卵に導入された五〇個程度の精子のmtDNAだけを選択的に増幅することができない。それゆえにギレンスティンたちは、仕方なくmtDNAの塩基配列が十分に異なるスプレータスとドメスティカスを交配した子孫のマウスを用いたのである。

②で問題となっているのは、ドメスティカスとスプレータスの間の交配で得た種間雑種の雌を、スプレータスまたはドメスティカスの雄にそれぞれ八〜二六回も戻し交配をした個体だけを用いた点である。つまり彼らの実験は、異種間交配とそれに続く戻し交配のプロセスをいっさい無視していた（図6－4㋩）。

確かに精子のmtDNAを検出するためには、可能性がより高いと思われる八〜二六回戻し交配をした後のものを調べれば十分で、わざわざ確率が低い最初の異種間交配で生まれた雑種を調べる必要がないと判断したのは当然であろう。しかし、実際にはそこに大きな落とし穴があった。実は後で述べるように最初の異種間交配（図6－4㋑）と、その後の種間雑種の戻し交配（図6－4㋺）とでは、精子のmtDNAの運命に大きな差があったのである。

③は、ネガティブコントロールの結果を提出していないという、単純ではあるが、極めて重大なミスである。PCR法を用いると、本来、増幅されないDNAのみ含まれるサンプルの中に、ごく微量の増幅される配列を持ったDNAが混入した場合、それを選択的に増幅することになる。その結果、見かけ上、あたかも初めからそのサンプル内に存在していたDNAが増幅されたという錯覚を起こす。これはPCR法という、異常に感度の高いこの技術が持っている大きな落とし穴で、実験操作をしている過程で、試薬の中や遠心分離機のローターなどに付着しているごく微量なDNA断片がサンプルの中に混入し、それが選択的に増幅される場合もある。この技術

は、実験者にとって、これまで経験したことがない異常に高感度な手法であるため、混入を防ぐためには細心の注意が必要なのである。

余談になるが、ある博物館に保存されているオオカミの剝製のmtDNAをPCR法で増幅して調べたらヒトのmtDNAと同じであったという。おそらく、標本についている人の手垢やフケ、毛根などにあるmtDNAを誤って増幅してしまったのであろう。あるいは、おしゃべりしながら実験をしているうちに、自分の唾《つば》の中にあった口の中の粘膜の細胞が標本に混入したのかもしれない。もしコントロール（増幅されるDNA以外はすべて同じ操作をしたサンプル）をとっていればすぐに間違いに気がついたはずである。最後の④はとりわけ重要な問題である。ギレンスティンたちの実験では八〜二六回戻し交配して得たすべての個体のすべての臓器に、父親由来のmtDNAが安定して〇・〇一〜〇・一%程度存在していた。この割合は、mtDNAが卵に五〇万個、精子に五〇個存在することを考えるとそれなりの合理性を持つかもしれない。

しかし、繰り返し説明しているとおり、父親由来のmtDNAは核DNAのように厳格に子孫に伝達されることはなく、単に確率の法則にしたがってランダムに分配されるだけである。当然、同じ個体でも臓器によって父親由来のmtDNAの比率は大きくばらつくはずでギレンスティンたちの実験報告のように、すべての臓器で均等な比率になることは考えにくい。

しかも、理論的にはこのばらつきは、次の世代にmtDNAが伝わる際に、さらに強調されたものになる。というのも、卵が形成される際に、mtDNAのコピー数がいったん絞り込まれ、その後、爆発的にコピー数が増える「ボトルネック」という現象が起きるからだ（これについては、次節6－7で詳しく説明する）。

受精卵に導入される精子由来のmtDNAはごく微量しかないため、仮に受精卵から排除されなくても、次の世代をつくる卵形成の際の絞り込み（ボトルネック効果）によって、ほとんどが淘汰されてしまう。ただし、父親由来のmtDNAがボトルネック効果でも偶然生き残ったとすれば、絞り込みの後で大量に増幅されるので、その卵から発生した個体のmtDNAは父親由来のものを大量に持つことになるはずである（130ページ、図6－5B）。つまり、生まれてきた個体の各臓器には、精子由来のmtDNAはまったく存在しないか、大量にあるか、どちらかになるはずなのだ。このような厳しい絞り込みを八〜二六回も経験しているにもかかわらず、すべての個体のすべての臓器で父親由来のmtDNAが常に一定の低い比率で存在していることはまずありえないことなのである。

もちろんコントロールをとらなかったこと、これまでの研究成果との矛盾があるということだけで混入を疑うのはいいがかりかもしれない。ただ、いくつかの問題は筆者たちにも簡単に検証することが可能であった。癌とは直接の関係がない研究テーマに、上司は渋い顔をしていたが、誰に何といわれようとこの問題に決着をつけるつもりだった。完全母性遺伝は一〇年以上にわたって追い続けてきたテーマであり、すでに実験を行うための理論的検証や技術的準備もできていた。これ以上、封印を続けるのはまっぴらごめんだった。

6－7　ボトルネック効果とは何か

実験の内容を紹介する前に、ボトルネック効果について、もう少し詳しく解説しておこう。少々ややこしい話なので、たとえ話を使って説明してみたい。

日本各地から海外に移住を希望する男女を多数集めて、南にある無人島に移り住んでもらったとしよう。彼らはおたがいに血縁がないあかの他人で、遺伝的バックグラウンドもまったく異なっていた。幸いにして、移住した島は食料も豊富で安全だった。移民たちはパートナーを見つけ、結婚し、子どもを作り、その後、島の人口は急激に増加していった。ところが、この島で恐ろしい伝染病が流行り、移民は次々に倒れていった。その結果、若くて健康な男女の数ペアだけが幸運にも生き残り、健康な子どもたちも誕生した。再び、この島は活力を取り戻し、急激に人口が増えていった。しかし、悲劇は終わらなかった。喜んだのもつかの間、この島ではその子孫にさまざまな劣性遺伝病が多発するようになったのだ。

おそらく、この島で発生したこれらの遺伝病は、ボトルネック効果がもたらした可能性が高い。

初めの移民の大集団は多様な遺伝的なバックグラウンドを持っていたが、致死性の伝染病の流行によって、その多様性は失われてしまった（次ページの図6－5①と②）。一般に、ボトルネック効果とは、このような個体数減少によりその集団がもっている遺伝子の多様性が失われる現象を指す。集団が多様性を失うと、特定の突然変異だけが偏って固定される危険性がある。このケースでいえば、運よく生き残った男女の数ペアから再び大集団が回復しても、この集団には遺伝的な多様性が失われてしまうため、特定の突然変異だけが偏って蓄積されやすくなる。このように限られた数の祖先から急速に大集団を作ってしまうと、他人と結婚したはずなのに、そして本人どうしは知らないのに結果的には近親婚をしたことになり、その子孫が劣性遺伝病を発症するリスクが非常に高くなるのである。このように核DNAについては多様性を持つということが非常に重要な意味を持つのである。

以上の説明を読まれた方は、ボトルネック効果など、百害あって一利なしと思われるかもしれないが、ことmtDNAについては、これが病原性突然変異を持つmtDNAを淘汰するうえで大変役立っている。というのも、mtDNA集団では、多様性よりも均一性が重要になってくるためだ。

父親のmtDNAは子どもに伝わらないため、mtDNAはすべて母親のクローンであり、本来異常なほどに均一な集団である。ただし、クローンといっても時がたつにつれ、さまざまな突然変異が生じ、正常型と突然変異型のmtDNAが混在した状態（ヘテロプラズミーという、図6－5B

A　核DNAの場合

B　mtDNAの場合

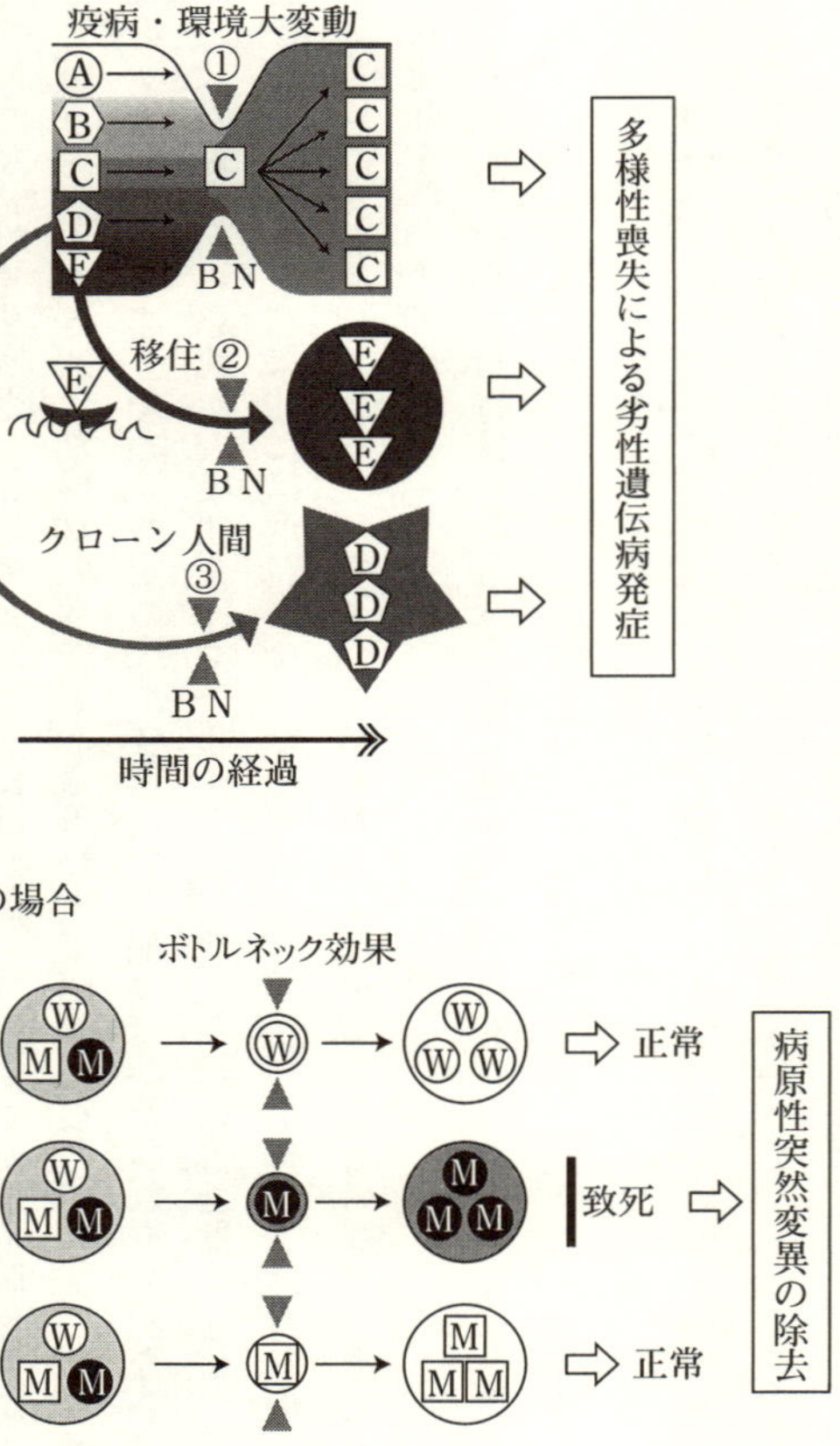

Ⓦ：正常（野生）型 mtDNA
Ⓜ：病原性突然変異型 mtDNA
[M]：多型突然変異型 mtDNA または父親由来の mtDNA（積極的に排除されないと仮定した場合）

図6-5　ボトルネック（BN）効果とその影響

左側の列）になる。ところが、卵が形成される過程で、このボトルネック効果が働く。まず、mtDNAのコピー数が極端に減り、その後、残った小集団からなるmtDNA分子が爆発的に増幅される。このためボトルネックの前は、正常（野生）型と突然変異型が混在していたmtDNA集団が、急速に均一化して、ボトルネック後の成熟した卵では正常型mtDNAか突然変異型mtDNAのどちらか一方のみを持つ傾向が迅速に進む（図6－5B右側の列、77ページの図4－3㋑）。

その際、特に突然変異型mtDNAを多く持つ卵で、なおかつその突然変異が、呼吸欠損を起こす病原性を持つ場合は、その卵がアポトーシス（プログラム細胞死）によって除去される。つまり、ボトルネック効果は、mtDNA集団に蓄積した病原性突然変異型mtDNA（図6－5Bの Ⓜ）を持つ卵のみを除去してくれるわけだ。その結果、mtDNA集団は前の世代で蓄積した有害な病原性突然変異を次の世代に持ち込まないようにリセットすることができるのである。

一方、同じ突然変異でも害のない多型突然変異の場合、その蓄積は、生命には特段の異常を与えることがないため、このボトルネックをすり抜けることができる。そのため、同じ母親から生まれた子どもの間でも、何ヵ所かはmtDNAの塩基配列に差が生じる。このようなプロセスを何世代か繰り返すことによって、同じ母親の子孫でもmtDNAの多型突然変異（図6－5Bの[M]）がどんどん蓄積していくのである。

このようにボトルネック効果を考えると、同一個体内では組織が異なってもmtDNA集団は均一であるということと、母性遺伝するのに個体間ではmtＤＮＡの多型突然変異が多く認められるということの間にある一見矛盾した状況をうまく説明することができる。

6―8　父親のmtＤＮＡは消されていた！

さて、筆者たちの実験の話に戻そう。まず、ＰＣＲ法を用いて、マウスの種内交配で精子のmtＤＮＡだけを選択的に増幅できる実験条件を整えた。これによって、ギレンスティンらが行った実験の第一の問題点、「①自然界では起こりえない異常な異種間交配で起こったことを種内交配でも起こると類推して結論を導いている」を検証することができるはずである。

種内交配とは、文字どおり、同じ種の親どうしをかけ合わせる交配のことをいう。しかし、繰り返し説明しているとおり、遺伝的バックグラウンドがまったく同じ親では、ごく少量しか存在しない父親由来のmtＤＮＡは、母親由来のmtＤＮＡと区別することはできず、選択的に増幅することができない。そのため、同じ種ではあるが、遺伝的な距離が遠い異なる亜種を使って交配するのである。

そこで目をつけたのが、前述したモロシヌス（日本産野生マウス）とドメスティカス（欧州産野生マウス、実験マウス）の組み合わせだった。この二種はおたがい同じ種（ムスクルス）に属して

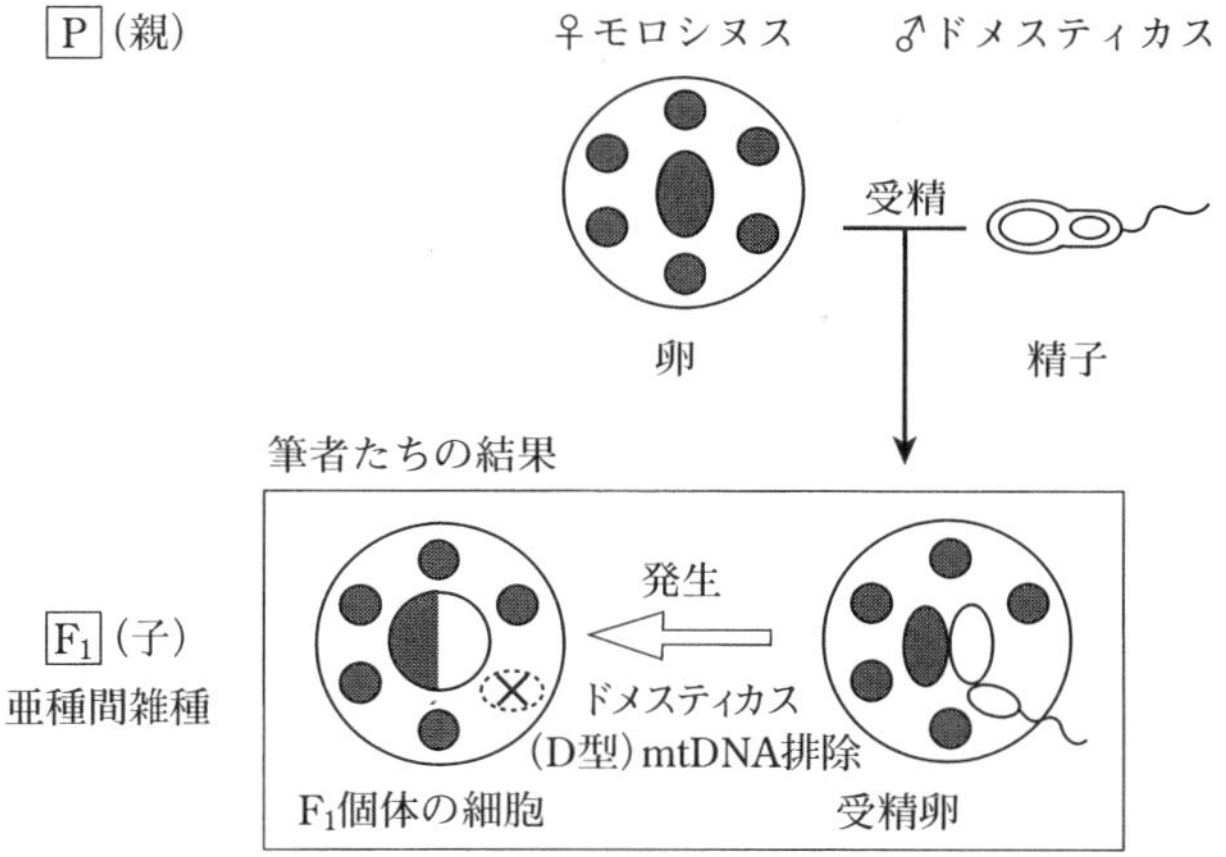

図6-6　マウス種内交配における精子mtDNAの運命

いるが、亜種の関係にあり、mtDNAの塩基配列に若干の違いがある。このためどちらを雄に使っても、PCR法を用いて受精卵に存在する精子のmtDNAだけを、選択的に増幅させることが可能であった。

この実験から得られた結果は極めて衝撃的であった。精子のmtDNAは、受精した直後にはその存在が確認されたものの、受精卵が二つに分裂する前に、例外なくしかも完全に消失していたのである（図6-6 F_1）。受精の際、精子によっていったん卵に導入された父親由来のmtDNAは、受精後まもなく受精卵から排除され、一分子たりとも子どもには伝わっていなかった。つまり、種内交配では、筆者が一九七八年に予測したように完全な母性遺伝が行われていたのである。

やはり、核DNAは有性生殖をしているのに、mtDNAは無性生殖をしていたのだ。ミトコンドリアでは、父親のmtDNAは一つも伝わらず、母親とまったく同じmtDNAだけがクローン増殖をして子孫に伝わっていく。このことによって、ラットであれヒトであれ、同一個体内のmtDNA集団は驚くほど均一であるという事実をうまく説明することができる。しかし、同時に、この実験結果は、「父親由来の微量のmtDNAが子孫に受け継がれている」というギレンスティンたちの報告を否定するものとなった。しかし、種内交配で否定されたからといって、ギレンスティンたちがやった異種間交配でも同様な結果が出るとは限らない。

そこで筆者たちは、第二の問題として指摘した点、すなわち彼らが実際には行わなかったマウスの異種間交配（ドメスティカスとスプレータスの交配）で得られた種間雑種の受精卵や新生児に父親由来のmtDNAが存在するかどうかを調べてみることにした。結果は、我々の予想を完全に覆すものであった。何と今度は精子のmtDNAは受精卵から排除されず、さらにごくまれではあるが、その受精卵から生まれた新生児にも微量ながら存在していたのである（図6-7ⓐ）。

意外にも、精子のmtDNAは種内交配では排除されるが、異種間交配では排除されないのである。ただし、筆者たちの実験結果には、ギレンスティンたちの報告とは大きな違いがあった。彼らの実験報告では、精子由来のmtDNAが、種間雑種を戻し交配した子孫の個体が持つ全臓器にまんべんなく〇・〇一～〇・一％存在するということだったが、筆者たちの実験では、種間雑種

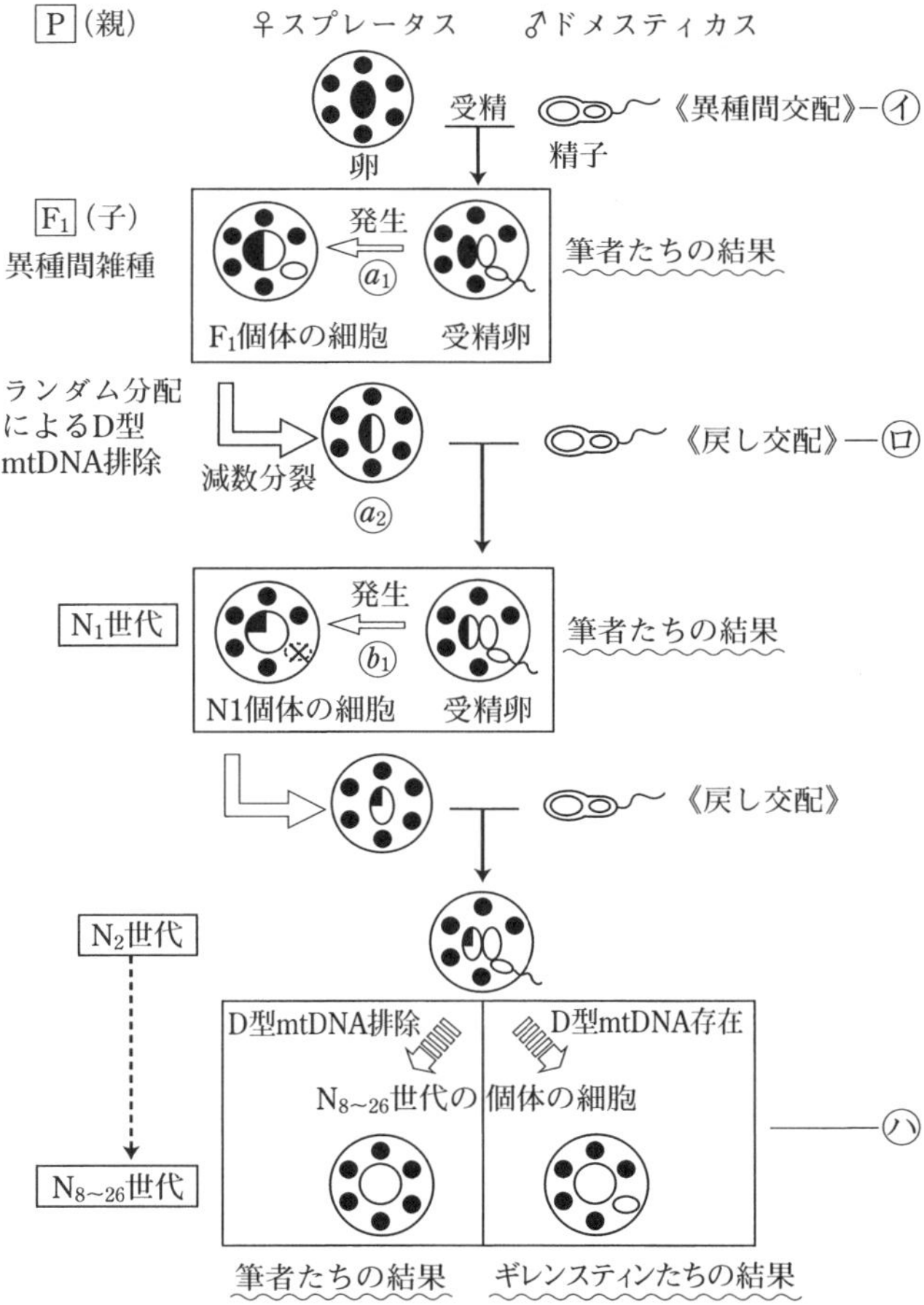

図6-7　マウス種間交配における精子 mtDNA の運命

に限って、しかもごくまれに一部の臓器だけに存在するだけだった。

さらに検証作業を進めると、ギレンスティンたちの実験との決定的違いが明らかになった。実は、精子のmtDNAが子に伝わったのは種間雑種だけで、しかも最初の異種間交配の際だけであったのだ。さらにその量があまりにも少ないため、その受精卵から発生して成体になったときには、父親由来のmtDNAはほとんど存在せず、したがって卵を通じて次の世代に受け継がれる確率は極めて低かったのである（図6－7、ⓐ₂）。

さらに驚くべきことに、この種間雑種で得られた第一世代の雌を雄親に戻し交配すると、今度は種内交配（図6－6）とまったく同じように、精子由来のmtDNAは必ず受精卵が二つの細胞に分割されるまでに確実に排除されることが明らかになったのである（図6－7ⓑ₁）。この実験結果が正しいとすると、八～二六回も交配を重ねた個体でも精子由来のmtDNAが発見されたというギレンスティンの実験結果はどう説明したらいいのだろうか。

そこで念のため、筆者たちは、ギレンスティンたちが行った研究を追試してみることにした。彼らと同じように八～二六回も戻し交配することで樹立したmtS系統の個体を調べ、PCR法でmtDNAの増幅を試みたのである。結果は予想どおり、これらのどの個体のどの臓器の中にも、精子由来のmtDNAは一コピーたりとも存在していなかったのである（図6－⑦㈧……筆者たちの結果）。おそらく、ギレンスティンたちの実験では、何らかの手違いにより、本来存在しない父親由来のmtDNAがサンプルに混入し、PCR法によって増幅されてしまったのだろう。だから、どの個体のどの臓器の組織にもいつも微量存在したのだ。

6－9　精子mtDNAの排除は精子ミトコンドリア外膜のシグナルのせいだ

残された謎はあと一つ。なぜ、最初の異種間交配で精子のmtDNAが子に伝わり、その後の戻し交配では決して子に伝わらなかったのだろうか。筆者たちは次のように考えた。

卵には、父親由来のmtDNAを排除するシステムがあることはほぼ間違いなかった。最初の異種間交配で精子のmtDNAが子に伝わったということは、その排除システムが正常に機能しなかったことを意味する。ところが、次の戻し交配では、その排除システムが正常に機能するようになった。どうやら、最初の異種間交配と戻し交配で起きた変化に謎を解く鍵が隠されていることは間違いない。

図6－7の㋑と㋺をじっくりとご覧いただきたい。㋑は最初の異種間交配の模式図で、㋺は戻し交配の模式図である。この上下の図で違っている点はどこか？　違いは卵の核DNAにあることはすぐにおわかりいただけるであろう。最初の異種間交配の時点では、核DNAの遺伝情報はすべてスプレータス由来（図では黒色）であるのに対して、二番目は、五〇％がスプレータス由来、

残りの五〇％がドメスティカス由来（図では白色）であることがわかる。つまり、ドメスティカスの遺伝情報が加わったことで、父親由来のmtＤＮＡ、この場合は、ドメスティカスのmtＤＮＡを排除するシステムが正常に機能するようになったと予想される。

以上のことから、筆者たちは、卵には、自分の核と同じ種のmtＤＮＡを積極的に排除するシステムを持っていると推理した。最初の異種間交配で精子のmtＤＮＡが子の世代に伝わったのは、自分の核と違う種のmtＤＮＡだったのでこの防御システムが正常に働かなかったのであろう。そして、それ以後何度戻し交配を繰り返しても、精子のmtＤＮＡが排除されたのは、卵の核と精子が同じ種であったため、防御システムが正常に働いたのではないだろうか。

このあたりで、受精卵が精子のmtＤＮＡを排除する仕組みに関して、ここでは紹介しなかったものを含め、一連の実験でわかったことを整理しておこう。

①卵に侵入した精子由来のmtＤＮＡを排除する機構は、精子のミトコンドリアの外膜にある何らかのシグナルを認識することで作動し、卵と同種の精子のミトコンドリアを選択的に消滅させる。それにともない精子のミトコンドリア内のmtＤＮＡも消滅する。また、この外膜にあるシグナルは核ＤＮＡの遺伝子によりコントロールされており、卵の核ＤＮＡと精子の核ＤＮＡが同じ種のものであるとき、排除機構が作動し、精子のmtＤＮＡが排除される（図6－8㋑）。

②自然界では異種の精子が卵の中に侵入することはないので、卵に存在する精子ミトコンドリア

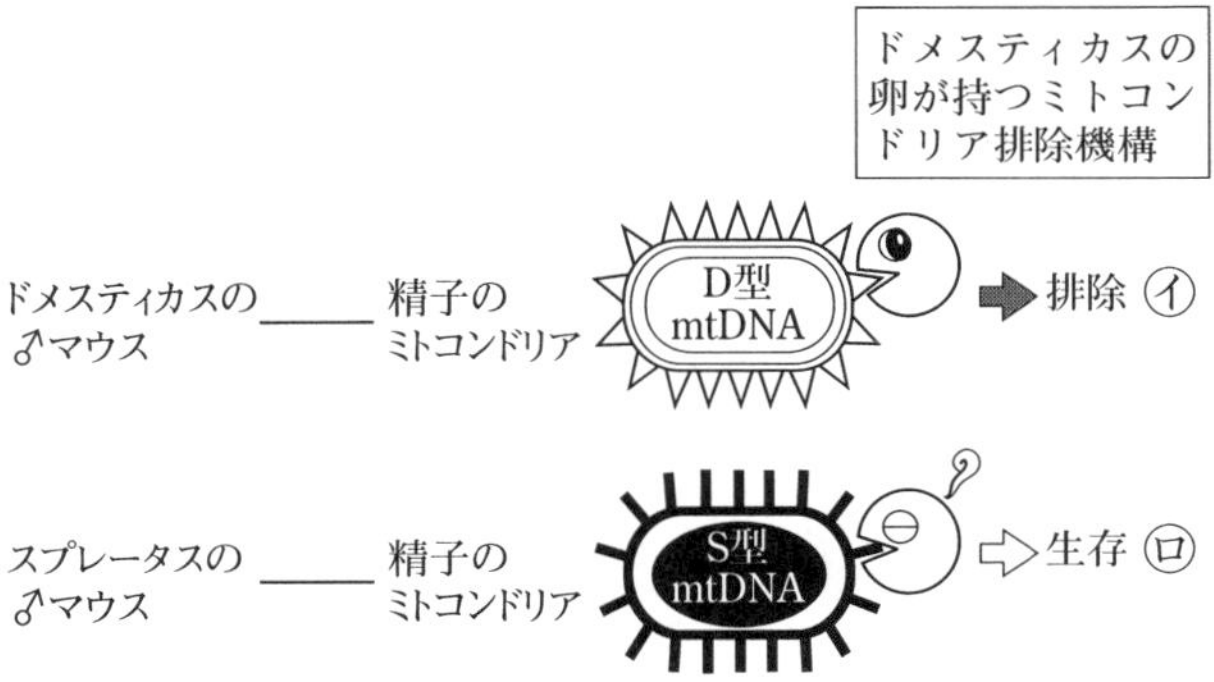

△▮は精子のミトコンドリア外膜に存在すると想定される特別なシグナル

図6-8　ドメスティカスの卵に導入された精子のミトコンドリアの運命

の排除機構は、異種の核DNAを持つ精子のミトコンドリアを認識する仕組みがなく、これを排除することができない（図6-8㋺）。免疫機構では、自己と非自己を認識して非自己を排除するが、この排除機構は、反対に自己を認識して排除できるが、非自己を認識できないので排除できない。

この実験結果をまとめた論文は、一九九五年の米国科学アカデミー紀要に掲載された。タイトルは「父親のmtDNAは発生初期に選択的に排除される」であった。この論文に対して、ギレンスティンから反論はなく（ウイルソンは論文発表後、白血病で亡くなっていた）、この問題は論争に発展することはなかった。これ以後、精子のmtDNAがわずかでも子孫に伝わると信じる研究者はほとんどいなくなった。筆者と共同研究した米川たちは二〇〇一年に、ミトコンドリアに蛍光タンパク質を発現させたマウスを作製し、父親由来のmt

DNAが完全に排除されることを実験で明らかにした。このマウスでは、精子を含むすべての細胞のミトコンドリアがいつも蛍光を出しているが、精子が卵に侵入すると二四時間以内に例外なく蛍光が消えることが確認されたのである。

これでmtDNAの完全母性遺伝は完全に証明されたと思っていたら、二〇〇二年八月、「父親遺伝のミトコンドリアが存在」というセンセーショナルな見出しをつけた記事が新聞紙面を賑わせた。この報告によれば、健康な両親から生まれた重症のミトコンドリア病患者（男性二八歳）の血液のmtDNAはすべて母親由来であったが、患者の筋肉のmtDNAを調べたところ、一ヵ所の病原性突然変異以外は、健康な父親のmtDNAとまったく配列が同じmtDNAが九〇％も存在したという。

この論文は国際的に権威のある医学誌に掲載されているので間違いはないと思うが、この実験結果をもって、完全母性遺伝が間違いで、父親のmtDNAが子どもたちにも伝わると一般化する結論を出すべきではないだろう。

客観的な解釈をすれば、精子ミトコンドリア排除機構に何らかの突然変異によって障害が出たためではないか。たとえば、患者の母親の核遺伝子に突然変異が生じたために、卵にある精子のミトコンドリアを排除する機構が作動しなかったか、父親の核遺伝子に突然変異が生じ、精子のミトコンドリアが排除されるためのシグナルが欠如してしまったかの、どちらかが原因である可能性が高い。こうしたミステリアスな実験結果も、精子由来のmtDNAを排除する機構が完全に解明されれば、いずれ合理的に説明することができるだろう。

6-10 精子以外の外来性ミトコンドリアは排除されない

一連の実験で、卵には、精子由来のミトコンドリアを認識して、その中にあるmtDNAもろとも排除する機構があることはわかったが、その機構がどのように働くのかは、未解明な部分が多かった。筆者たちはこの排除機構をさらに詳しく調べることにした。

最初に取り組んだのが、受精卵から排除される対象の確認だった。これまでの研究では、受精卵から排除されるのは同種の精子のミトコンドリアだけなのか、それとも受精卵に外から人工的に導入されたミトコンドリアならば、精子だけでなく、肝臓や繊維芽細胞などの体細胞由来のものでもすべて排除されるのかわからなかった。また、精子に成熟する前の円形精子細胞（113ページ、図6-1）のように、受精に必要な運動能力を身につけていない未熟な生殖細胞のミトコンドリアも排除されるのかどうかも不明だった。

これらの疑問に答えるため、mtS系統マウス（118ページ、図6-3B）の臓器や培養細胞から調製したミトコンドリアを用いることにした。その理由は、この系統のマウスのミトコンドリ

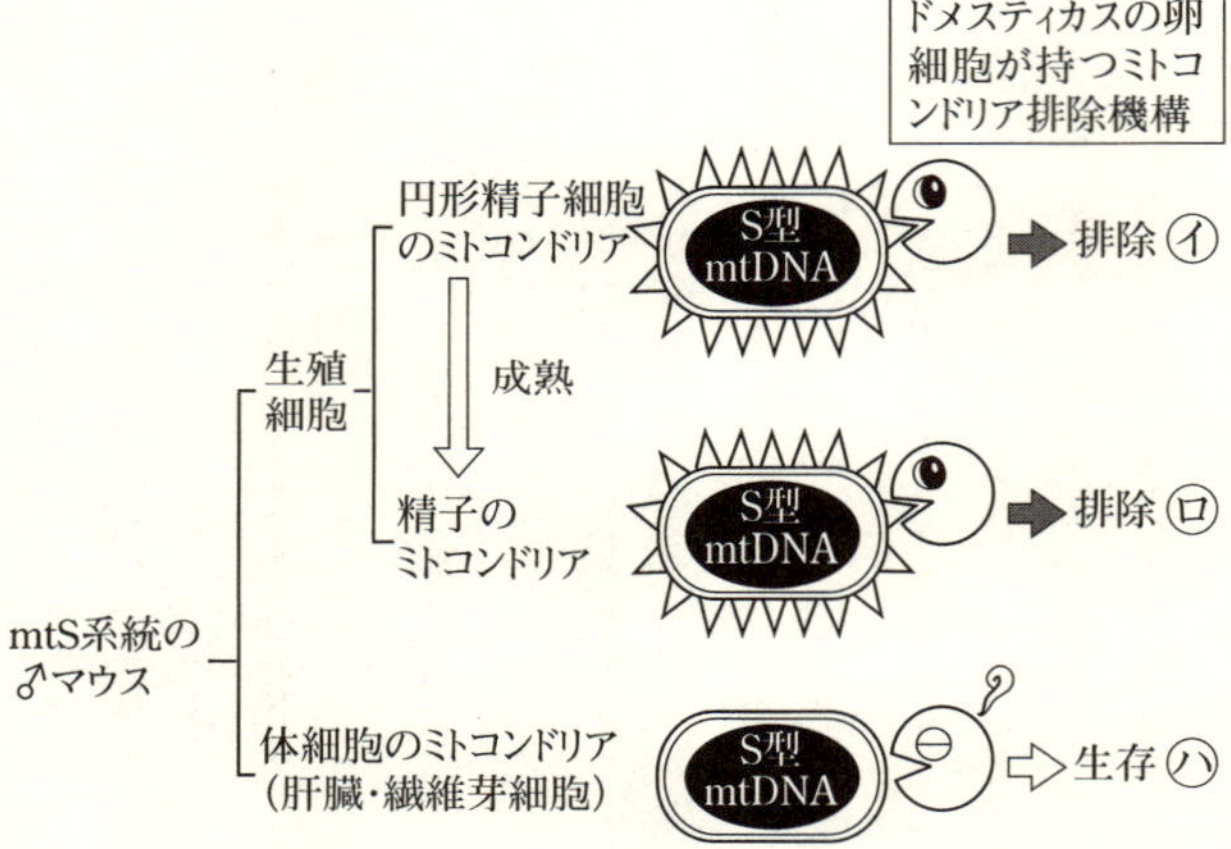

図6-9　ドメスティカスの卵に導入された精子以外のミトコンドリアの運命

アの内部にあるmtＤＮＡはスプレータス由来なので、ドメスティカスの受精卵にミトコンドリアを導入しても、その中のmtＤＮＡが排除されたかどうかをＰＣＲ法で追跡することができる。一方、この系統のマウスのミトコンドリア外膜はドメスティカスの核ＤＮＡの遺伝子産物でできている（図６－９）ので、ミトコンドリアをドメスティカスの受精卵に導入すると、同種のミトコンドリアが侵入したとみなされ、少なくとも精子のミトコンドリアとその中のmtＤＮＡは完全に排除されることがわかっている（図６－９㋺）。

そこで、まず実験用マウス（ドメスティカス）の受精卵に、自然界では決して導入されることのない体細胞（肝臓と培養繊維芽細胞）のミトコンドリア、さらには精子に成熟する前の円形精子細胞のミトコンドリアを導入した。その結果、円形精子細胞のミトコンドリアは精子同様排除された（図6－9㋑）のに、体細胞のミトコンドリアは排除されないことが明らかになった（図6－9㋩）。

以上の一連の実験（図6－8と図6－9）から次のようなことがわかってきた。

①卵に導入された異なる種の精子ミトコンドリアは排除されない（図6－8㋺）ことから、同種の精子ミトコンドリアが排除される（図6－8㋑）のは、精子ミトコンドリアの「自殺」ではなく、卵の中に存在する精子ミトコンドリアの排除機構による「他殺」である。

②卵の中に存在する精子ミトコンドリアの排除機構では、同種の肝細胞や繊維芽細胞*など体細胞のミトコンドリアを排除できない（図6－9㋩）ことから、精子のmtDNAだけが受精卵から排除されるのは、精子のミトコンドリア外膜に何らかの特別なシグナルがついているからである（図6－9㋺）。

③精子に成熟する前の円形精子細胞のミトコンドリアも受精卵から排除される（図6－9㋑）ことから、この特別なシグナルがつく時期は、精子が成熟する過程ではなく、それ以前である。

＊医学分野では「線維芽細胞」という表記が一般的だが、理学分野では「繊維芽細胞」が標準的な表記になっている。本書では「繊維芽細胞」で統一した。

6－11　なぜ精子のミトコンドリアだけ排除されるのか？

ここで、新たな三つの疑問が生じてくる。第一に、精原細胞（図6－1）が円形精子細胞に分化するまでのどの時期に精子のミトコンドリアだけ排除されるような特殊なシグナルがつけられるのか？　第二に、そのシグナルとは具体的にどのようなものなのか？　そして最後に、受精卵はなぜそこまでして精子のミトコンドリアだけを排除しなければならないのか？

現時点では、これらの疑問に答えるデータは得られていない。最後の疑問に対しても明確な解答はないが、次のように推論することは可能であろう。精子は卵に到達し受精するまでの間に激しい鞭毛《べんもう》運動をしなければならず、エネルギーを供給する精子のミトコンドリアにも激しい負荷がかかる。当然、中にあるmtDNAも酸化的ストレスによってダメージを受け、突然変異などの異常を多く蓄積してしまう危険性が高い。おそらく、卵はこのような危険な精子のmtDNAが子孫に伝わることをおそれて、何が何でも排除しようとしているのではないか。

そうでなくとも、ボトルネック効果に代表されるように、卵は親の世代の生命活動によって蓄積された病原性突然変異を持つmtDNAを除去（リセット）するため大変な努力をしている。手間をかけて、せっかく厳選された卵を選んでも、病原性突然変異を持つ可能性の高い精子のmtDNAに外部からやすやすと侵入されたのではすべての努力は水の泡になってしまう。

しかし、父親のmtＤＮＡの拒絶は、とりもなおさず多様性の拒絶でもある。私たちの祖先は、父親のmtＤＮＡを受け入れて多様性を優先するか、病原性突然変異の排除を優先するか、という選択に迫られ、その中で後者の戦略をとった生物が現在生き残っているのだろう。ただし、健康な生命体を築き上げるにはリスクの高すぎる精子mtＤＮＡを受け入れなくても、多型突然変異は次第に蓄積する。しかも、mtＤＮＡの進化速度は核ＤＮＡよりも五〜一〇倍も高く、それだけで十分な多様性を獲得できているのかもしれない。

ヒトの個体もマウス同様に極めて均一なmtＤＮＡ集団を持つことから、完全な母性遺伝をしているといってほぼ間違いないだろう。もし、ヒトの受精卵を使って実験をすれば、ヒトでもmtＤＮＡが完全な母性遺伝をすることを裏付けるデータが得られるはずだ。ただし、こうした実験は断じて許されるものではない。受精卵やそこから発生してきた初期胚を実験に使うことは立派な殺人だ。もし実験を行い、その結果を発表した場合、それは殺人を犯したことの紛れもない証拠になるだろう。

6-12　母性遺伝と病気

卵はボトルネック効果を働かせることによって、病原性突然変異を起こしたmtＤＮＡを持つ卵をアポトーシスさせることで、それをリセットしてきた（61ページ、図3－5）。しかし、このシステムとて万能ではない。ボトルネック効果では、病原性が弱い多型突然変異は取り除くことはできない（130ページ、図6－5B）。しかもボトルネック効果によって、この多型突然変異は増幅されるので、個体によっては多型突然変異の比率が極めて高いものが出てくる可能性がある。

もとより、病原性突然変異と多型突然変異の間には明確な線引きがあるわけではなく、相対的なものである。当然、多型突然変異の中には、致死性はないものの、一定以上蓄積すると、あるいは、他の多型突然変異との組み合わせにより、人体に悪影響を与えるものも出てくるはずだ。実は、最近の研究で一部のmtＤＮＡ突然変異は、生物のエネルギー生産能力を著しく低下させ、我々の健康や生命をおびやかす病原性を持つことがわかってきた。もし、こうしたmtＤＮＡの突然変異によって引き起こされる疾患があるとすれば、そのような疾患はおそらく母性遺伝するはずだ。次章では、こうした母性遺伝する病気、ミトコンドリア病を取り上げよう。

第7章

ミトコンドリア病で下された有罪判決

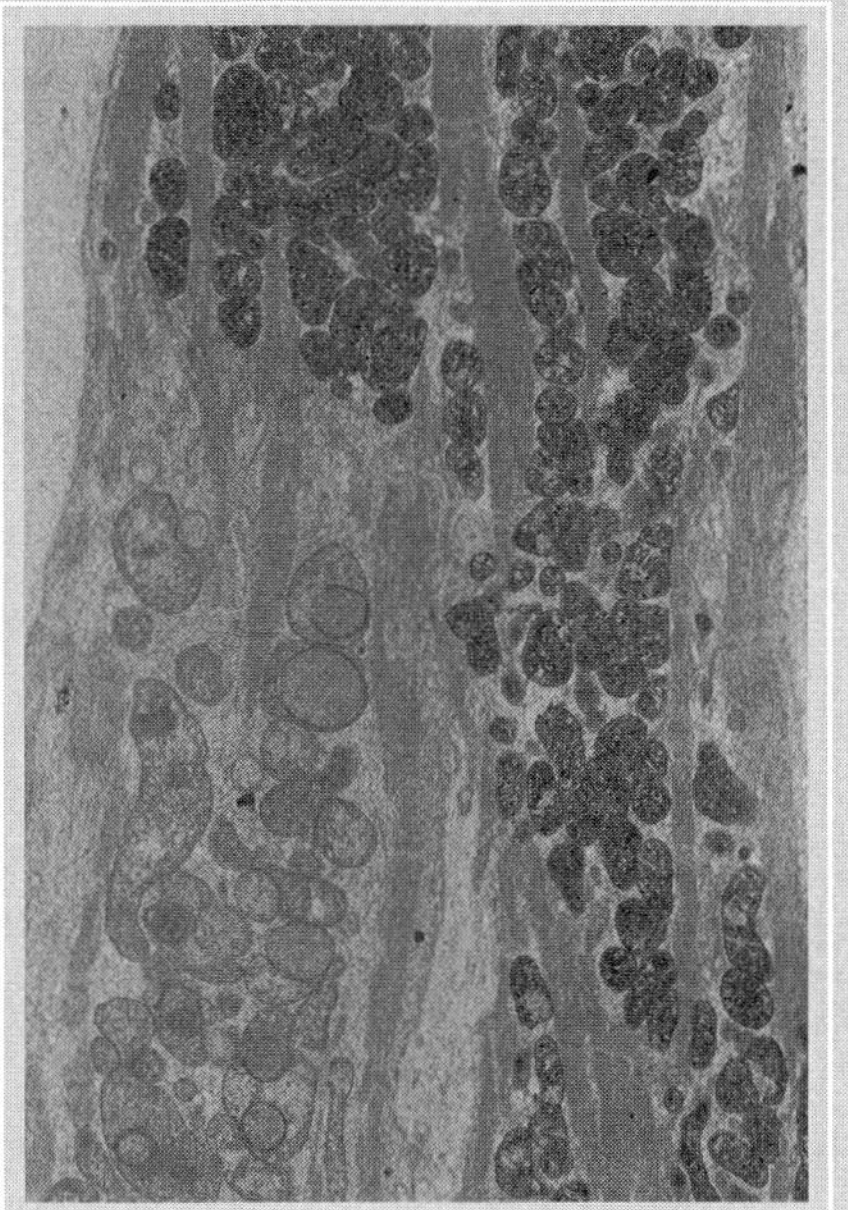

病原性突然変異型mtDNAを移植して作製した病態モデルマウスの心筋細胞のミトコンドリア。ミトコンドリア呼吸酵素の一つである複合体Ⅳ(COX)の活性を電子顕微鏡で観察したところ、左下の心筋細胞のミトコンドリアはすべて呼吸欠損となっており無惨な姿をさらしていた。

7－1　mtDNAにかけられた新たな嫌疑

一九六三年にミトコンドリアにDNAが存在することが明らかになってから、研究者の間では、このmtDNAに突然変異が生じたら、私たちの健康にはどのような影響が出るのかという点に注目が集まってきた。mtDNAは酸素呼吸をコントロールする遺伝子があり、ここに修復不可能なエラーが生じれば、当然、呼吸酵素活性は低下し、生体に重大な影響を与える。呼吸酵素活性の低下が、何らかの病気に関係することは誰にでも想像できたが、具体的にどのような突然変異がどのような病気の原因になっているのかという問題は、まったくといっていいほどわかっていなかった。

多くの研究者は、mtDNAの異常によって引き起こされる「ミトコンドリア病」があると確信し、その病気を必死になって探した。第四章、第五章で紹介した「癌ミトコンドリア原因説」も、こうした動きの一環の中で唱えられた仮説であった。癌ミトコンドリア原因説は、筆者たちの研究によって完全に否定されることとなったが、これでミトコンドリアに対する疑惑が払拭されたわけではなかった。

一九八〇年代に入ると、mtDNAの突然変異が原因で発症するミトコンドリア病らしき疾患が次々に発見されるようになる。さらに最近では、ミトコンドリア病の原因とされるmtDNAの突然変異の研究が進み、難聴、糖尿病、心筋症など従来ミトコンドリアとは関係がないといわれてきた疾病にもmtDNAの突然変異が関与していることがわかってきたのだ。どうやら、mtDNAの異常は、ミトコンドリア病といわれる特殊な病気だけではなく、私たちにとって馴染みのある生活習慣病にも深くかかわっているようだ。そこで本章では、mtDNAにかけられた新たな〝嫌疑〟について取り上げていきたい。

7－2　ミトコンドリア病とは何か

mtDNA突然変異を原因とするミトコンドリア病が発見されるまでの道のりは決して平坦ではなかった。すでに第二章で述べたようにミトコンドリアの呼吸酵素活性は核DNAの遺伝子によっても支配されており、当然、mtDNAではなく、核DNAの遺伝子の突然変異によってもミトコンドリア病が発症する可能性も残されているからである。

ミトコンドリアの研究者たちが、mtDNA突然変異が原因で発症するミトコンドリア病発見の決め手と考えたのが、「母性遺伝」と「呼吸酵素活性の低下」であった。第六章でも説明したとおり、mtDNAは完全母性遺伝し、父親のmtDNAは子どもの世代にはまったく伝わらない。したがって、母親がmtDNAの病原性突然変異を原因とする病気になっていれば、当然、子どもにも母性遺伝する可能性が強かった。それと同時に、もしmtＤＮＡに病原性突然変異が生じ、それが蓄積すれば、「呼吸酵素活性の低下」すなわち、エネルギー生成能力の低下の症状が確実に起きるはずだった。というのもmtＤＮＡに存在する遺伝子は、すべて酸素呼吸だけに関与しており、病原性突然変異が蓄積すれば、呼吸活動に異常が発生してしかるべきだからである。

こうした根拠にもとづき、世界中のミトコンドリアの研究者が、母性遺伝し、呼吸酵素活性の低下を引き起こす病気を必死に探したが、それらしき病気はなかなか発見されなかった。

ミトコンドリア病の最初の症例を報告したのは、スウェーデン、ストックホルム大学のロルフ・ルフトたちである。彼らは、一九六二年に、筋肉のミトコンドリアの異常代謝を示した三五歳の女性の症例を医学誌に報告している。その後も、主に中枢神経の異常や筋力低下をきたす症例でミトコンドリアの形態異常や呼吸酵素活性低下が報告されるなど、ミトコンドリア病らしき病気が認められたものの、先に挙げた二つの条件、すなわち呼吸酵素活性の低下を認め、母性遺伝する病気はなかなか見つからなかった。

ルフトの報告から、実に二一年後の一九八三年、英国小児疾患病院の医師、ジョセフ・エッガーとジョン・ウイルソンの二人が、ついに母性遺伝するミトコンドリア病らしき疾患を発見した。彼らが報告したいくつかの症例は、おおむね母性遺伝し、筋肉などにあるミトコンドリアの形態に異常があった。さらに、この患者は、筋肉の呼吸酵素活性が通常よりも低く、エネルギー生産能力が劣っており、そのために筋力低下、低身長、難聴などの症状が出ていた。エッガーたちは、具体的にどのようなmtＤＮＡ突然変異が原因なのかは明らかにできなかったが、患者の家族歴と臨床症状は、先に挙げた二つの決め手を見事にクリアしていた。

この研究報告は、長らくミトコンドリア病の原因を発見することができずにいた世界中の研究者を勇気づけた。この報告に刺激を受けたミトコンドリア研究者たちは、母性遺伝し、mtＤＮＡの突然変異がもたらす病気を前にも増して躍起になって探しはじめた。その結果、さまざまなタイプのミトコンドリア病が次々に発見されることになる。

発見された病気はいずれも、ミトコンドリアのエネルギー生産が通常より劣っており、筋力低下、疲労、難聴、低身長、高乳酸血症、腎不全、心筋症、糖尿病など多岐にわたる症状が現れていた。このようにミトコンドリア病は、単独の病気として取り扱うには、あまりにも臨床症状が多様なので、一九八五年に米国コロンビア大学のサルバトーレ・ディマウロたちによって、その臨床症状に応じて以下の三つの症候群に分類された（次ページ、表7－1）。

①ＣＰＥＯ（慢性進行性外眼筋麻痺症候群）

外眼筋麻痺により瞼《まぶた》が垂れ下がり眼球運動も阻害される。これらの症状に加え網膜色素変性や心伝導障害をともなう場合はＫＳＳ（Kearns-Sayre Syndrome）と呼ばれている。家族歴はなく、病気は見かけ上、親から遺伝しない（散発性である）。

臨床症状	CPEO (KSS)	MERRF	MELAS
外眼筋麻痺	＋	−	−
眼瞼下垂（瞼の垂れ下がり）	＋	−	−
網膜色素変性	(＋)	−	−
心伝導ブロック	(＋)	−	−
小脳失調	＋	＋	−
筋肉の痙攣（ミオクローヌスてんかん）	−	＋	−
周期性嘔吐	−	−	＋
知能低下、筋力低下	＋	＋	＋
低身長	＋	＋	＋
難聴	＋	＋	＋
高乳酸血症	＋	＋	＋
糖尿病	±	±	±
家族歴（母性遺伝）	−	＋	＋

表7-1　ミトコンドリア遺伝子疾患三大病型の臨床症状にもとづいた特徴

②ＭＥＲＲＦ（筋肉に赤色ぼろ繊維を持ちミトコンドリア異常をともなうミオクローヌスてんかん）

ミオクローヌスといわれる筋肉の痙攣《けいれん》や小脳失調による運動障害を発症する。家族性である場合が多く母性遺伝する。

③ＭＥＬＡＳ（ミトコンドリア脳筋症、高乳酸血症、脳卒中様症状）

頭痛嘔吐をともなう脳卒中のような症状と高乳酸血症を発症する。これも家族性である場合が多く母性遺伝する。

これらの疾患のうちＣＰＥＯ以外は母性遺伝しており、ミトコンドリアのエネルギー生成能力の低下にともなうさまざまな症状が現れていた。ＭＥＲＲＦとＭＥＬＡＳは先に述べた二つの決め手（母性遺伝と呼吸欠損）を満足していた。同じ母親の子どもであっても症状が現れない子もいるなど、完全母性遺伝するはずの病気にしては、不完全なところがあったが、mtDNA突然変異の蓄積が原因である可能性は極めて濃厚だった。

これらの状況証拠は研究者たちをさらに勇気づけ、ミトコンドリア病の原因とされるmtDNAを特定する研究が世界中で進められた。ミトコンドリア病の実行犯が特定されるのは、もはや時間の問題であった。

7-3　ミトコンドリア病の病原性突然変異の発見

エッガーとウイルソンの報告をきっかけに、今度はmtDNAにある病原性突然変異の探索もゴールドラッシュのごとく始まった。多くの研究者たちは、ミトコンドリア病の患者の血液からmtDNAを取り出し、制限酵素を使って、突然変異を見つけようとした。制限酵素でmtDNAを切断し、その切断型から、mtDNAの突然変異を確認する。この手法は筆者たちが癌研究のために行ったものとまったく同じであった。前述したように、この手法は簡単であるが、よほど運がよくなければ突然変異を見つけることができないことに加え、たとえ突然変異が発見されても多型突然変異である可能性もあった。

実際、健常者との間にmtＤＮＡ切断型の差は認められないか、認められたとしても同じ切断型が健常者集団にもわずかに存在する多型突然変異であるというネガティブな報告ばかりが続いた。しかし一九八八年、ついにその時が来た。英国、神経学研究所のイアン・ホルトたちは、ミトコンドリア病（論文に記載はないがおそらくＣＰＥＯ）の患者の筋肉にあるミトコンドリアを調べたところ、遺伝情報の約三分の一を失ったmtＤＮＡが、正常（野生）型のmtＤＮＡと共存しているのを発見したのである。彼らは、この大規模欠失突然変異（大欠失）型mtＤＮＡこそが、ミトコンドリア病の原因だと考えた。ホルトたちの研究成果は、ネイチャー誌で発表され、この快挙はたちまち世界に広まった。

ホルトらの勝因は、患者から採取した筋肉のmtＤＮＡを調べたという点にあった。ミトコンドリア病は、筋力低下や外眼筋麻痺などの異常をきたすことが多いため、筋肉のmtＤＮＡを調べるのは至極当たり前のことのように思える。しかし、多くのミトコンドリア研究者たちは、以下の二つの理由から血液中のmtＤＮＡしか調べようとしなかった。

第一は提供者に与える苦痛の問題である。筋肉を採取するためには麻酔をかけて皮膚を切開し、針を刺して筋肉の一部を切断しなければならない。このため、採血に比べると提供者にはかなりの負担をかけることになる。ましてや提供者が筋肉の弱いミトコンドリア病患者であるとすればなおさらであり、これが多くの研究者たちに筋肉を採取して調べることをためらわせる一因になっていたかもしれない。

第二の理由は、筋肉ではなく血液のmtDNAを調べるだけで十分に目的が達せられると判断したからである。そもそもmtDNA集団は母親由来のクローンであり、同一個体の中にあるmtDNA集団の遺伝情報（塩基配列）は極めて均一であるため、筋肉にあるmtDNAと血液にあるmtDNAは何の違いもないと思われたためだ。さらにmtDNAの遺伝子はすべての組織ですべてが発現しており、核DNAのように組織によって発現したり、しなかったりということはないのである。

しかし、実際は筋肉と血液ではまったく結果が違っていた。いかなる理由からか、この大欠失型mtDNAは血液には存在しなかったが、筋肉には存在したのである。そして、研究者たちをさらに驚かせたのが、ホルトたちが発見した大欠失型mtDNAが、母性遺伝しない散発性のミトコンドリア病の患者の筋肉の中にあったことだった。これは「母性遺伝するミトコンドリア病の患者にこそ、mtDNAの突然変異があるはずだ」という事前の予想を完全に覆したものだった。当時としては、これはまったく理解に苦しむことであった。

ともかく、この論文のインパクトは極めて大きかった。ネイチャー誌にホルトたちの論文が掲載されると、彼の研究にならって、世界中の研究室でミトコンドリア病の患者の筋肉を用いた実験が相次いで行われた。その結果、ホルトたちの報告と同様に、大欠失型mtDNAの存在が続々と報告された。不可思議なことに、大欠失型mtDNAが見つかるのは、母性遺伝しないとされているCPEOの患者に絞られていた。

なぜ、母性遺伝しないCPEOばかりに大欠失型mtDNAが発見されるのか。この問題は多くの研究者を当惑させた。繰り返しいうが、子のmtDNAは母親のmtDNAの完全なるコピーであり、母親がミトコンドリア病であれば、子が同じ病気になると考えるのが合理的だ。そもそも、母性遺伝しないのであれば、この突然変異がミトコンドリア病の原因であるという大前提すら揺るがしかねない。冷静に考えてみれば、ホルトたちは単に大欠失型mtDNAとミトコンドリア病特有の異常な臨床症状の発現を並行して発見しただけであって、両者に因果関係があるという直接の証拠を提出したわけではないのである。第二章で述べたように、核DNAの遺伝子もミトコンドリアの呼吸酵素活性に多大な貢献をしており、本当の原因は核DNAに存在する遺伝子の病原性突然変異にある可能性も否定できない。結局、こうした疑問が解決されない限りは、今回発見された大欠失型mtDNAが、ミトコンドリア病の原因になると結論づけることはできなかった。

7-4　ミトコンドリア移植による有罪の決定的証拠

この謎を解くにはどうしたらいいのか。筆者たちがすぐに考えたのは例の「ミトコンドリア移植」であった。これはすでに第四章で述べたように、癌ミトコンドリア原因説の検証に極めて大きな威力を発揮した方法である。今回はmtDNAの突然変異が癌の原因ではなく、ミトコンドリア病の原因になっているかどうかを見ればよいわけである。患者由来の大欠失型mtDNAを正常細胞に移植し、ミトコンドリア病に共通に認められる呼吸酵素活性の低下（呼吸欠損）という症状も同時に移植できれば、この突然変異が病気の原因であることが証明できるし、何の変化も起きなければ、大欠失型mtDNAと病気の間には何ら関係がなく、患者のmtDNAに突然変異があったのは単なる偶然と判断できる。

　このミトコンドリア移植の際に障害になるのは、移植を受ける側の細胞が持っているmtDNAの存在であった。しかし、我々はすでに、癌研究のためにmtDNAを完全に失ったHeLa細胞を樹立しており、このことが幸運を呼び込んだ。この細胞のおかげで国立精神・神経センターの埜《の》中征哉《なかいくや》、後藤雄一たちと共同で、このmtDNA欠損HeLa細胞に、CPEOの患者のミトコンドリアを移植する実験を世界に先駆けて行うことができた。

　念のために実験の手順を紹介しておこう（次ページ、図7－1）。まず、HeLa細胞からmtDNAを削除した細胞（mtDNA欠損HeLa細胞、①）を用意する。次にCPEO患者由来の細胞から核を取り除いた細胞質体（②）を用意して、この二つを細胞融合によって、一つの細胞にする（このような細胞のことを細胞質雑種細胞、サイブリッドという）。③をご覧いただければわかるとおり、

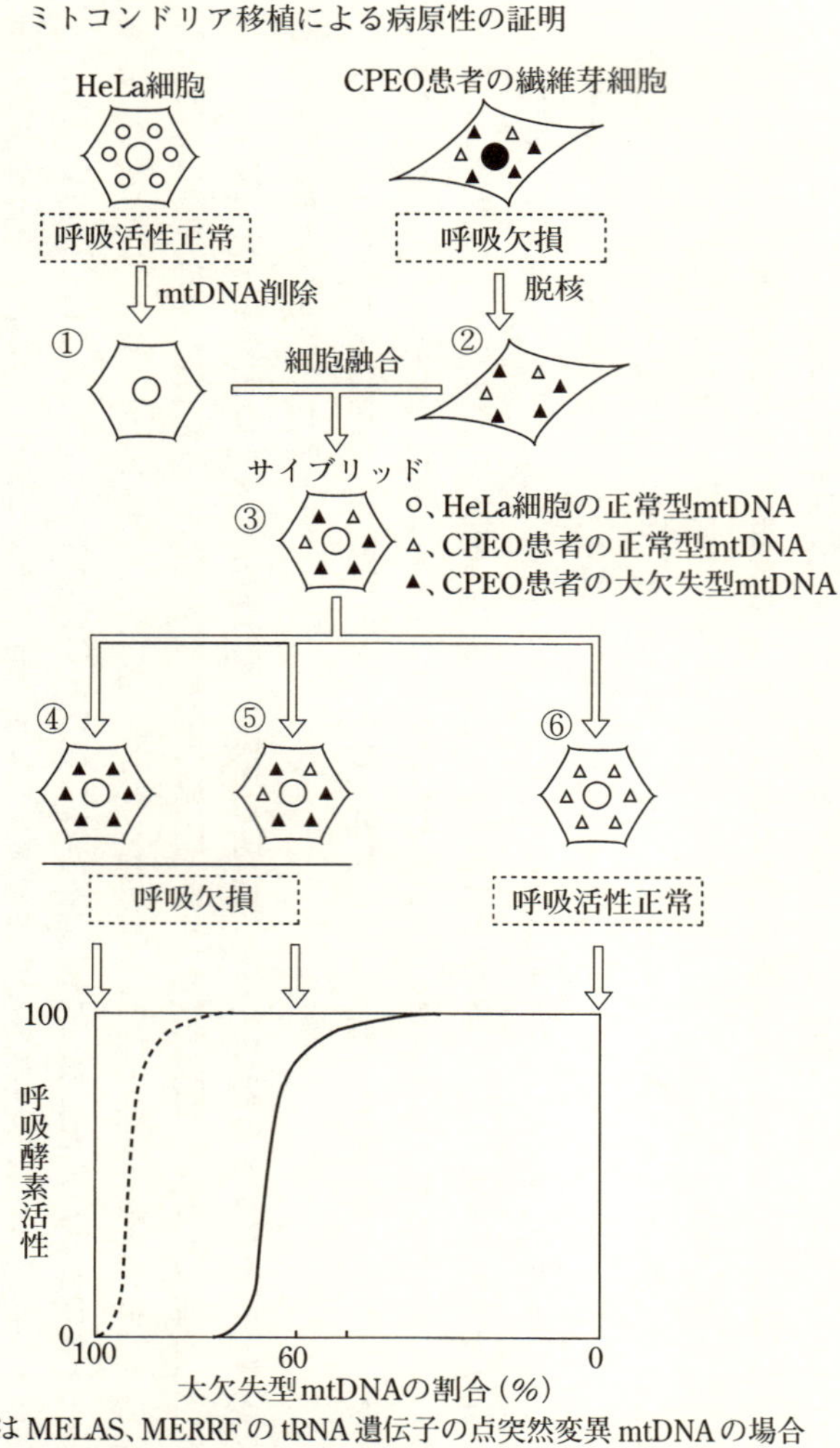

----はMELAS、MERRFのtRNA遺伝子の点突然変異mtDNAの場合

図7-1　大規模欠失突然変異の病原性と伝達様式

この細胞（サイブリッド）の中には、患者由来の正常（野生）型mtＤＮＡとmtＤＮＡの遺伝情報の約三分の一を失った、大欠失型mtＤＮＡが混在している。そして、この細胞を分裂させると、mtＤＮＡがランダムに分配されるので、大欠失型mtＤＮＡが含まれる比率が異なる細胞が得られる（④、⑤、⑥）。こうしてできた細胞をそれぞれ増やして呼吸酵素活性を調べ、mtＤＮＡの突然変異と呼吸欠損の因果関係を調べたのである。

図７－１のグラフを見れば、一目瞭然だが、細胞内に含まれる大欠失型mtＤＮＡの比率が六〇％を超えると、呼吸酵素活性が急激に低下していく様子がわかる。④、⑤、⑥の細胞の核ＤＮＡは、いずれも同じＨｅＬａ細胞に由来していることから、この細胞の呼吸酵素活性が低下した原因は、核ＤＮＡのほうではなく、大欠失型mtＤＮＡの蓄積だけにあるといえる。この実験結果をもって、はじめてこの大欠失突然変異は単独で呼吸欠損を引き起こすこと、すなわち病原性があることが立証されたのである。

この実験では、これ以外にも重要な発見があった。この病気の原因となる大欠失型mtＤＮＡは、サイズが正常型の三分の二しかないためか、複製に要する時間が短く、正常なmtＤＮＡを押しのけて増殖してきたのである。さらに、この大欠失型mtＤＮＡを八〇％以上蓄積した細胞は重大な呼吸欠損になるため十分なエネルギーが生産できなかった。そのため、生育速度も極めて遅く、通常の培養液中では死んでしまうことがわかった。

以上の実験結果をご覧になっただけで、大欠失型mtDNAの蓄積によって発症するCPEOが母性遺伝しない理由がおわかりになる方もいるかもしれない。謎を解く鍵は、大欠失型mtDNAの複製のスピードとその致死性の高さにあった。卵に成熟する前の生殖細胞（卵原細胞）にこの大欠失型mtDNAが一分子でもあると、その後、繰り返される細胞分裂と卵への成熟過程で正常型mtDNAを凌駕するまでに増殖し、受精卵や胎児を死にいたらしめてしまうのである（図7－2A）。つまり、CPEOという病気はあまりにも致死性が高く、その結果、見かけ上母性遺伝することができなかったのである。

それでは、CPEOの母親から、健康な子どもが生まれてくるのはなぜだろう。これは次のように説明できる。仮に卵のもとになる卵原細胞にこの大欠失型mtDNAが含まれていたとしても、細胞分裂の過程でmtDNAはランダムに分配されるので、正常なmtDNAしか持たない卵も当然生じる。このような卵が受精すれば、健康体の子どもが生まれるわけだ。

強い病原性と早い複製速度。大欠失型mtDNAが持つこれら二つの特性によって、多くの卵や胚、場合によっては胎児でも、この大欠失型mtDNAを短期間で蓄積し、一気に致死になっている。その一方で、正常なmtDNAだけを持つ卵もわずかに存在し、この卵からは健康な子どもができるため、見かけ上は母性遺伝しなくなるのである（図7－2A）。

大欠失型mtDNAが母親から遺伝しないとなると、CPEO患者で発見された大欠失突然変異

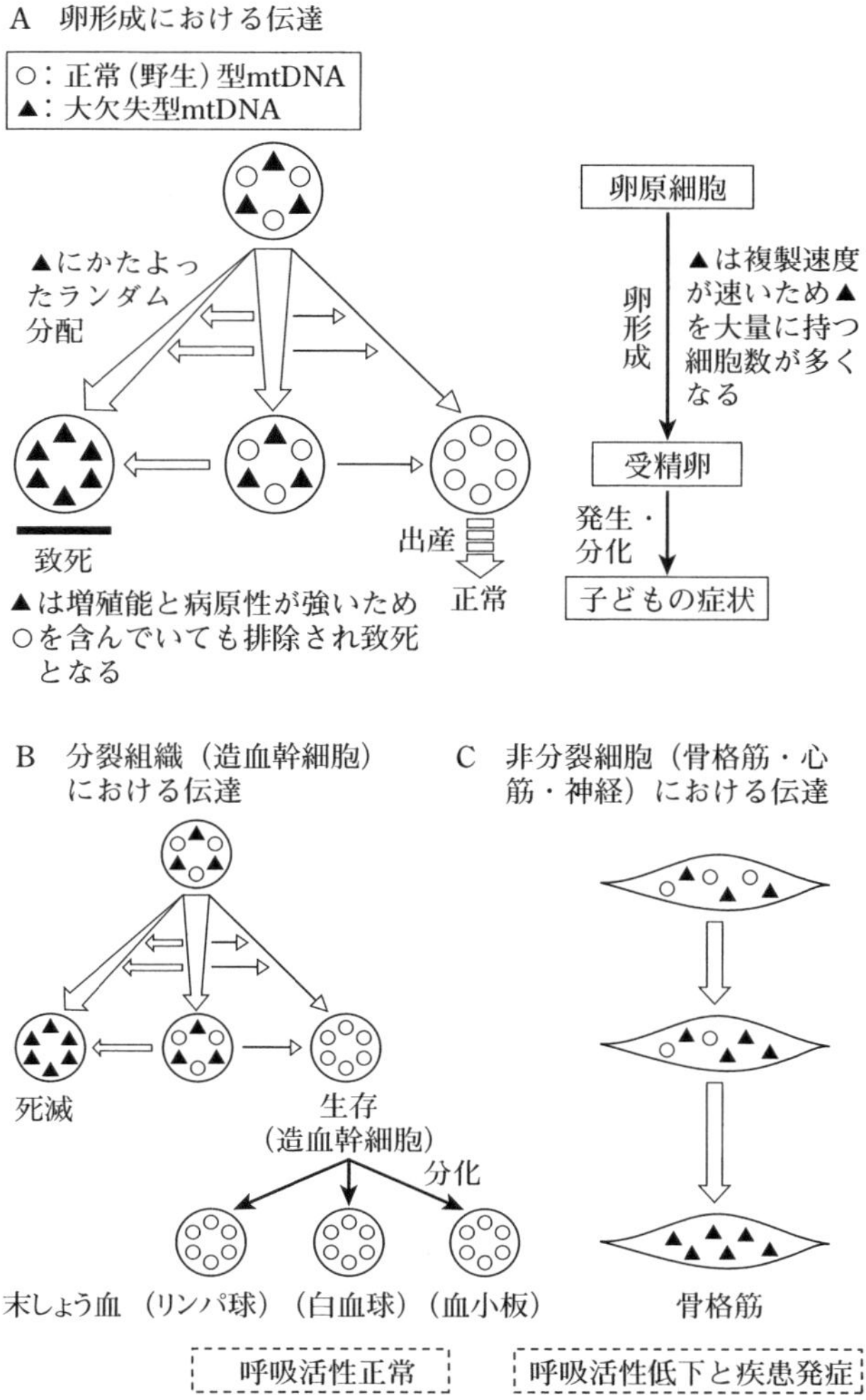
A　卵形成における伝達
○：正常（野生）型mtDNA
▲：大欠失型mtDNA
▲にかたよったランダム分配
致死
出産
正常
▲は増殖能と病原性が強いため○を含んでいても排除され致死となる
卵原細胞
卵形成
▲は複製速度が速いため▲を大量に持つ細胞数が多くなる
受精卵
発生・分化
子どもの症状
B　分裂組織（造血幹細胞）における伝達
C　非分裂細胞（骨格筋・心筋・神経）における伝達
死滅
生存
（造血幹細胞）
分化
末しょう血　（リンパ球）（白血球）（血小板）
骨格筋
呼吸活性正常
呼吸活性低下と疾患発症

図7-2　大欠失型mtDNAの伝達様式

はいつ、どこで生じるのかという疑問がわいてくる。おそらく、これは卵が形成される際に生じるボトルネックを過ぎた時点で、未受精卵、あるいは、自らの生命のスタートである受精卵以降のステージで後天的に生じたものであると思われる。

この実験で得られたデータから、大欠失型mtDNAが血液にではなく、筋肉に存在する理由もわかってきた。

血液を作り出す造血幹細胞は分裂能力を持っている。この幹細胞は細胞分裂するため、正常型mtDNAも大欠失型mtDNAもランダムに分配される。前述したように、この大欠失型mtDNAは、複製速度が正常型に比べて圧倒的に速く、さらに強い病原性を持つため、六〇%以上蓄積するだけで呼吸欠損に陥る。その結果、造血幹細胞が少しでも大欠失型mtDNAを含むと、たちまち呼吸欠損に陥り、選択的に死滅してしまうのである。一方、正常型mtDNAだけを持つ造血幹細胞もわずかに存在し、その後これをベースに血球が作られるため、血液系からは大欠失型mtDNAを持つ細胞は完全に取り除かれてしまうのだ（図7－2B）。

これに対し、筋肉は細胞分裂しない（非分裂組織である）ため、細胞分裂の際の分配によって大欠失型mtDNAを除くことができない。しかも、筋肉内のmtDNAは古くなると分解されるため、複製によってその分を補うようになっている。その結果、複製速度の速い大欠失型mtDNAの割合がどんどん増加し、脳や筋肉に症状が現れるのではないだろうか（図7－2C）。

写真　著者（右から二番目）と後藤雄一（右から四番目）、埜中征哉（左端）、太田成男（左から二番目）

筆者たちのこれらの研究成果は一九九一年の米国科学アカデミー紀要に掲載された。それは世界で初めてmtDNAに〝有罪判決〟が出た瞬間でもあった。ちなみに、筆者たちがこの研究を他の誰よりも早く行えたのは、すでに癌研究のためmtDNA欠損HeLa細胞を樹立していたからである（103ページ、図5－3）。この当時、筆者はまだ埼玉県立がんセンター研究所にいたが、この細胞は皮肉にも癌研究ではなく、ミトコンドリア病の研究に利用されたことで初めて光を放つことになった。

7－5　一件落着？　三大病型の病原性突然変異型mtDNA揃い踏み

ミトコンドリア病の研究はその後も急ピッチに進められ、ミトコンドリア病の三大病型で残っていた残りの二つでも、原因となるmtDNA突然変異が相次いで明らかになった。

MERRFの病原性突然変異を発見したのは、アトランタ州にあるエモリー大学のダグラス・ウォラスたちだ。彼らは、MER

RF患者にはmtDNA上のリシンtRNA（タンパク質合成の現場にアミノ酸の一種であるリシンを運搬するtRNA、43ページ図2-7のK）の遺伝子に病原性点突然変異が特異的に見られることを突き止め、一九九〇年、その結果をセル誌に発表した。ちなみに点突然変異とは、一個の塩基が別の塩基に置き換わるものをいう。

翌一九九一年、最後のMELASの病原性突然変異が発見された。国立精神・神経センターの後藤雄一、埜中征哉（前ページ写真）たちがMELAS患者には、mtDNAのロイシンtRNA（アミノ酸の一種であるロイシンを運搬するtRNA、図2-7のL）の遺伝子に病原性点突然変異が特異的に存在することをネイチャー誌に報告した（日本医科大学の太田成男たちも同じ発見をした）。

興味深いことに、CPEOの場合と同様、発見されたmtDNAの病原性突然変異は、必ず正常なmtDNAと共存していた。おそらく突然変異型mtDNAだけしか存在しない個体は、卵や胚の段階で死亡してしまい、結果的に生まれてこなかったのであろう。

ところで、ミトコンドリア病三大病型の中で、CPEOは母性遺伝しないがMERRFとMELASは母性遺伝する。母性遺伝するmtDNAの突然変異が原因なのに、なぜこのような差がでるのだろうか。もうおわかりだろうが、それは病原性の強さと複製速度の差によるものなのだ。

CPEOの原因となるmtDNAの大欠失突然変異は、筆者たちが証明したように病原性が極めて強く六〇%を超えて蓄積すると呼吸欠損になる（158ページ、図7-1、実線）。これに対して、

ＭＥＲＲＦやＭＥＬＡＳで認められたｔＲＮＡ遺伝子の点突然変異は九五％を超えて蓄積して初めて呼吸欠損になることがウォラスたちのミトコンドリア移植の実験から明らかになった。つまりＭＥＲＲＦやＭＥＬＡＳの場合、正常なmtＤＮＡがわずかに五％以上残っていれば、病気にならずにすむのである（図7－1、破線）。

また、大欠失型mtＤＮＡは複製に要する時間が正常型mtＤＮＡの三分の二と短いため、あっという間に増殖し、致死になりやすいのに対し、ＭＥＬＡＳやＭＥＲＲＦの点突然変異型mtＤＮＡは、正常型mtＤＮＡと同じ速度でしか増殖できないため、致死になるほど蓄積するまでに時間がかかる。その結果、病気の母親がつくる卵や、受精卵、胎児、新生児も致死にならずに生まれてくる。しかし、そうであるがために、皮肉にも子どもにミトコンドリア病が遺伝することにつながるのである。

通常の複製速度と弱い病原性、これら二つの理由で、ＭＥＲＲＦやＭＥＬＡＳは母性遺伝するのだ。ホルトたちの実験で浮かび上がった疑問はこのようにして解決をみたのである。

7－6　拡大する余罪

犯罪者を取り調べる過程で、さまざまな余罪が発覚し、より重大な犯行を犯していたことが明

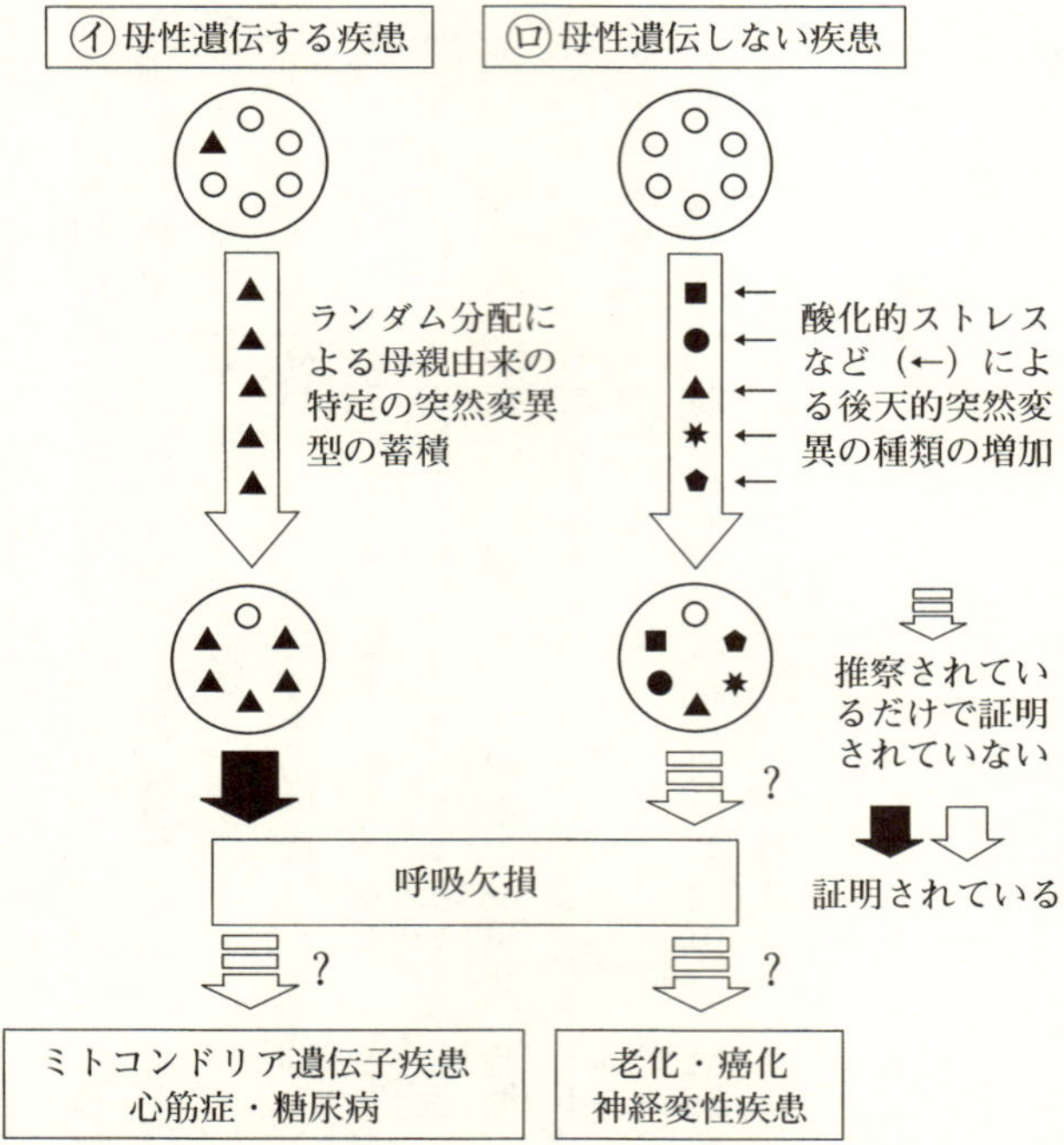

図7-3　生殖細胞突然変異と体細胞突然変異が呼吸機能に与える影響

らかになることがよくある。ミトコンドリアにまつわる疑惑もこれによく似ており、一九八八年のホルトたちの論文をきっかけに、多くの研究者がmtDNAに蓄積した突然変異がもたらす病気を調べていくと、その余罪は拡大の一途をたどっていった。mtDNAの突然変異は我々が想像していた以上に多くの病気に関与していたのである。

前述したミトコンドリア病以外にも、多くの遺伝性視神経萎縮症（Leber病）、さらには、驚くべきことに、家族性難聴、家族性糖尿病や家族性心筋症の中にもわずかながら母性遺伝する傾向のある家系が報告されるようになった。とりわけ糖尿病では、全患者の約一％が、mtDNAに蓄積した突然変異が原因で発病するという。一％というと、とるに足りない数字と思われるかもしれないが、これはたくさんある糖尿病の遺伝的要因の中で最も高い比率である。

ミトコンドリアへの疑惑はさらに拡大し、アルツハイマー病やパーキンソン病など母性遺伝しない神経変性疾患、さらには老化にも及んでいる。中世の魔女狩りのような心理でも働くのか、一九八〇年代以降、多くの研究者からは諸悪の根元がミトコンドリアであるかのような論文が次々に発表されている。

それにしても母性遺伝しない疾患にまでミトコンドリアの疑惑が拡大したのはなぜか。それは、親から受け継がない体細胞突然変異が原因となる場合を想定できるからである。母親から受け取ったmtDNAにまったく突然変異がなくても、生まれた後に酸化的ストレスや発癌剤などのダメージを受ける。つまり、母性遺伝する疾患に発生する病原性突然変異（図7－3㋑▲）とまったく同じ突然変異が、体細胞のmtDNAに発生することがあるのだ（図7－3㋺▲）。このような体細胞突然変異が原因で発症する病気は、散発性となる。したがって母性遺伝しないような生活習慣病、さらには癌や老化の原因の一つに、mtDNAの体細胞突然変異が加わっても何の不思議もないのだ。

mtＤＮＡの突然変異の蓄積を原因とするミトコンドリア病が発見されて以来やみくもにmtＤＮＡの突然変異とさまざまな疾患を結びつける傾向が続いており、ミトコンドリアバッシングともいうべき極端な論調が横行している。ミトコンドリアは本当に我々を苦しめる生活習慣病や老化の原因なのか？　筆者の導き出した結論は第九章で詳しく紹介したい。

7－7　ミトコンドリア犯行説のパラドックス

これまで、ミトコンドリア病は、mtＤＮＡ突然変異のみによって発症するような書き方をしてきたが、実はことはそう単純ではない。病原性突然変異がどのようにして呼吸酵素活性低下を引き起こし、それがどうミトコンドリア病発症につながっていくのか、実のところよくわかっていないのである。この問題を突き詰めると、mtＤＮＡの突然変異だけではどうにも説明がつかないことが出てくるのだ。本章を締めくくるにあたり、この問題について考えておきたい。

これまで紹介したミトコンドリア病は、いずれもmtＤＮＡに蓄積した病原性突然変異が原因で発症している。ただし、この突然変異にはさまざまなタイプがあり、そのタイプによって発症する病気の種類や症状が微妙に異なる。いささか乱暴ではあるが、mtＤＮＡの病原性突然変異は、次の三つのタイプに分けることができる。

①大欠失突然変異……mtDNAの約三分の一の部分が失われてしまったもの。この失われた部分には、tRNAを合成する遺伝子も含まれているため、このタイプのmtDNAはtRNAを合成できなくなる。tRNAは転移RNAとも呼ばれ、タンパク質を合成する際にアミノ酸を運搬する重要な役割をになっている。したがってtRNAが一種類なくても、mtDNAにコードされているすべてのタンパク質を合成できない。ミトコンドリア病の三大病型の一つCPEOが、この大欠失型mtDNAの蓄積によって発生するといわれている。

②tRNA遺伝子の点突然変異……tRNAを合成する遺伝子の一つの塩基が変わってしまったもの。大欠失突然変異と違い、tRNAを作ることはできるが、アミノ酸を効率よく運ぶことができなくなる。その結果、酸素呼吸に必要なタンパク質を十分に合成できなくなり、呼吸酵素活性が低下してしまう。tRNAにもさまざまな種類があり、ロイシンtRNAの点突然変異が原因で発症するのがMELAS、リシンtRNAの点突然変異が原因で発症するのがMERRFといわれる。

③構造遺伝子の点突然変異……タンパク質をコードする構造遺伝子に発生した点突然変異。その遺伝子から合成されたタンパク質の機能に異常が生じ、そのタンパク質が参加している呼吸酵素複合体（36ページ、図2-2B）の活性だけが選択的に低下してしまう。ただし、そのタンパク質

A　呼吸欠損以外の代謝経路攪乱の可能性（破線部）

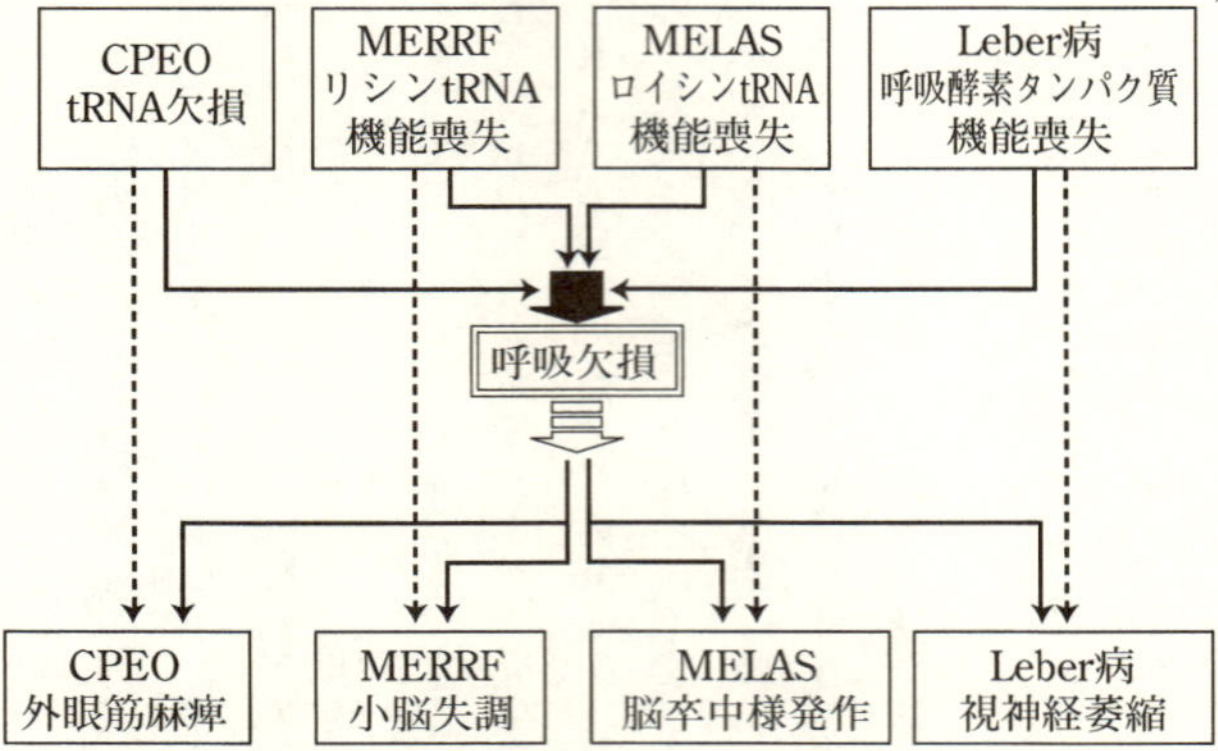

B　臨床症状への核DNA突然変異関与の可能性（破線部）

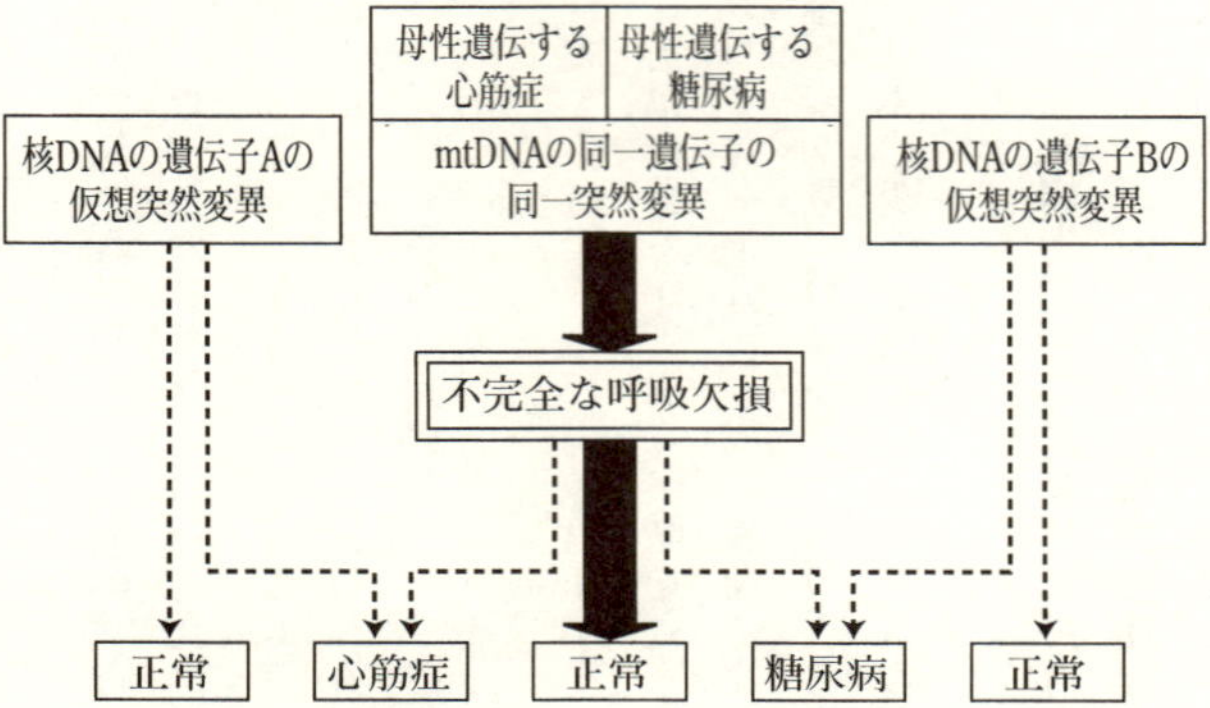

図7-4　ミトコンドリア犯行説のパラドックス
――臨床症状の多様性を説明できない呼吸欠損理論――

に関係のない部分には影響を及ぼさず、病原性も弱い。そのため、細胞中のmtＤＮＡがすべて突然変異型mtＤＮＡになっても致死性がない。

図７－４Ａは、mtＤＮＡの突然変異が病気を起こすまでのシナリオを図式化したものだ。これを見ればわかるとおり、いずれのミトコンドリア病でも、呼吸欠損を起こしＡＴＰの生成能力が低下する。すなわち、病原性突然変異が大欠失突然変異であろうと点突然変異であろうと、そして、その突然変異の場所がアミノ酸を運ぶｔＲＮＡ遺伝子であろうと、タンパク質の構造を決める構造遺伝子であろうと、インプットは違ってもアウトプット、つまり呼吸酵素の活性が低下して、十分なＡＴＰが製造できなくなり、呼吸欠損になるという結果は同じなのだ。

ここで問題となってくるのが、呼吸欠損から発症までの道のりである。不思議なことに、いかなるコースをたどっても呼吸欠損になるのに、病原性突然変異のタイプによって、最終的な臨床症状がかなり違ってくるのだ。外眼筋麻痺（ＣＰＥＯ）、小脳失調（ＭＥＲＲＦ）、脳卒中様発作（ＭＥＬＡＳ）、視神経萎縮（Ｌｅｂｅｒ病）。「呼吸欠損」という共通の中継地点にたどり着きながら、なぜ、ルートが再び多様に分岐するのであろうか（図７－４Ａ）。

まず、考えられるのが病原性の強弱である。すでに説明したとおり、mtＤＮＡに蓄積する突然変異の種類によって病原性に違いがあり、これが呼吸活性低下の強弱につながり、最終的な臨床症状の違いを生んでいると考えることもできるだろう。

また、まったく同じ突然変異型mtDNAでも、蓄積する臓器が異なれば、異なった臨床症状を発現するはずである。受精卵の中にあるmtDNAは、卵割（卵の分裂）や細胞分裂にともなって、ランダムに分配されるため、組織や細胞によって突然変異型の割合が著しく異なる。その結果、たまたま、病原性が強い突然変異が神経系の組織に蓄積すると知能低下、難聴、視覚障害を招き、心臓では心筋症、筋肉では筋力低下、膵臓では糖尿病をそれぞれ発症することになる。

しかし、病原性や蓄積部位の違いをもってしても説明できない問題が二つ残る。

第一は、mtDNA突然変異の種類が異なると、なぜ臨床症状にもそれぞれの特徴が出るのかという問題だ。MERRFとMELASはともに病原性が比較的強いmtDNA突然変異が原因で発症するが、その臨床症状は微妙に異なる。また、蓄積部位の差ならば、異なった突然変異型mtDNAでも同じ部位に蓄積すれば同じ症状を発症するはずである。しかし三大病型では、それぞれ病原性突然変異の種類が病型ごとに違うし、病型を特徴づける臨床症状も微妙に異なる。これを説明するには、図7－4Aの破線で示したように、呼吸欠損にいたる以前の代謝経路の違いが臨床症状に影響を与えていると考えるしかないが、説得力のある理由は依然不明のままである。

第二は、mtDNAの同一遺伝子の同一突然変異であっても、臨床症状が異なる場合があるという問題だ。たとえばまったく同じmtDNA突然変異しか持たないホモプラズミー（図4－5）の母親からも、臨床症状が大きく異なる子どもが誕生することがある。先にmtDNAはランダムに

➡ はミトコンドリア移植により立証された

⇨ はミッシングリンク。mtDNA突然変異を導入したモデルマウスで立証しなければならない

図7-5　ミトコンドリア犯行説のミッシングリンク
——呼吸欠損は本当に臨床症状を引き起こすのか——

分配されると述べたが、受精卵の中のmtDNAがすべて同じであれば、どの体細胞も同じmtDNAを持つはずである。

ところが、すべて同じ突然変異型mtDNAを持つミトコンドリア病の母親から生まれた子どもでも、病気にならないこともあるのである。本来であれば、このような母親から生まれた子は、すべて母親と同じミトコンドリア病になるはずだ。また、mtDNAの同一遺伝子の同一突然変異を持っていても、家系が違うと、母性遺伝する臨床症状が異なる場合がある。たとえば、同じ突然変異型mtDNAのバックグラウンドを持ちながら、一方は糖尿病のみを発症する家系、もう一方は心筋症のみを発症する家系という具合である。

この第二の問題は、mtDNAとの〝共犯者〟の存在を想定することで解決できるかもしれない。たとえばmtDNAの突然変異はあくまでも発病のための「必要条件」であり、核DNA側の何らかの遺伝子、とりわけ各臓器に特異的に発現している遺伝子の突然変異が「十分条件」として加わることにより（図7－4B破線部）、ある場合は糖尿病に、別の場合では心筋症になるのかもしれない。

いずれにしても、このような複雑な状況を説明するには、ミトコンドリア病発症の原因をmtDNAの単一突然変異だけに絞ったり、呼吸欠損だけに絞ったりする単純なシナリオでは不十分なのである。

さて、これまで述べてきたミトコンドリア犯行説のシナリオは、「mtDNA突然変異の蓄積→呼吸欠損→ミトコンドリア病発病」という三段論法になっていた（図7-5）。この論理の展開に実は重大な欠落（ミッシングリンク）があることにもうお気づきだろうか。病原性突然変異型mtDNAの蓄積という遺伝子型の変化が呼吸欠損という表現型の変化を引き起こすのはいいとして、この呼吸欠損が本当に臨床症状を発症するという、最後のそして最も重要な詰めの問題はまったくクリアできていないのである。

この問題を最終的に解決するには、実際の生体を用いて実験を行う以外に方法はない。次の第八章では、早速この問題の本質に迫る議論をすることになる。

第8章

ミトコンドリアの謎を解くモデルマウス

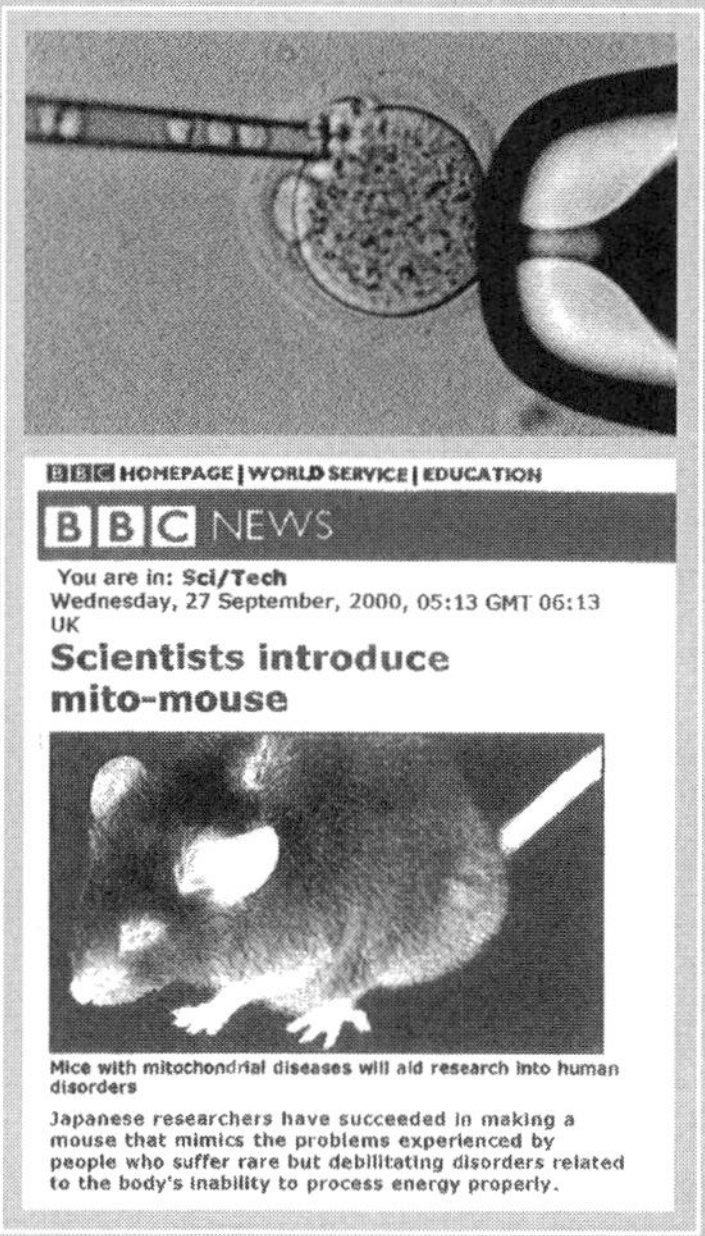
BBC HOMEPAGE | WORLD SERVICE | EDUCATION

BBC NEWS

You are in: Sci/Tech
Wednesday, 27 September, 2000, 05:13 GMT 06:13 UK

Scientists introduce mito-mouse

Mice with mitochondrial diseases will aid research into human disorders

Japanese researchers have succeeded in making a mouse that mimics the problems experienced by people who suffer rare but debilitating disorders related to the body's inability to process energy properly.

呼吸欠損ミトコンドリアを含む細胞質をマイクロピペットを使ってマウス受精卵に導入しているところ（上写真）。その結果、世界で初めて突然変異型mtDNA導入マウス（ミトマウス）が誕生した。この成果はネイチャー・ジェネティクス誌に掲載され、BBCニュースでも紹介された（下写真）。

8－1　呼吸欠損と臨床症状発症の間のミッシングリンク

第七章では病原性突然変異型mtＤＮＡの蓄積が、本当にミトコンドリア病の原因なのかどうかという議論をしてきた。筆者たちが行ったミトコンドリア移植を用いた実験の結果、大欠失型のような病原性突然変異型mtＤＮＡの蓄積によって、酸素呼吸能力が低下することが証明されたことはすでに述べたとおりだ。しかし、この証拠だけで、病原性突然変異型mtＤＮＡの蓄積が、ミトコンドリア病の病態発症の本当の原因であると断定することはできない。

確かに、状況証拠は限りなくクロに近いことを示している。生命活動のためのエネルギー供給が不十分になれば、私たちの体はさまざまな形で重大な影響を被るはずである。しかも、ミトコンドリア病においては、各組織における突然変異型mtＤＮＡの蓄積による呼吸欠損と、臨床症状とは同時に現れている場合が多い。このため、これらの状況証拠は、突然変異型mtＤＮＡの蓄積が病気の原因であることが限りなく正しいことを物語っている。

しかし、呼吸欠損が原因で臨床症状が発症することを科学的に証明できなければ、これは所詮よくできた仮説にすぎない。読者の中には、そんなに細かいことをいわなくてもと思われる方もあろう。しかし、この問題を無視して先に進むわけにはいかないのである。杓子定規と思われるかもしれないが、実験によって得られたデータをもとに一つ一つ真実を積み重ねていかないと、すべての実験結果が砂上の楼閣になってしまう。こうした緻密さが求められるのがサイエンスなのだ。それでは、呼吸能力の低下とミトコンドリア病発病との間のミッシングリンク（173ページ、図7－5）をつなぎ、mtDNAの病原性突然変異の蓄積こそが、ミトコンドリア病の原因であるという結論を導くにはどうしたらいいのか。これを解決するには、培養細胞レベルの研究をいくら続けても無駄で、生体レベル、言い換えれば、実際の生物を使った研究を行う必要があった。

読者の中には、ミトコンドリア病の患者に発見された病原性突然変異型mtDNAを調べれば十分と思われる方があるかもしれない。結論を先にいえば、これには無理がある。第二章でも述べたとおり、ミトコンドリアで行われる呼吸活動は、mtDNAだけではなく、核DNAに存在する遺伝子に大きく影響されている（36ページ、図2－2B）。つまり、ミトコンドリア病が発症したのは核DNAの突然変異である可能性も否定できないのだ。

この問題を解決する最も理想的な症例はまったく同じ核DNAを持つ一卵性双生児である。なおかつ、一卵性双生児は大兄弟でなければならず、同時にさまざまな割合で病原性突然変異型mtDNAを持っていなければならない。そんなことはクローン人間でも作らない限り、到底不可能なことであるし、そもそも人間を実験材料に使うことなど倫理的に許されるはずがない。

人間を使った研究ができない以上、生体レベルの研究を行うには、実験動物を使わざるをえない。そこで登場するのがマウスである。ご存じの方も多いと思うが、実験用マウスは近親交配を

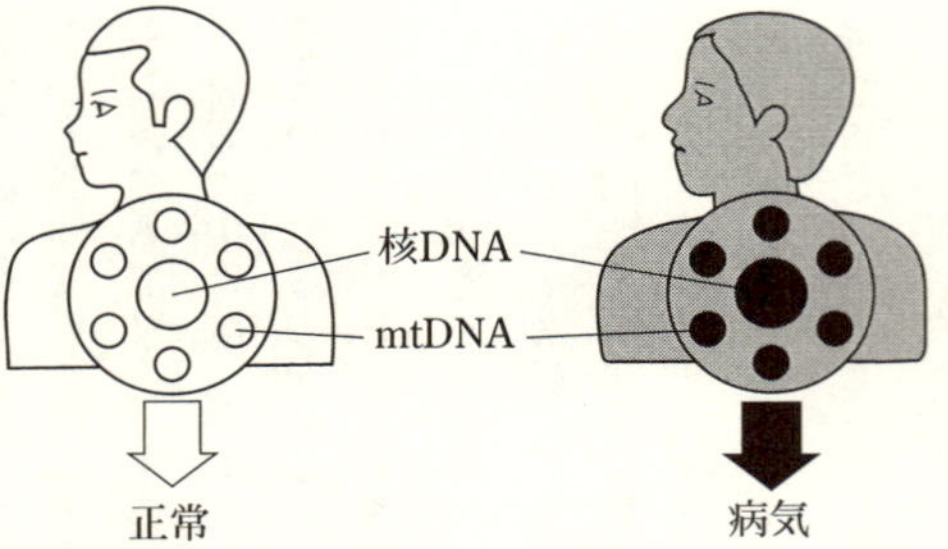

ヒト　病気の原因となる突然変異が核DNAにあるのかmtDNAにあるのか区別できない

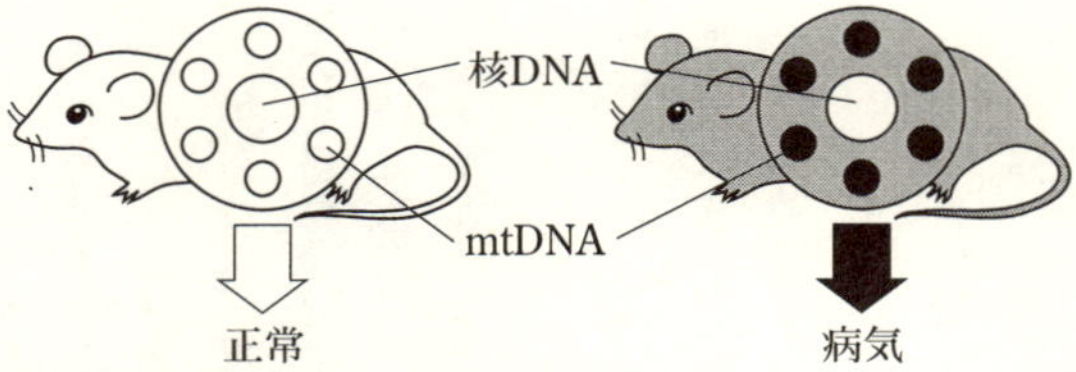

実験用マウス　病気の原因がmtDNAにあると断定できる

ヒトの場合は個体ごとに核DNAが異なっている（個性がある）のに対し同一系統の実験用マウスでは核DNAが同一である（個性がない）。

図8-1　ミッシングリンクを解く鍵となる実験用マウスの利点

何度も繰り返してきているため、同じ系統のマウスであれば、基本的にまったく同じ核ＤＮＡを持っており、クローンマウスと同等である。人間にたとえれば、同じ系統のマウスは、すべての個体が一卵性双生児といっていい。

　生物学者の間でマウスが重宝されるのは、このような理想的な条件が揃っているからだ。哺乳類ではこうした実験動物はマウス以外にはない。

今回の場合もマウスを使うことで病原性突然変異型mtＤＮＡの影響だけを純粋に調べることができる（図８－１）。たとえば同じ系統のマウスを用意し、細胞内に蓄積される病原性突然変異型mtＤＮＡの割合が高いマウスにのみ、臨床症状が出るならば、その原因はまさにこの病原性突然変異型mtＤＮＡにあると考えて間違いない。何パーセントの突然変異型mtＤＮＡが蓄積すると、特定の組織で特定の症状が発症するということまで突き止めることができれば、ミトコンドリア病の原因が、病原性突然変異型mtＤＮＡの蓄積であることを完全に証明できるわけだ。

こうした実験を行うためには、病原性突然変異型mtＤＮＡの蓄積によってミトコンドリア病になったマウスを作る技術が不可欠である。しかし、その当時、このような疾患モデルマウスは世界中でどこにも存在しなかった。

８－２　疾患モデルマウス作製の試み　その一……mtＤＮＡの人工的導入

誰しも同じことを考えるもので、ミトコンドリア病のモデルマウスの樹立を考えたのは筆者たちのグループだけではなかった。このようなモデルマウスを作ることは、世界中のミトコンドリア研究者の研究目標となっており、早くから熾烈な競争が始まっていた。しかし、どの研究もはかばかしくなく、疾患モデルマウスはなかなか作り出すことができなかった。

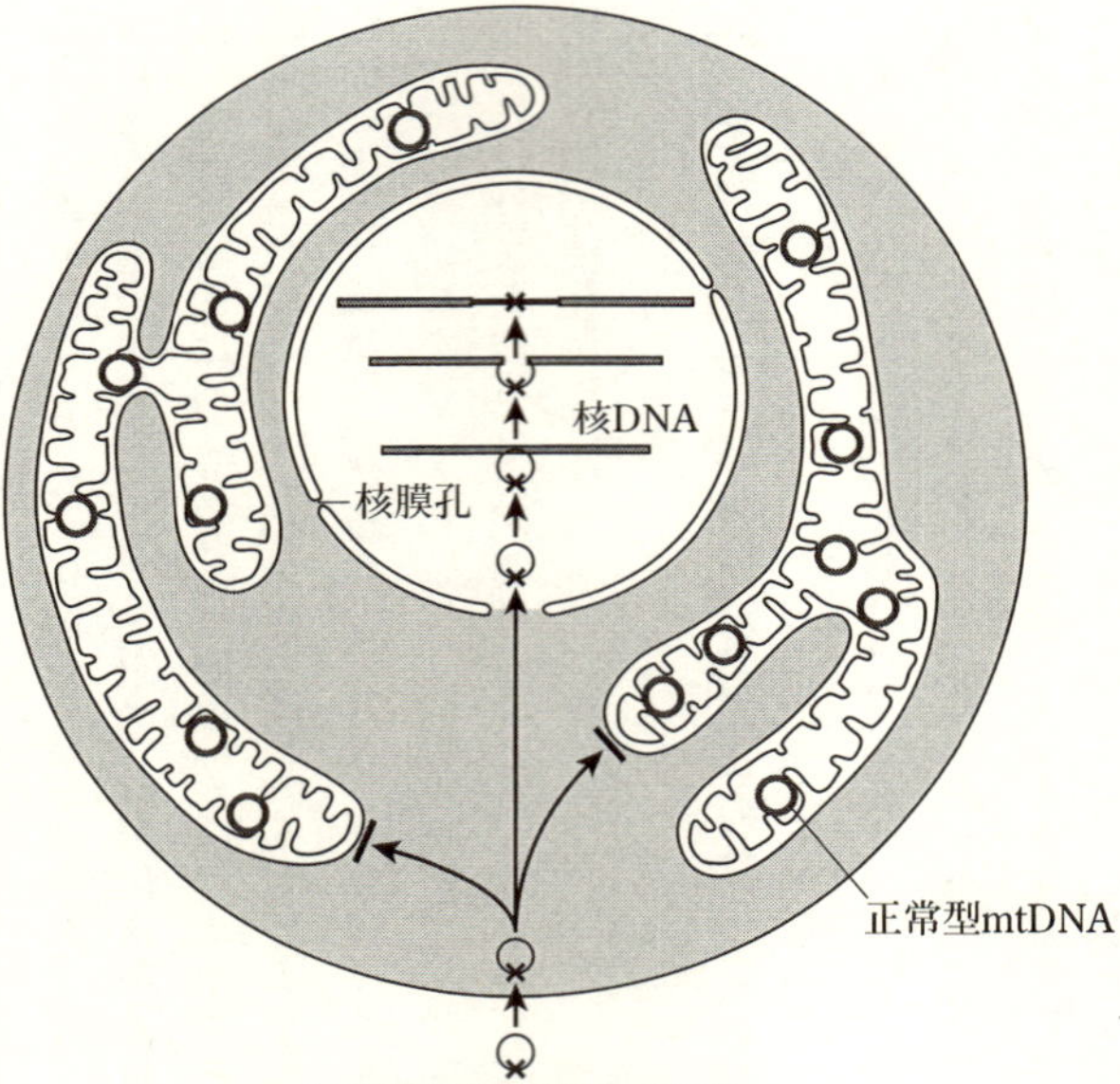

図8-2　従来の技術による人工的突然変異型mtDNA導入戦略の問題点

なぜ、ミトコンドリア病のマウスを作ることが、こんなに難しいのだろうか。マウスの核DNAにあるさまざまな遺伝子を破壊することで人工的に病気にしたマウスは多数作られており、この手法を応用すれば、ミトコンドリア病のマウスを作ることなど簡単なことのようにも思える。すでにミトコンドリア病の研究で、その原因となるmtDNAの突然変異が起きる場所は目星がついており、これを人為的に破壊すれば、簡単に病原性突然変異型mtDNAを作り出すことができる。このmtDNA

をミトコンドリアの中に戻し、これを受精卵あるいはES細胞（胚性幹細胞）に導入することができれば、疾患モデルマウスを作ることができるのではないか。

筆者たちも早速、実験に取りかかったが、いきなり壁にぶち当たった。核DNAと同じ遺伝子導入法で、遺伝子を破壊したmtDNAをミトコンドリアの内部に導入する実験を行ったところ、まったくうまくいかなかったのだ（図8－2）。なぜ核DNAにはできてmtDNAにできないのか。これは推測にすぎないが、核とミトコンドリアの膜の構造が影響しているのかもしれない。核は、核膜孔という孔があることに加え、核膜は細胞分裂時に消失するのに対し、ミトコンドリアは常に二重膜で完全に覆われており、外部からmtDNAを導入することが難しいのだろう。

mtDNAをミトコンドリアに導入するには、この頑丈な壁をこじ開ける以外に方法はなかった。そこで、筆者たちは、電気パルスでミトコンドリアに穴をあけて突然変異型mtDNAを導入する実験を試みた。まず、ミトコンドリアの二重膜の表面に、人工的に作った突然変異型mtDNAを吸着させる（次ページ、図8－3左上）。ここで局所的に電場をかけることで壁に孔をあけて（こういったやり方をエレクトロポレーション法という）、突然変異型mtDNAをミトコンドリアの内部に導入するのである。幸いにして、この実験は成功した。

しかし、問題はこの後の作業だった。ミトコンドリア病のマウスを作るためには、この病原性突然変異型mtDNAを導入したミトコンドリアをさらにマウスの受精卵に注入しなければならな

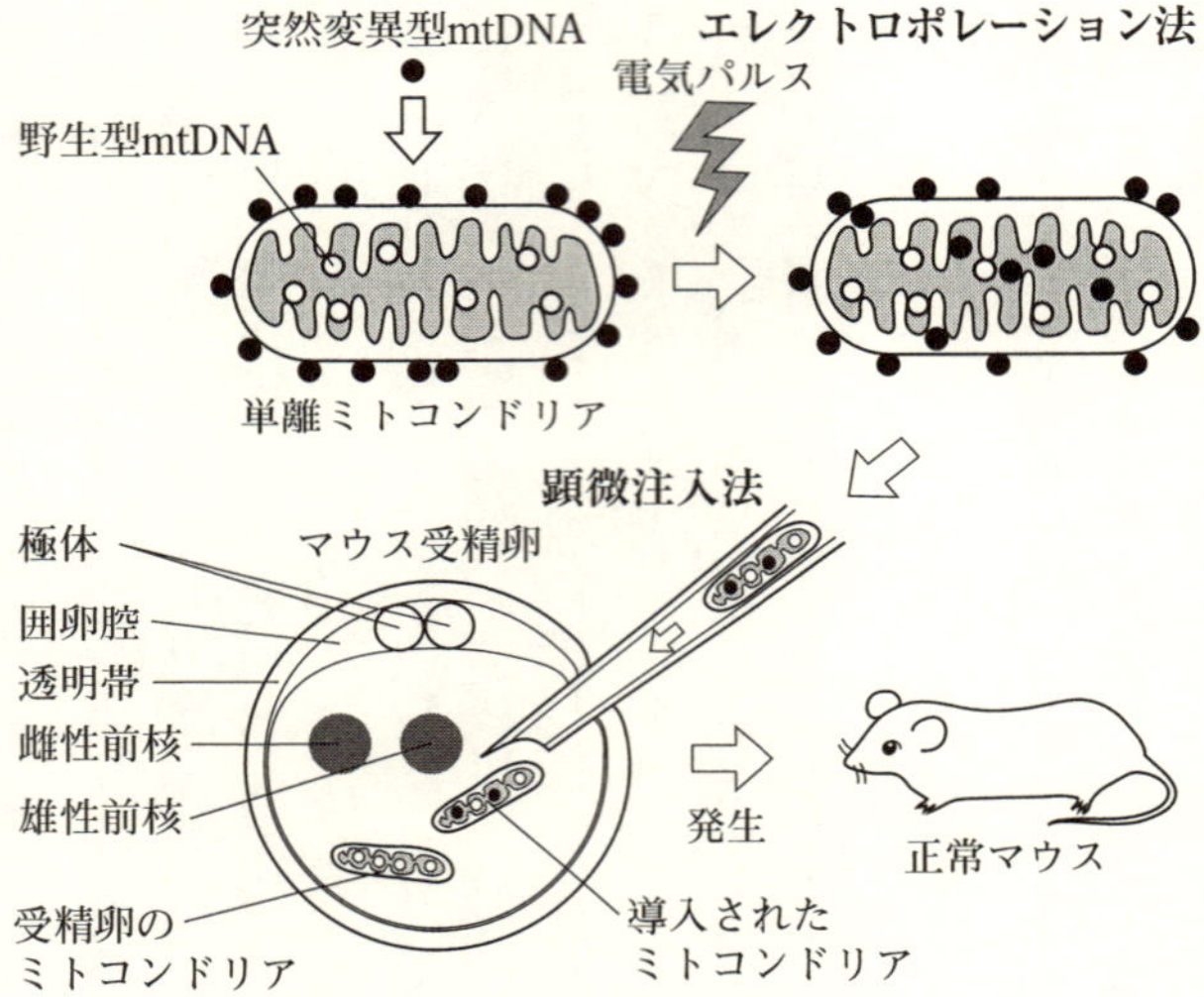

図8-3　エレクトロポレーション法と顕微注入法を用いた突然変異型mtDNA導入戦略

い。ところが、図8－3のように、この病原性突然変異型mtDNAを組み込んだミトコンドリアを、微小ガラス管を通してマウス受精卵に何度導入してみても、この病原性突然変異を少しでも持ったマウスは生まれてこなかったのである。

　実験が失敗したのは、電気パルスでミトコンドリアに穴をあけて導入した突然変異型mtDNAが、ミトコンドリア内部の過酷な環境に耐えることができなかったことが原因だった。九州大学医学部の康東天《カンドンチョン》たちの研究によると、mtDNAはそのまわりを特殊なタンパク質で保護されているという。しかし、電気パルスで導入した突然変異型mtDNAは、技術的な問題で、このタンパク質をはずした状態にしなければならない。どうも、この保護タンパク質がないと、mtDNAは過酷ともいえるミトコンドリアの中には定着できないようなのだ。

突然変異型mtDNAを埋め込んだミトコンドリアを受精卵に送り込めないとすれば、ミトコンドリア病のマウスをどこかから見つけてくるしかない。しかし、ミトコンドリア病は、ヒトでは一〇万人に一人にしか発症しない珍しい病気である。仮に発症率が同じだとすると、一〇万匹のマウスを注意深く検査して、ようやく一匹、該当するマウスを発見できるという気の遠くなる話だ。これはもうサイエンスを越えた力仕事である。このような研究に投資する企業はないだろうし、第一この砂をかむような研究をしてもいいという学生や研究者もいないだろう。

8-3　疾患モデルマウス作製の試み　その二……ゲノムキメラ動物

この八方塞がりの局面を打開するために、筆者たちは、型破りなアプローチを試みた。マウスの細胞の中に、ミトコンドリア病患者やラットなどのミトコンドリアを移植したのだ。突拍子もないことに思われるかもしれないが、細胞工学を使えば、異なる種に由来する核とミトコンドリアを共存させることは可能なのである。このように同一細胞内の核DNA（核ゲノム）とmtDNA（ミトコンドリアゲノム）の種が異なる細胞をゲノムキメラ細胞という。ちなみにこのキメラという名前は、ギリシャ神話に登場する、頭は獅子、胴体はヤギ、後部は竜という合成怪物キマイラに由来する。

もし、このゲノムキメラ細胞が通常に比べて、酸素呼吸の能力が劣るならば、これをうまく使えば、ミトコンドリア病のマウスが樹立できるかもしれない。つまり、わざわざミトコンドリア病のマウスを苦労して探さなくても、マウスの核DNAとマウス以外の種のmtDNAを持つゲノムキメラ生物を人工的に作れば、目的は達成できるかもしれないというわけだ。

ゲノムキメラ動物の呼吸活性が低下すると思ったのは核DNAとmtDNAの「不和合性」があるためだ。不和合性とはあまり聞き慣れない言葉だが、相性を表す言葉と思えば理解しやすいであろう。

再三説明しているとおり、ミトコンドリアの呼吸活動は核DNAに存在する遺伝子によって制御されている。そもそも、自然界に存在する生物では、核DNAとmtDNAは同じ種に由来するので不和合性は存在しない。ところが、ゲノムキメラ動物では、核DNAとmtDNAが異なる種の組み合わせになるため、両者の相性が問題になってくる。

種が異なる組み合わせでは、核DNAがmtDNAをうまく制御できないため、生体エネルギーを作る能力が小さくなるのだ。通常、組み合わせる生物の遺伝学的な距離が大きければ大きいほど、この不和合性が大きくなるといわれる。その結果、ミトコンドリア病患者のミトコンドリア

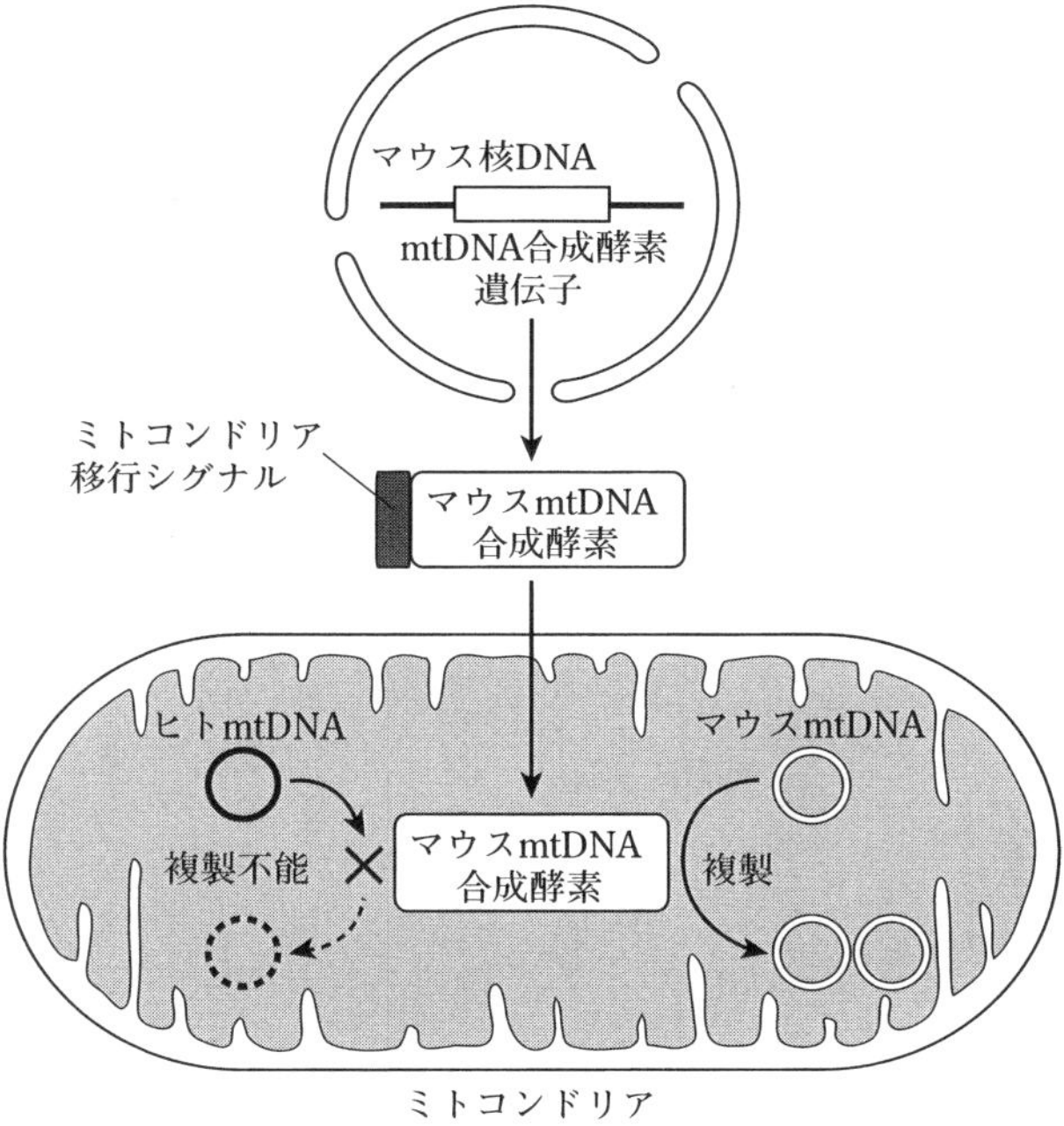

図8-4　異種の核DNAとmtDNAの不和合性

をマウスに導入しても、マウスの核DNAでは、ヒトのmtDNAを複製できないので、せっかく導入しても脱落してしまうことがわかった（図8-4）。

そこで、筆者たちは、より近縁のマウスやラット、ハムスターなどを使ってさまざまな組み合わせのゲノムキメラ細胞を作ってみたが、これもなかなか思うような結果が出なかった。たとえば、マウスのmtDNA欠損細胞にハムスターのミトコンドリアを導入しても、ミトコンドリアの中

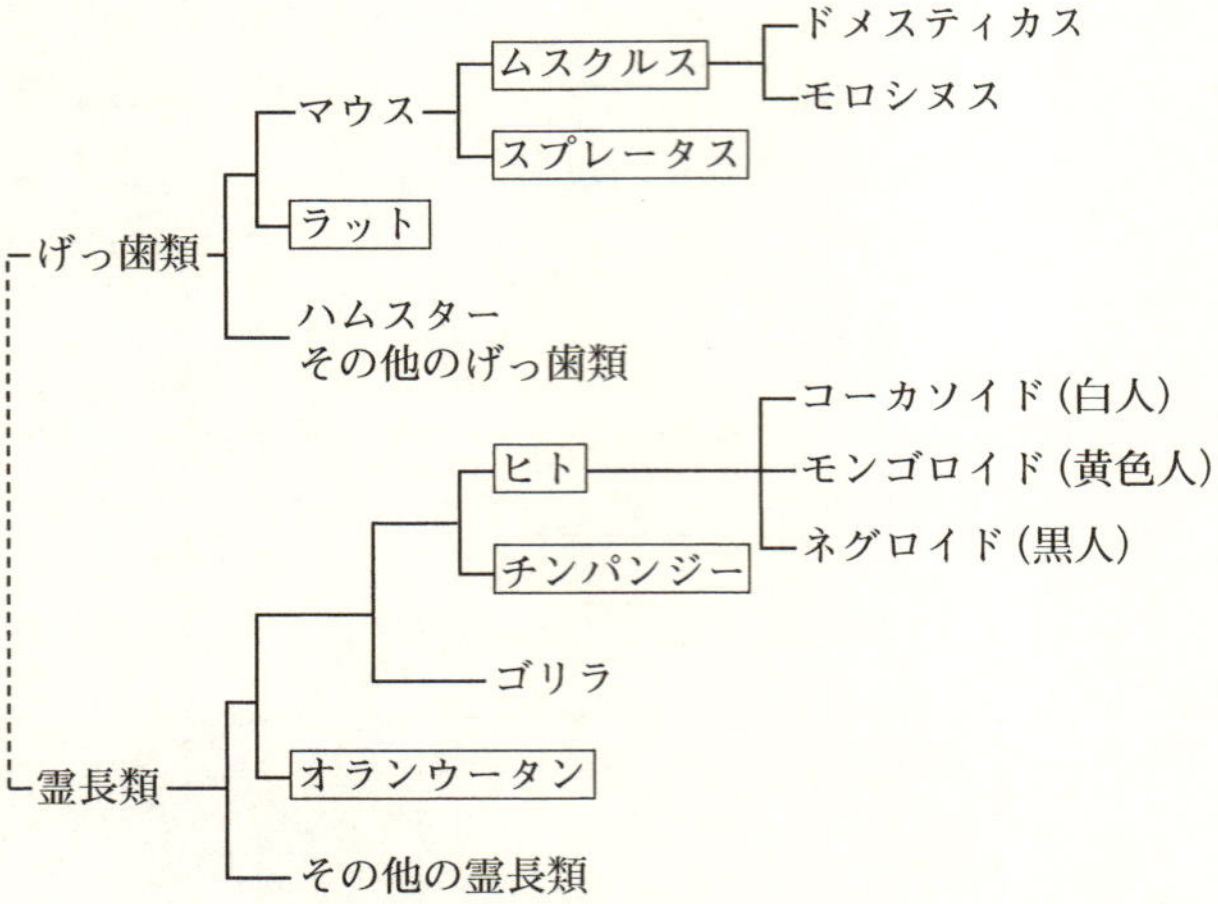

図8-5　マウスとヒトの近縁種の系統樹

にあるmtDNAは複製することができないため、酸素呼吸をする能力は復活しなかった。

そんな中、マウスのmtDNA欠損細胞にラットのミトコンドリアを導入してみたところ、mtDNAが見事に複製されたのである。しかも、不和合性のためか、呼吸機能は十分回復しなかった。筆者たちの狙いどおり、mtDNAはラットに由来し、核DNAはマウスに由来するゲノムキメラ細胞は、正常細胞に比べて、呼吸活性が劣っていたのである。

しかし、実験がうまくいったのは培養細胞レベルまでであった。ミトコンドリア病のモデルマウスを作るために、ラットのmtDNAをマウスの受精卵やES細胞に導入してみたところ、たちまちラットのmtDNAが排除されてしまったのである。詳しい理由はここでは説明しないが、ラットのmtDNAは、マウスのmtDNAが細胞内に残っていると定着できないようなのだ。

そうなると、ラットのmtDNAとマウスの核DNAを持つゲノムキメラ動物を作るには、あらかじめマウスの受精卵やES細胞から、マウスのmtDNAをすべて取り除かなくてはならないことになる。この実験を行っていた二〇〇〇年時点では、これを実現するすべがなく、ミトコンドリア病のマウスを作るという野心的な試みは、行き詰まってしまった（実はゲノムキメラ動物を作る実験は現在も継続中で、ようやく実現の可能性が見えてきた）。

ところで、ヒトはどの程度の近縁種のmtDNAなら受け入れることができるのだろうか。mtDNAの塩基配列でマウス（ムスクルス）とラットの遺伝学的距離を計算すると、ちょうどヒトとオランウータンの間の距離に対応する。またマウスの仲間ですでに何度か登場したムスクルスとスプレータス（118ページ、図6－3）の距離はヒトとチンパンジーの距離に対応する（図8－5）。

マイアミ大学のカルロス・モラエスたちは、ヒトmtDNA欠損細胞に他の霊長類のmtDNAの導入を試みたところ、遺伝学的距離の離れたオランウータンや他の霊長類のmtDNAは導入できなかったが、チンパンジーやゴリラのmtDNAは導入できたと報告している。モラエスによると、チンパンジーのmtDNAを導入した場合、ヒトmtDNA欠損細胞の呼吸機能は完全に回復したのに対し、ゴリラの場合の回復は少しだけ劣っていた。そうならば、ヒトとチンパンジーおよびムスクルスとスプレータスの遺伝学的距離では、それぞれ異種のmtDNAを導入しても核とミトコンドリア間に不和合性は生じないことになる。

マウスのムスクルスとスプレータスは種こそ異なるが交配によって種間雑種を作ることができることは先に述べた。とすると、ムスクルスとスプレータスの遺伝学的距離に対応しているヒトとチンパンジーの間でも十分に種間雑種ができるはずである

偉大な進化学者、故大野乾《すすむ》の『未完　先祖物語』（羊土社刊）によれば、核ＤＮＡに存在するチトクロームやヘモグロビン遺伝子を用いて種間の遺伝学的距離を比較すると、種間雑種を作ることのできるウマとロバの遺伝学的距離は、ヒトとゴリラに匹敵し、ヒトとチンパンジーはそれよりもさらに近いとある。ちなみに、これらの種の染色体数（2n）はヒト＝四六、チンパンジー＝四八、ムスクルス＝四〇、スプレータス＝四〇、ウマ＝六四、ロバ＝六二である。こうしたデータを見ても、これが絵空事ではないのがわかるだろう。

8－4　疾患モデルマウス作製の試み　その三……最後の試み

数年にわたって試行錯誤をしてみたが、結局、きちんとした疾患モデルマウスを作るには、やはりマウスの突然変異型mtＤＮＡを含むミトコンドリアを受精卵に移植する以外に方法はなさそうであった。しかし、8－2で述べたとおり、人工的に作った突然変異型mtＤＮＡをミトコンド

リアに組み込むという方法は完全に失敗していた。そこで、筆者たちは、これらの方法を断念して、すでに自然界に存在する突然変異型mtＤＮＡを蓄積したミトコンドリアを利用する方向に戦略を変更することにした。

問題は、さまざまな種類があるmtＤＮＡの突然変異の中から、どのタイプに的を絞るかだった。導入するmtＤＮＡは受精卵に定着するのは当然の条件として、生まれてくるマウスがミトコンドリア病にならなければ、疾患モデルマウスにはなりえない。そこで、筆者らが目をつけたのがmtＤＮＡ分子の約三分の一を失った大欠失突然変異だった。これを選んだのは以下の三つの理由があった。

第一の理由は、大欠失型mtＤＮＡはごく微量しか存在しなくても、ＰＣＲ法によって検出しやすいことが挙げられる。というのは正常型に比べてサイズが極端に小さい（次ページ、図８－６）ため、初めから存在する正常型mtＤＮＡが圧倒的多数を占める状況においても、選択的に増幅できるというメリットがあった。

第二の理由は、突然変異を蓄積するスピードだ。大欠失型mtＤＮＡは、サイズが正常のmtＤＮＡの約三分の二になる分、複製に要する時間も三分の二になる。したがって、受精卵に導入される大欠失型mtＤＮＡの量が少なくても、受精卵がすでに持っている正常型mtＤＮＡを時間の経過とともに押しのけて、大量に蓄積されるはずである。

A　マウス大欠失 mtDNAの遺伝子地図

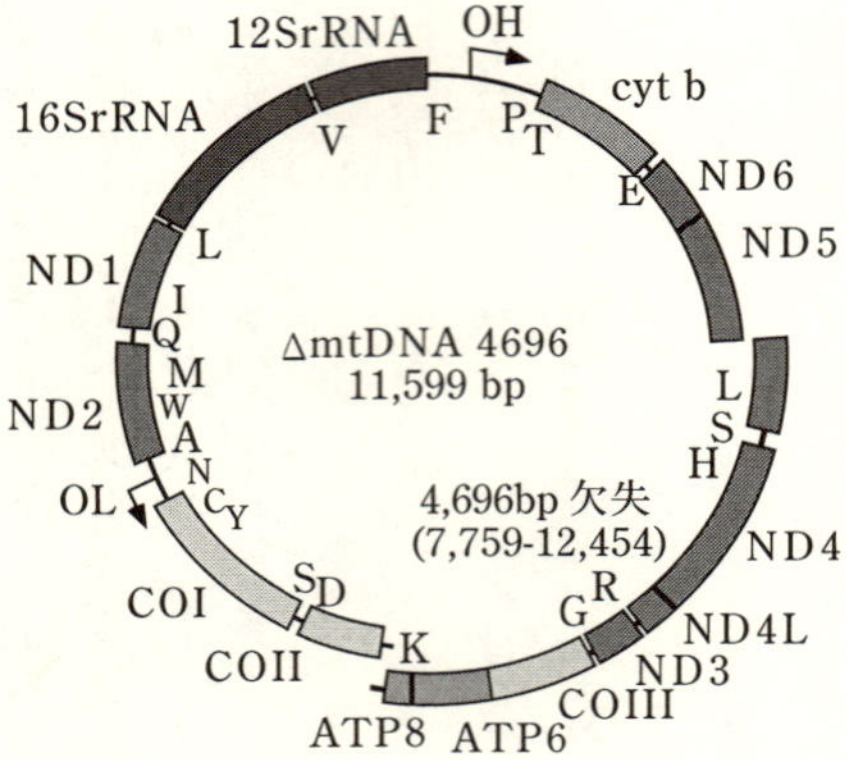

B　COX 活性に影響を与える大欠失型 mtDNAの割合

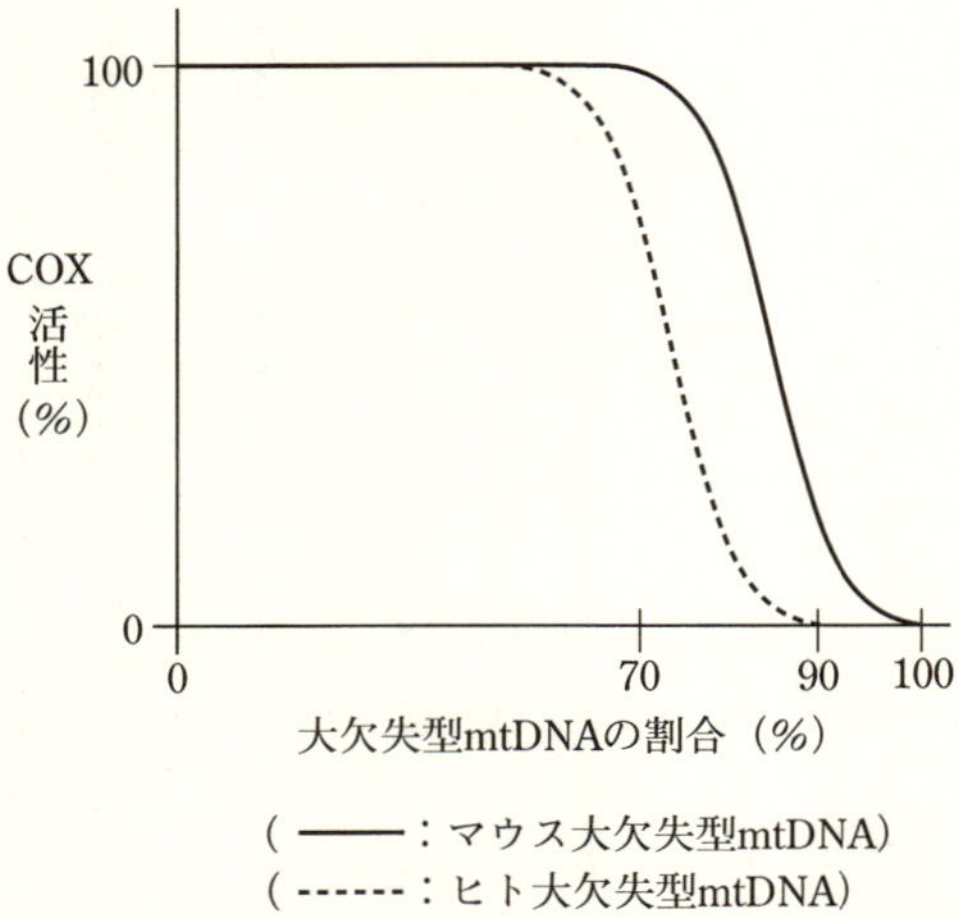

図8-6　マウス大欠失型 mtDNAの病原性

第三の、そして最も重要な理由は、大欠失型mtDNAは病原性が強く、ミトコンドリア病を誘発しやすいことである。大欠失突然変異によってmtDNA分子全体の三分の一を失うため、必ずいくつかのtRNAを作る遺伝子がなくなっている。tRNA遺伝子を失うと、特定のアミノ酸が運ばれてこないためミトコンドリア内のタンパク質合成系全体が停止してしまう。その結果、確実に呼吸欠損が起こるため、それが原因で起こるとされる臨床症状が現れる可能性が極めて高くなるのである。

さて、次に問題となるのは、この大欠失型mtDNAの捕捉方法だ。大欠失型mtDNAは通常、老化したヒトやマウスの脳や心臓などにごく微量しか存在しない。実験を成功させるには、この大欠失型mtDNAを培養細胞に捕捉したうえで、何らかの方法で選別し、大欠失型mtDNAを高い比率で含む細胞を分離しなければならない。受精卵に導入できるミトコンドリアの数に限りがある以上、これは絶対の命題であった。

ここで大活躍したのが、筆者たちが苦労して作り上げた世界初のマウスmtDNA欠損細胞である。この細胞には、mtDNAがまったく存在しないため、大欠失型mtDNAを微量に含むマウスの組織のミトコンドリアを導入し、細胞分裂させることで、大欠失型mtDNAを高い割合で含む培養細胞を作り出すことができる。筆者たちは、まず核を除いたマウス繊維芽細胞の細胞質体や、マウスの脳組織の神経末端を、このマウスmtDNA欠損細胞と細胞融合させた細胞（サイブリッド）を作った（図8－7）。この細胞を何回も分裂させた後、これらの中から大欠失型mtDNAを少しでも多く含む細胞を見つけるために、PCR法を用いて選別を行った。この実験の結果、幸運にも三〇％もの大欠失型mtDNA（図8－6A）を持っている細胞を発見することができた。

この細胞の中にあった大欠失型mtDNAの塩基配列を解析してみると、全長の約三分の一に相当する四六九六塩基対を失っており、欠失部分には六つのtRNA遺伝子と七つの構造遺伝子が含まれていた。この細胞は失われた塩基対の数と細胞質雑種細胞を表すサイブリッドから名前をとり、Cy4696（サイブリッド4696）と命名された。

この細胞（サイブリッド）に含まれる大欠失型mtDNAの割合は、予想どおりこの細胞を培養している間に三〇％から八〇％に急速に増加し、八〇％を超える細胞ではミトコンドリア内のタンパク質合成系の活性とミトコンドリア呼吸酵素複合体の一つであるチトクローム *c* 酸化酵素（COX）の活性が同時にしかも急激に低下することが確認された（図8－6B）。以上の結果から、この大欠失型mtDNAは強い病原性を持ち、ミトコンドリア病の原因となりうることが立証された。

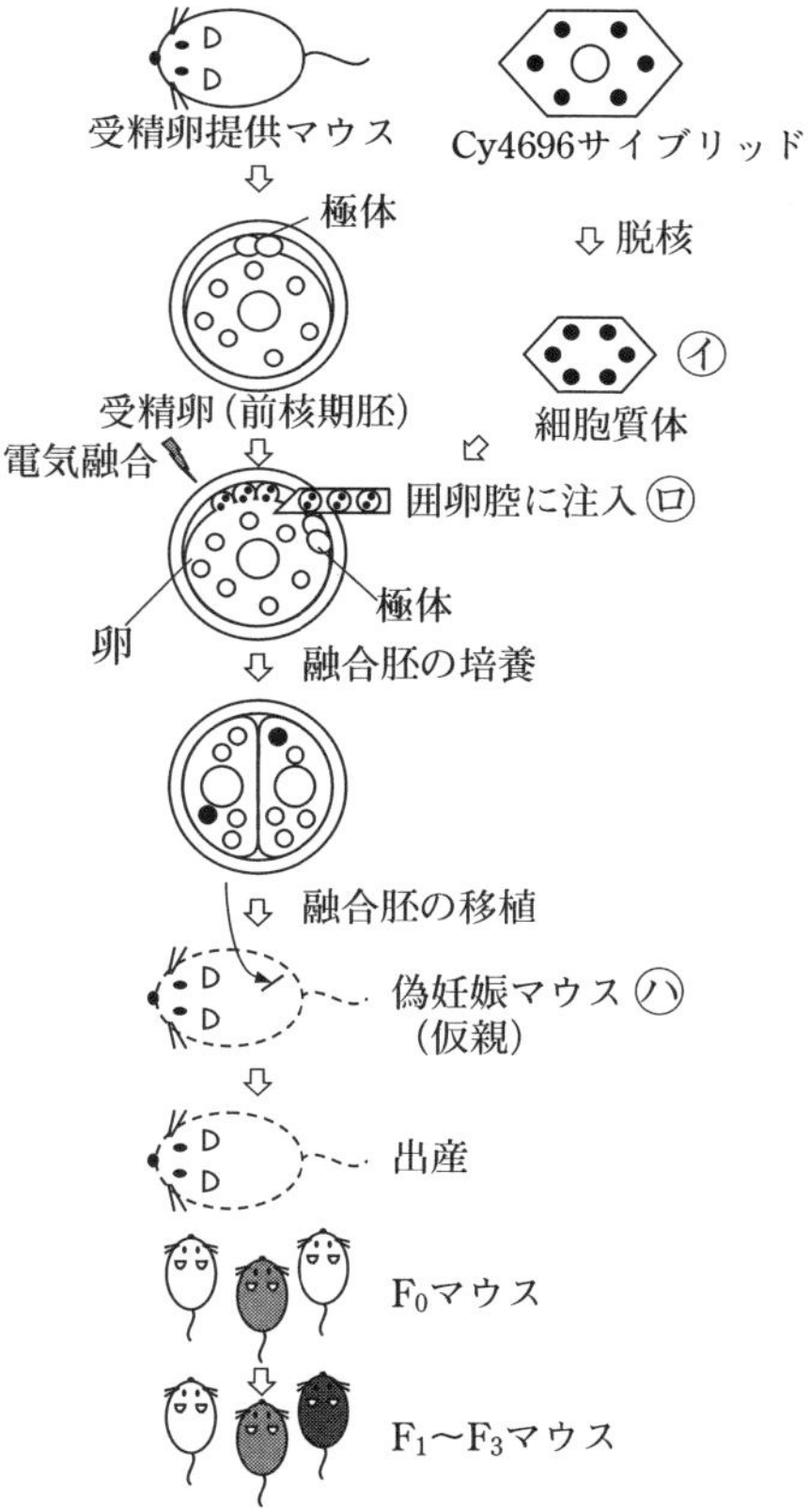

外部から導入されたCy4696サイブリッド株由来の大欠失型mtDNAを持つマウスを作製するための実験工程。この工程において、正常（野生）型mtDNAは白色で、大欠失型mtDNAは黒色で表した。正常型mtDNAのみを持つマウスは白色、大欠失型mtDNAを少量だけ持つヘテロプラズミーマウスは淡灰色、大量に持つマウスは濃灰色で表した。仮親は破線で表した。（Inoue, K. ,et al.: Nature Genet.26:176-181, 2000より改変）

図8-7　大欠失型mtDNA導入マウス作製手順を示した模式図

8－5　卵の中で奇跡的に生存した外来ミトコンドリア

病原性の強い大欠失型mtＤＮＡを大量に含むマウス培養細胞を作るという第一関門は何とか突破した。次なる関門は、培養細胞の中にある、この大欠失型mtＤＮＡをいかにして受精卵に移植し、病態モデルマウスを作るかということである。第六章でも紹介したとおり、受精卵には精子由来のミトコンドリアとその中のmtＤＮＡを排除するシステムがあるため、大欠失型mtＤＮＡを含む呼吸欠損ミトコンドリアを苦労して導入しても取り除かれる危険性があった。

大欠失型mtＤＮＡの導入は、前回とは異なるアプローチで行われた。前回は、人工的に突然変異を起こさせたmtＤＮＡを含むミトコンドリアを先の細いガラス管を用いて顕微鏡下で注入するというやり方だった（図8－3）。ただし、このやり方は、受精卵の細胞膜を傷つけることから成功率が若干低かった。そこで、今回は、細胞融合という別の手法を用いることにした。この研究は小倉淳郎《あつお》（現理化学研究所バイオリソースセンター）と共同で行われた。

実験の手順を前ページの図8－7を用いて説明しよう。まず大欠失型mtＤＮＡが蓄積したため呼吸欠損となった細胞から核を除いた細胞質体（イ）を作り、これを先の細いガラス管に入れて囲卵腔と呼ばれる部分に注入する（ロ、第八章カバー図、175ページ）。次に電気パルスをかけることによって、細胞質体の細胞膜と受精卵の細胞膜を融合させることで培養細胞の中にある呼吸欠損ミトコンドリアを細胞質ごと受精卵に導入する（㋺）。そして、大欠失型mtDNAを含むミトコンドリアを取り込んだ受精卵（融合胚）を、仮親（㋩、最近話題になっている代理母のようなものだとお考えいただきたい）の子宮に着床させて、出産させるのである。もし、導入した大欠失型mtDNAが排除されることがなければ、生まれてくる子どものマウスの中には、大欠失型mtDNAを含んでいるマウスもいるはずだ。

実験はこの手順に沿って滞りなく進められ、仮親からマウスが無事誕生した。筆者たちはこの子マウス（F_0マウス）の尾よりmtDNAを抽出し、そこに含まれる大欠失型mtDNAの割合を調べた。結果は大成功であった。生まれてきた子マウスの、約三割が五〜四〇％の大欠失型mtDNAを持ち、残りは五％以下であることが確認されたのである。幸いにして、培養細胞のミトコンドリアとその中の大欠失型mtDNAは、受精卵に備わっている精子ミトコンドリアの排除機構をくぐり抜けて除去をまぬがれることができた。受精によって卵に導入された精子のミトコンドリアとmtDNAは、迅速にしかも完全に除去されたが、同じ種であっても、精子以外の細胞のミトコンドリアはどうやら排除の対象にならないようだ（142ページ、図6－9㋩）。

これは筆者にとって大変な幸運であったと同時に、新しい発見でもあった。この実験によって、精子のミトコンドリアには同種の受精卵によって破壊されるための特別な印（図6－9㋺）がついていることがほぼ確実になった。現在、この問題は世界中のミトコンドリア研究者の研究対象となっており、この認識機構が解明されるのも時間の問題といえるだろう。

8－6　母性遺伝したマウス欠失型mtＤＮＡ

ただし、まだ解決しなければならない重大な問題が残っていた。残念なことにこうして誕生した大欠失型mtＤＮＡ導入マウスは、どんなに多くても四〇%の大欠失型mtＤＮＡしか持っていなかったのである。ヒトの症例や、培養細胞の結果から考えると、少なくとも八〇%以上の大欠失型mtＤＮＡが組織に蓄積しなければ、酸素呼吸の能力は十分に低下しないことがわかっていた。このままでは、このF_0マウス（図8－7）はミトコンドリア病のモデルマウスにはなりえない。

もっともこれは事前に予想された結果であった。そもそも受精卵にはすでに5×10^5コピーもの正常型mtＤＮＡが存在しているのに、そこに導入できる大欠失型mtＤＮＡはわずか1×10^3コピーにすぎなかった。どんなに大欠失型mtＤＮＡが短期間に複製できるといっても、直ちに臨床症状を認めるまでに急激に蓄積できないのはむしろ当然のことである。それでは、どうしたらミトコンドリア病のマウスを作ることができるだろうか。

「四〇%の大欠失型mtＤＮＡを持つ雌のマウスをさらに雄のマウスとかけ合わせて子どもを産ませればいい」。こう思った人は、なかなか本書の内容を理解している方であろう。すでに述べたとおり、mtＤＮＡは母性遺伝し、同一細胞内にある二種類のmtＤＮＡは細胞分裂によってランダムに子孫の細胞に分配される。つまり、五〜四〇％程度の大欠失型mtＤＮＡを持つ雌マウスを親に用いて子を産ませれば、大欠失型mtＤＮＡをより多く持つ個体（F_1〜F_3マウス、図８－７）も得られるはずである。でも、何か忘れてはいないだろうか。そう、大欠失型mtＤＮＡの蓄積を原因とする、ヒトのミトコンドリア病の三大病型の一つであるＣＰＥＯは病原性が強いため、見かけ上、母性遺伝しないのであった。ＣＰＥＯの場合、卵原細胞がこの大欠失型mtＤＮＡを一分子でも含む場合は、極めて短期間で蓄積されるため、生まれる前に卵や胚の段階で例外なく死にいたる（１６１ページ、図７－２Ａ）。もし、マウスでも同様なことがあてはまるのであれば、交配によってミトコンドリア病のマウスを作ることは不可能ということになる。

ところがなぜか結果は予想に反していた。生まれたマウスについて、離乳後しっぽからとったサンプルを用いて大欠失型mtＤＮＡの割合を調べたところ、八〇％以上の大欠失型mtＤＮＡを持つ子マウスを得ることができたのである（図８－７、F_1〜F_3マウス）。「実験はやってみないとわからない」とはよくいったもので、過去の実験結果にもとづいた推論がいかに曖昧なものであるかということを如実に物語る結果であった。おそらくマウス大欠失型はヒト大欠失型ほど病原性が強くなく（図８－６Ｂ）、むしろＭＥＬＡＳの突然変異に近い（図７－１）ため母性遺伝できたのであろう。

クローン羊ドリーの運命

外から導入されたmtDNAの運命で興味深いのは、一九九六年に生まれたクローン羊のドリーである。ドリーは成体の羊の体細胞から核を取り出し、それを、あらかじめ核を取り除いた未受精卵に移植して少し育てた後、仮親の子宮に移植して誕生した。ドリーの核DNAは、体細胞の核DNAのコピーであり、ドリーは世界初のクローン動物となった。

しかし、厳密にいうとドリーは完全なクローンではない。というのも、ドリーのmtDNAは卵のドナーとほぼ同じになってしまうことが予想されるからだ。最近、コロンビア大学のエリック・ショーンたちは、ドリーのmtDNAを調べた結果、mtDNAは核受容体となった卵由来のものに置き換わっているという証拠を一九九九年のネイチャー・ジェネティクス誌に報告している。羊のmtDNAにも個体差があり、ドリーのmtDNAは核を供与した羊のものではなく、卵の細胞質を供与した羊と同じであったというのである。

もちろん、核を供与した羊のmtDNAも核移植の際、核と一緒に卵に導入されたはずである。しかし、そのmtDNAのコピー数は少なく検出できない程度であったようだ。一方、核を受け取った卵のmtDNAのコピー数が圧倒的に多いことからこのような結果になったようだ。そのために、この羊がミトコンドリア病になったという話にはなっていない。

逆にこの結果はミトコンドリア病の遺伝子治療という観点から見ると大変興味深いものがある。というのは、もしこれが本当ならば、母性遺伝するミトコンドリア病の母親の卵子と、父親の精子が受精した受精卵から核を取り出し、これを健常女性から提供を受けた除核した未受精卵に移植すれば、健康な子供が産まれてくることになるからである。この操作は体細胞の核ではなく、受精卵の核を使うのでクローン技術ではない。したがって、きちんとした条件設定が確立され、社会的合意が得られれば、このような遺伝子治療は現実のものとなるかも知れない。

ドリーで問題なのはmtDNAではなく核DNAのほうなのである。ドリーの核はもともと乳腺の分裂体細胞（おそらく乳腺幹細胞）である。この細胞は、受精後、幾度となく核DNAの複製を繰り返してきているはずだ。しかし、核DNAの複製は、一定の確率でエラーが生じるため、この細胞のDNAは、受精卵の核DNAと一〇〇%同じコピーではない。

また自然界に存在する放射線や変異原物質による体細胞突然変異も蓄積しているはずである。しかも、後天的に蓄積したさまざまな体細胞突然変異は、そこから生じるクローン個体のすべての細胞に引き継がれてしまう。通常の生殖では有害な体細胞突然変異を持つ生殖細胞はプログラム細胞死によって厳格に除外されているのである（図3-5、図6-5B）。このような厳格な洗礼を受けない体細胞の核DNAがクローン羊の体を構成するすべての細胞にばらまかれたら一体どうなるのだろう。

それよりももっと重要な問題は、細胞分裂のたびにテロメア短縮が起こっているかもしれないという点である。すでに第五章で述べたように、テロメアの長さが寿命の分子時計であることが本当なら、極論をいえばクローン動物は核を提供した母親の年齢分だけ寿命を失っていることになる。たとえば二五歳のヒトの体細胞の核からクローン人間をつくると、そのクローン人間の寿命はすでに二五年分を差し引かなければならず、このクローン赤ちゃんは生まれながらにして二五歳なのだ。もちろん本当にそうなるかどうかは今後の研究を待たなければならない。

8－7　疾患モデル——ミトマウスの誕生

残された、最後のそして最も重要な問題は、このマウスが本当に疾患モデルとして活用できるかどうかという点である。筆者たちのシナリオが正しければ、大欠失型mtＤＮＡを大量に持つマウス（図８－８Ａ）の組織では呼吸酵素活性が低下しており、それが原因でヒトの臨床症状と同じような病変が生じているはずであった。

もちろん、このようなマウスでもミトコンドリア病にならない可能性も残っていた。このマウスがミトコンドリア病特有の臨床症状を見せなければ、疾患モデルとしては使えないし、苦労して作った意味もほとんどなくなってしまう。もっとも、仮にそんなことにでもなれば、mtＤＮＡの病原性突然変異がミトコンドリア病の原因であるという従来の常識が完全に覆ることになってしまう。どちらに転んでも結末は楽しみであった。

実験結果は、おおむね筆者たちの読みどおりだった。まず、マウスの骨格筋を用いて呼吸酵素複合体の一つであるＣＯＸの活性を調べたところ、特に大欠失型mtＤＮＡの割合の高い筋繊維で著しく低下していることがわかった。同様の結果は心筋でも観察された（図８－８Ｂ）。また、大欠失型mtＤＮＡの割合の高いマウスほど血液中の乳酸値が上昇し、場合によっては腎不全によって六ヵ月以内に死亡した（図８－８Ｃ）。ただし、ＣＰＥＯに特徴的な外眼筋麻痺やミトコンドリ

A ミトマウス

B　心臓の組織活性染色（横断面のCOX染色像）COX活性のある心筋細胞は濃く染色されている。

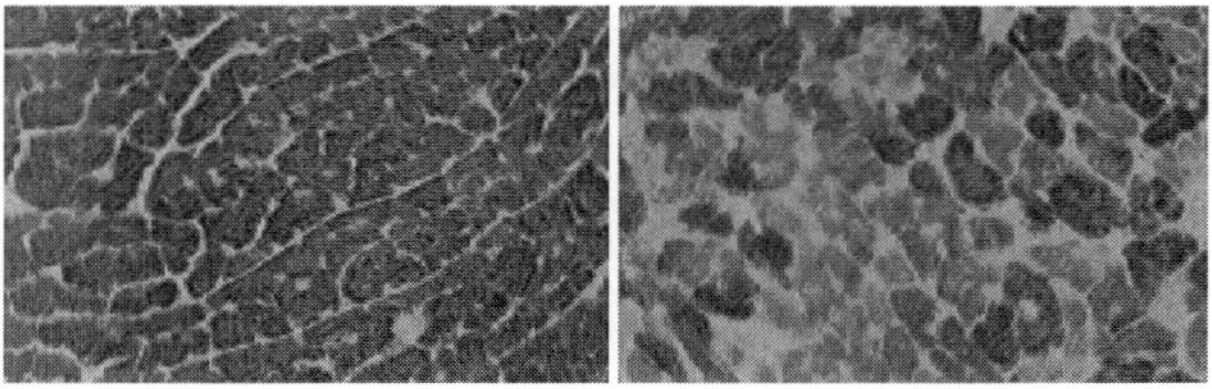

正常マウス　　ミトマウス

C　腎臓

正常マウス　　ミトマウス

図8-8　病態モデルとしてのミトマウス

ア病の患者の筋肉によく見られるＲＲＦ（赤色ぼろ繊維）は観察できなかった。

高乳酸血症はヒトのミトコンドリア病に共通する臨床症状だ。また、腎機能障害はヒトのミトコンドリア病で共通に認められる症状ではないが、腎臓のミトコンドリア機能異常の報告例もあることから、これまで原因不明であった腎臓病の

ミトコンドリア病のマウス作りに初成功

筑波大グループ

ミトコンドリアという細胞内の小器官の遺伝子に変異があるミトコンドリア病のマウスを世界で初めて作り出すことに、筑波大学生物科学系の林純一教授（細胞生物学）らが成功、米科学誌ネイチャー・ジェネティクス十月号に発表した。

ミトコンドリアは細胞内でエネルギーを作り、利用する、発電所的な器官で、細胞の核とは別に独自の遺伝子（DNA）を持つ。

林さんらは、ミトコンドリア病でなくても、老化によってミトコンドリアのDNAの変異が増えてくることに注目。老化したマウスからミトコンドリアを集め、特殊なマウスの培養細胞と融合させてミトコンドリアDNAの約三分の一が欠けた細胞株を作った。さらにこれをマウスの受精卵と融合させて代理母のマウスに移植した。

その結果、ミトコンドリアDNAの変異を先天的に持ったマウスができた。このうち、筋肉中のミトコンドリアの八〇％以上が変異していたマウスでは腎臓が肥大し、ほとんどが六週間以内に腎不全で死亡した。変異の率が八〇％未満だったマウスでは死亡例はほとんど見られなかった。

2000. 9. 29. 朝日新聞（夕刊）

図8－9　筆者たちの論文を紹介した記事

いくつかは、その原因が突然変異型mtDNAの蓄積にある可能性を示すことができた。これらの結果は、ヒトのミトコンドリア病で観察される臨床症状の一部と一致しており、大欠失型mtDNAの割合の高いマウスはミトコンドリア病モデルとして十分に利用可能であることを示していた。

五年間にわたる悪戦苦闘のはて、筆者たちは世界で初めて、突然変異型mtDNAによるミトコンドリア病モデルマウス（図8－8A）を樹立することができた。そして、このマウスはミトマウスと名付けられた。ミトマウスは突然変異型mtDNAの子孫への伝達様式などの基礎遺伝学的な研究のみならず、ミトコンドリア病発症のメカニズムの解明や、遺伝子治療も含めた有効な治療法の確立にも応用できるものである。おそらく、このモデルマウスを使うことで、原因不明と片づけられてきた病気の中にもmtDNA突然変異によるものが発見できるかもしれない。

筆者たちの研究成果は国際的に極めて高い評価を受け、その一部は二〇〇〇年のネイチャー・ジェネティクス誌に掲載され、その号でカナダ、マッギル大学のエリック・シューブリッジから「ミトマウスのデビュー」として紹介されただけでなく、サイエンス、BBC（第八章カバー図、175ページ）、朝日新聞、ジャパンタイムズを始めとする多くのマスコミでも報道された（図8－9）。

8－8　ミッシングリンクをつなげたミトマウス

長々とミトマウス誕生の試行錯誤のプロセスを紹介してきたが、そもそもこのマウスを作製した最大の動機は、大欠失型mtDNAの蓄積によって、生きているマウスの組織で酸素呼吸の能力が低下することを確認することであった。と同時に、章の冒頭で述べたミッシングリンクの問題、つまり、病原性突然変異を持つmtDNAの蓄積によって起きる呼吸欠損が原因で、ミトコンドリア病特有の臨床症状が本当に引き起こされるかどうかを突き止める点にあった。

筆者たちは、早速、このミトマウスを使った実験に着手した。まず、心臓と腎臓に大欠失型mtDNAをおおむね〇％、六〇％、九〇％含むミトマウス（〇％ミトマウス、六〇％ミトマウス、九〇％ミトマウス）を選び出し、それぞれの臓器で、酸素呼吸の能力を示すCOX活性を調べた（図

8－10)。結果は次のようなものだった。〇%と六〇%ミトマウスでは呼吸酵素活性の低下はまったく認められず、しかも両者とも心電図の異常や腎障害の症状もまったく現れなかった。これに対し、九〇%ミトマウスの心筋を用いて呼吸酵素活性の指標となるCOXの活性を調べたところ、半分以上の心筋細胞の活性が著しく低下していただけでなく、このマウスの心電図にはヒトの症例と同じ異常（房室ブロック）が観察された（図8－10、B)。同様の結果は、腎臓でも得られた。すなわち、九〇%ミトマウスの腎臓でのみCOX活性が低下し、このような呼吸欠損となった腎臓のみが腎肥大、尿細管の拡張や糸球体の硬化をともなう腎不全を引き起こし、このマウスを死にいたらしめたのである。

これら三種類のミトマウスは、核DNAの塩基配列が同じで大欠失型mtDNAの割合だけが異なっている。したがって大欠失型mtDNAの蓄積によるミトコンドリア呼吸機能低下こそが、ミトコンドリア病の臨床症状が現れる原因であることをここに初めて立証することができた。これはまさにミッシングリンク（173ページ、図7－5）がつながった瞬間、すなわちmtDNA突然変異がミトコンドリア病の原因であるという完全なる有罪確定の瞬間であった。この研究成果は、二〇〇一年にネイチャー・メディスン誌に掲載された（第十章カバー図、247ページ）。

一方で、不思議なことにこのミトマウスには、ヒトのミトコンドリア病にあった、RRF、眼瞼下垂、糖尿病、拡張型心筋症、さらには老化の症状はまったく認められなかった。マウスとヒ

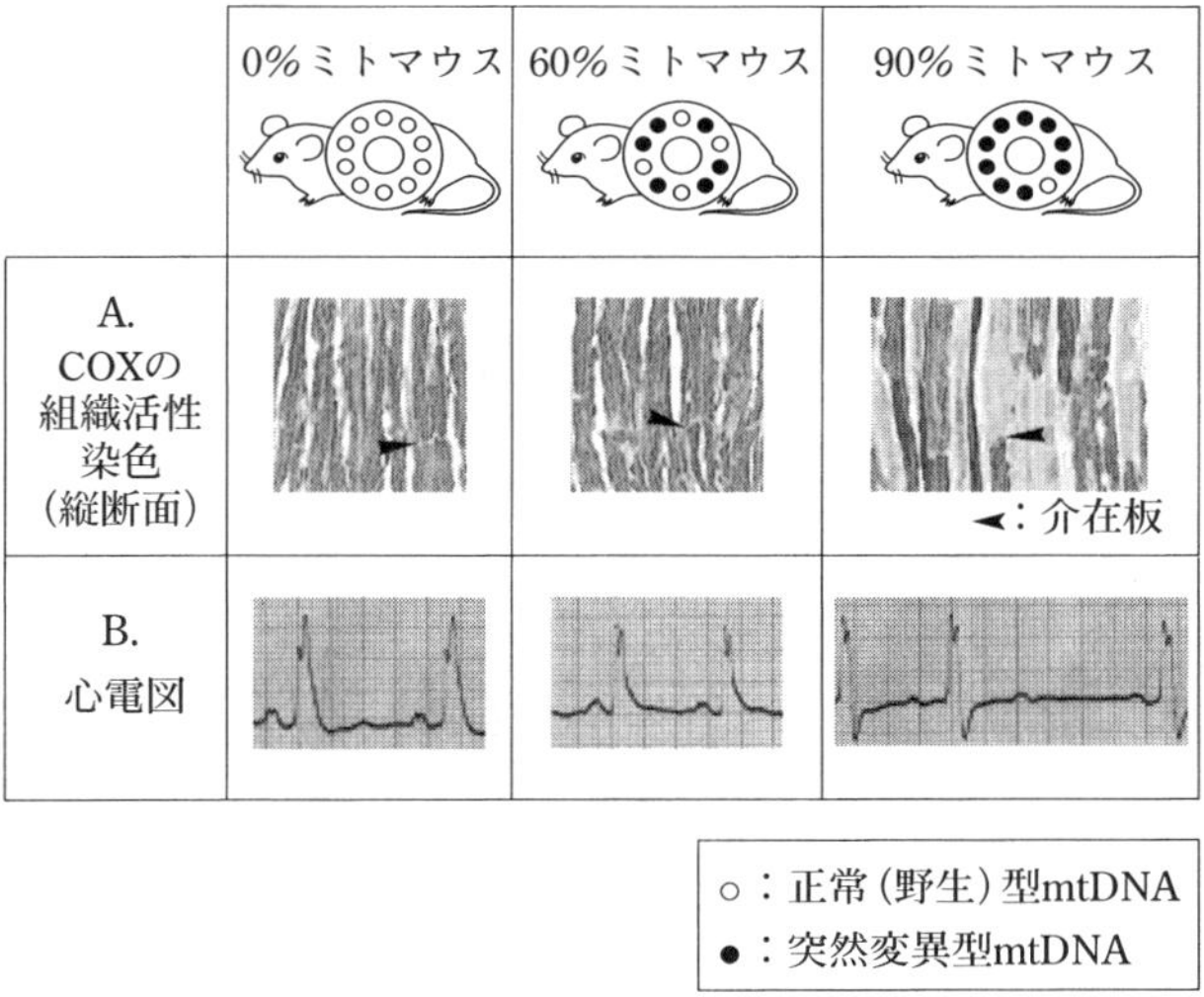

各臓器に大欠失型mtDNAをおおむね0%、60%、90%含む個体（0%ミトマウス、60%ミトマウス、90%ミトマウス）の心筋を用いてCOX活性を組織化学的に調べたところ、0%はもちろん60%ミトマウスでも活性の低下も心電図異常も出ていなかった。これに対し、90%ミトマウスではCOX活性を持つ細胞とまったく持たない心筋細胞がほぼ同数モザイク状に存在し、しかも心電図の異常（第二度房室ブロック）を認めたのである。これらのミトマウスは核側遺伝子のバックグラウンドはまったく同じで大欠失型mtDNAの割合だけが異なっていることから、大欠失型mtDNAの蓄積によるミトコンドリア呼吸機能低下が心電図の原因であると結論づけることができる。矢尻は介在板（心筋細胞と心筋細胞の境目）を示す。（Nakada K. ,et al.:Nature Med.7:934-939, 2001より改変）

図8-10　心筋における突然変異型mtDNAの病原性発現

トの場合で、現れる症状が異なるのは、マウスとヒトでは種が異なるため発症のメカニズムが違うことが考えられる。もう一つの可能性は、核DNAの関与だ。もしかすると、眼瞼下垂、糖尿病、拡張型心筋症などのヒト特有の症状は、大欠失型mtDNAの蓄積だけでは発症せず、何らかの核DNA遺伝子の突然変異の共存が必須条件なのかもしれない（170ページ、図7－4）。この問題は今後に残された極めて重要な課題である。

8－9　遺伝子治療モデルとしてのミトマウス

ミトマウスは、ミトコンドリア病に悩む患者にも福音になりそうだ。ミトコンドリア病の多くは母性遺伝するため、多くの女性患者が出産するかどうかの苦しい選択に迫られている。「ぜひ子どもは欲しいが、生まれてくる子どもが自分と同じ苦しみを背負い込むかもしれない」――彼女たちの悩みは大変切実だ。

コラム「クローン羊の運命」（198ページ）でもふれたように、受精卵核移植という遺伝子治療を行えば、病気が子どもに伝わるのをある程度防ぐことができるはずだ。あるいは、遺伝子治療によって、病原性突然変異型mtDNAを持つ母親の受精卵に健常な女性の卵の細胞質を導入することができれば、同様の効果が挙げられるかもしれない。受精卵に外部から細胞質を導入する技術はすでに確立されており、治療が成功する可能性は高そうだ。いまだに有効な治療法が確立されていないミトコンドリア病においては、このような予防的治療を行うことは十分検討する価値があるはずだ。ただし、このような治療を行うためには、マウスなどの実験生物を使って、事前に徹底的に安全性を検証する作業が必要なことはいうまでもない。

ところが、乱暴にも、このプロセスを省略して、不妊治療の研究でいきなり人体実験を行った研究者が出てしまった。二〇〇一年、米国ニュージャージー州セントバーナバス医療センターのジャック・コーエンたちは、卵の細胞質に原因があって不妊になっていた患者の卵に、正常なドナー（提供者）の卵の細胞質を導入することで妊娠させることに成功したと、生殖医療の専門誌に発表した（次ページ、図8－11）。この報告はマスコミでも大々的に取り上げられたので記憶している方も多いと思う。

コーエンたちによると、基本的には卵の細胞質に何らかの原因があって妊娠できない場合、顕微注入法により正常なドナーの卵の細胞質を五～一五％程度導入する（図8－11㋑）だけで受精卵の発生が進み赤ちゃんが誕生したというのである。途中で発生が止まった例も多数あるが、一部は誕生までこぎつけ、そのうち半数近くの赤ちゃんの血液に最大五〇％の細胞質ドナーのmtDNAが存在していたという。正常な細胞質の導入は、同時に正常なmtDNAの導入を意味しており、この方法は不妊治療だけではなくミトコンドリア病の治療にもつながるものである。

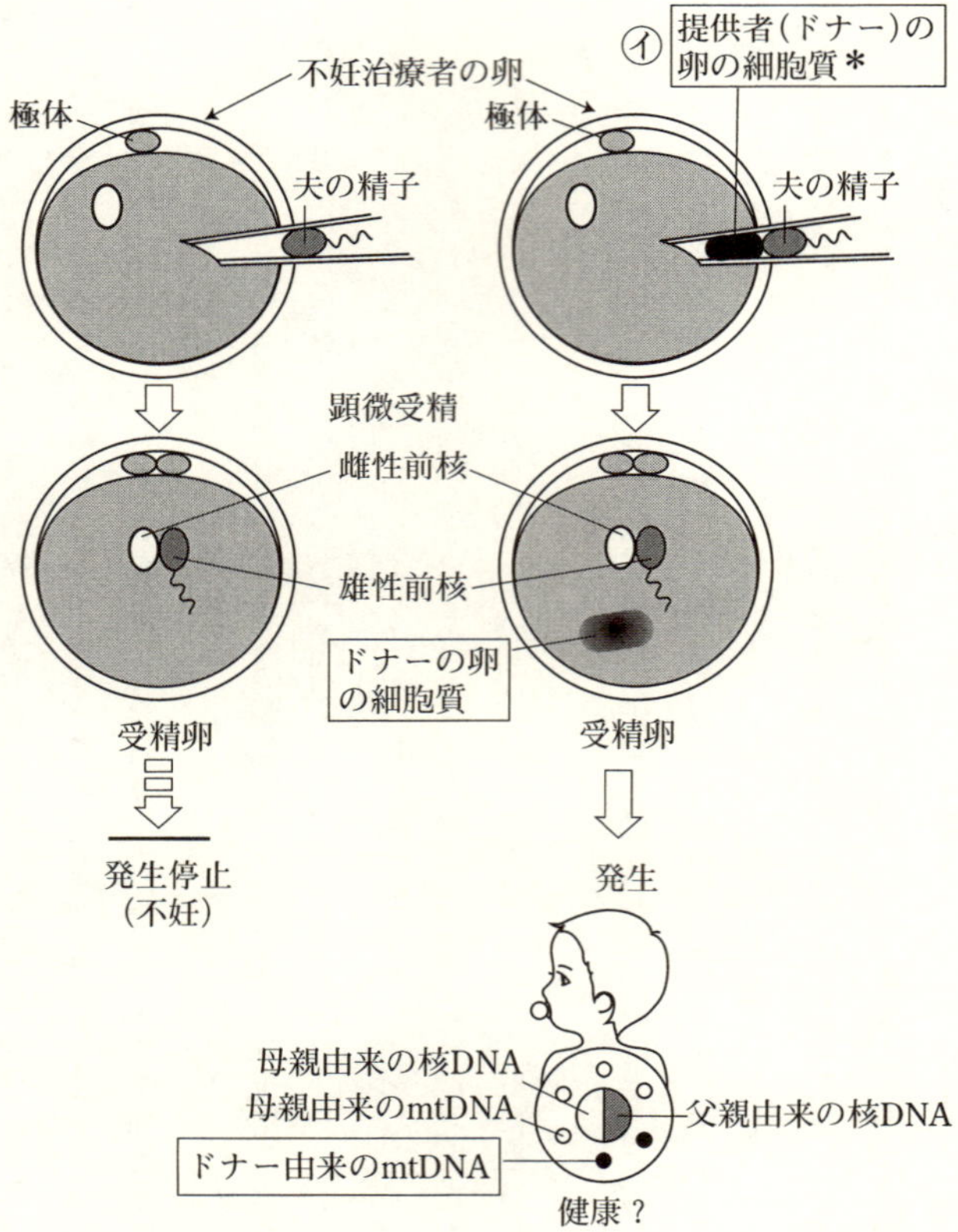

＊不妊治療者の卵の細胞質は何らかのタンパク質因子が欠落しているため正常発生のきっかけがつかめず発生停止したが、ドナーの卵の細胞質導入によりこの因子が供給されるため発生が正常に進んだ。ただしこの因子は一時的に必要なだけでそれ以降は必要ではなかった。しかし、そのとき偶発的に導入されたドナーのmtDNAは自己複製し赤ちゃんの体の中で増えつづけた。

図8-11　第三者の細胞質移植による遺伝子改変ベビーの誕生

しかし、この報告には科学者として承服できない点が多数含まれている。ここでは不妊治療の是非を倫理面に踏み込んで議論するつもりはない。しかし、一つはっきりしていることは、「どうせ受精しても死ぬ運命にある受精卵に生を与える実験なのだから何をしても許される」という不遜な考え方にもとづいて、この実験がなされたという点である。不妊治療という名目のもとに人間の受精卵を成功の保証のない実験に使った、この研究者たちの無節操さにはあきれるばかりである。

科学面からの問題点もたくさんある。たとえばコーエンはドナーの卵の細胞質を五〜一五％も導入したといっているが、少なくともマウスの受精卵では〇・五％が限界である。ヒトとマウスでは違うのかもしれないが、百歩譲ってそれが可能であったとして、受精卵に導入したドナーの細胞質に含まれているmtＤＮＡが、赤ちゃんになるまでに五〇％にまで増加するというのは信じがたい。ミトマウスのように複製速度のきわめて速い大欠失型mtＤＮＡを導入しても最大四〇％にしかならないのである。

この実験に対しては、マスコミも「倫理的に問題がある」とセンセーショナルに報じた。しかし、その批判はいささか的はずれであったように思う。この不妊治療に批判的な考え方の科学的根拠の一つとして、遺伝子改変というキーワードがヒステリックに振りかざされた。卵の細胞質と一緒に導入されてしまう細胞質ドナーのmtＤＮＡが、生殖細胞の遺伝子改変に当たり、けしからんというのである。まるで、他人のmtＤＮＡを受け入れると、まったく異なる人格や知性が生まれてくるような書きようだった。

しかし、他人のmtＤＮＡを受精卵に導入したところで、懸念されるような事態はまず起きない。mtＤＮＡはエネルギー生産だけにかかわる遺伝子のみをコードしているため、他人のmtＤＮＡで置き換わっても、人格や個性に何ら影響を与えるものではない。どこの発電所の電力を使おうと、そしてそれが水力であろうが原子力であろうが、送られてくる電気のエネルギーに質的な差がいっさいないのと同じである。このように考えると、不妊治療で遺伝子改変があるので問題だと騒ぐ科学的根拠は消失することがおわかりいただけると思う。

この不妊治療の本当の問題点はmtＤＮＡの遺伝子改変にあるのではない。試行錯誤的な研究に人間の受精卵が使われている点が問題なのである。さらに卵の細胞質導入による遺伝子治療は、仮に成功すれば確かに新しい生命の誕生という素晴らしい局面を持つが、その生命が必ずしも健康に育つとは限らないという極めて難しい局面も併せ持っている。

コーエンたちの報告が本当だとすれば、つまり卵への大量な細胞質移入の操作ができるのであれば、この手法はミトコンドリア病の予防にも有効である。しかし、だからといっていきなり患者の受精卵に適用していいはずはない。まずは、実験動物の受精卵を使った周到な試行錯誤と予備実験を繰り返し、安全性と有効性を十分にチェックする必要があるのではないかと思う。ミトマウスにはそういう意味では遺伝子治療法の確立のために使われることを期待している。

8－10　ミトマウスが作るミステリーの新展開

このミトマウスは、ミトコンドリア病の発現機構の解明だけではなく、ミトコンドリアがかかわる別のミステリーを解く鍵も与えてくれそうである。そのうちの一つは、親の世代が酸化的ストレスなどによって、後天的にしかも大量に蓄積したmtＤＮＡの体細胞突然変異をリセットするメカニズムを解く鍵である。もし、母親の生殖細胞（卵）に蓄積したさまざまな突然変異型mtＤＮＡがそのまま子孫に伝わるとしたら、子どもたちはたちまちミトコンドリア病になってしまう。したがってそのような突然変異型mtＤＮＡが子孫に伝わらないようにそれをリセットしたうえで新しい生命をスタートさせなければならない。というより、そのリセットに成功した生物種が長寿を獲得したといえるのかもしれない。

このリセットを説明する機構として現在考えられている仮説は、六章で述べたボトルネック効果である。卵形成と卵成熟の過程で、mtＤＮＡコピー数が清涼飲料水の瓶の首の部分のように極端に少なく絞り込まれる時期があり、その後残った小集団からなるmtＤＮＡ分子が爆発的に増幅される時期がある。その結果、成熟した卵の中には、突然変異型mtＤＮＡか正常型mtＤＮＡのどちらか一方しか存在しない状態になる。特に病原性突然変異型mtＤＮＡだけが残った卵は、呼吸欠損になり死に追い込まれる。このようなプログラム死（アポトーシス）により、リセット（病原性突然変異型mtＤＮＡの除去）が完了すると推察されている（１３０ページ、図６－５Ｂ）。

ヒトを研究材料にすることが困難であるため、これまでこのような重要な基礎研究すら行うことができなかったが、ミトマウスを使うことによってこの仮説を検証するチャンスが生まれており、今後の研究の展開に大いに期待しているところである。

第9章

老化とミトコンドリア

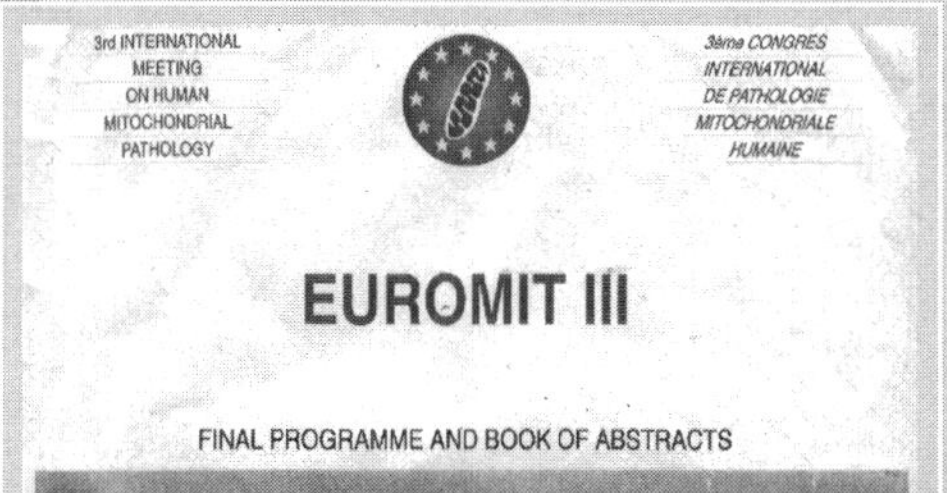

1995年、ミトコンドリアの研究者が一堂に会する国際会議「ユーロミット」が開催された、パリ郊外のションティー城。この会議で、筆者は、老化ミトコンドリア原因説の信奉者から激しい攻撃を受けることになる。

9－1　老化ミトコンドリア原因説

一九八〇年代に入って、ミトコンドリアの異常が関与する病気が芋づる式に発見されるにつれて、ミトコンドリアこそが、さまざまな疾病を招く元凶であるという認識が徐々に広まっていった。そして、一九九〇年前後に、さらにこうした動きに拍車をかけるショッキングな仮説が、アメリカ、エモリー大学のダグラス・ウォラスやオーストラリア、モナシュ大学のアンソニー・リネンを始めとする多くの研究者から提唱された。「老化ミトコンドリア原因説」——読んで字のごとく、老化現象、とりわけ老化にともなう呼吸機能低下の原因がmtＤＮＡの突然変異にあるという考え方である。

この仮説は、心筋症や糖尿病のような中高年ではお馴染みの生活習慣病、アルツハイマー病やパーキンソン病などの神経変性疾患、そして究極的に人類すべての宿命である老化にいたるまで、私たちの大切な健康を冒す諸悪の根元がmtＤＮＡの突然変異にあるという認識に立っており、生物・医学界の研究者に衝撃を与えた。これまでは、ミトコンドリアの関与が疑われるのはミトコンドリア病などの特殊な病気に限られていたが、老化ミトコンドリア原因説ではその対象を、病気のみならず老化という誰にでも例外なく訪れる生命現象にまで一気に拡大したのである。老化ミトコンドリア原因説が発表されると、多くの研究者たちがこの説に賛同し、先を争うようにこの仮説を裏付ける研究を次々に報告した。現在でも、この説を支持するミトコンドリア研究者は多く、依然として学界の主流となっている。

一方で、この仮説はさまざまな点で荒削りで、大きな問題を抱えている。実は、筆者は老化ミトコンドリア原因説については一貫して懐疑的な実験結果を報告し続け、学界で孤独で激しい論戦を繰り広げている。学界の主流である仮説に異論を述べるのは勇気がいることだが、この問題は、私たちの健康にかかわるものであり、傍観者ではいられなかった。本章では、目下、ミトコンドリア研究で最もホットなこのトピックについて掘り下げて考えてみたい。

9−2 老化というファシズム

老化ミトコンドリア原因説について説明する前に、「老化」について少し考えてみたい。「老化」は日常的に使われる言葉ではあるが、その意味を生物学的に定義することは案外難しい。一般に「老化」は年をとるにつれて生理的な機能が衰えていく生命現象を指すが、生物学的にみるとより深い意味を持っている。

意外に思われるかもしれないが、老化は、すべての生物に共通する生命現象ではない。そもそも地球上で初めて誕生した単細胞生物は、自分とまったく同じ遺伝情報を持つ個体を無限にコピーすることができた（無性生殖という）。すなわち、単細胞生物は決して老いることなく、老化という生命現象とも無縁だったのである。もちろん、単細胞生物の中には、一定回数細胞分裂を繰り返すと、それ以上、分裂できなくなるという現象も存在するが、接合（有性生殖）をすることにより再び分裂能力を取り戻すことから、不可逆的な変化を起こす老化とは本質的に異なるものである。

老化という生命現象は、多細胞生物になって初めて誕生したものだ。地球上に最初に現れた多細胞生物は、集団（群体）で生活する海綿のような原始的なものだった。こうした多細胞生物は、子どもをつくるための細胞（生殖細胞）と個体が生存するための細胞（体細胞）という二種類の細胞をつくり、さらに進化すると、一つ一つの体細胞が異なった役割を果たすように分業体制を確立させることで、より高度で複雑な生命活動を手に入れた（図9－1）。ところが、多細胞生物はそれとひきかえに体細胞を老化させるプログラムも同時に獲得したのである。

体の大半を占める体細胞は、生きていくために必要なさまざまな機能を営んだすえ、やがて時間の経過とともにその生理的機能が衰え、最終的に死を迎えることになる。一方、生殖細胞は受精（有性生殖）によって寿命がリセットされ、老化から解放されて新しい生命として生まれ変わる。そういう意味では生殖細胞は単細胞生物と同等であり、老化は体細胞の宿命といえるだろう（図9－1と図9－2）。

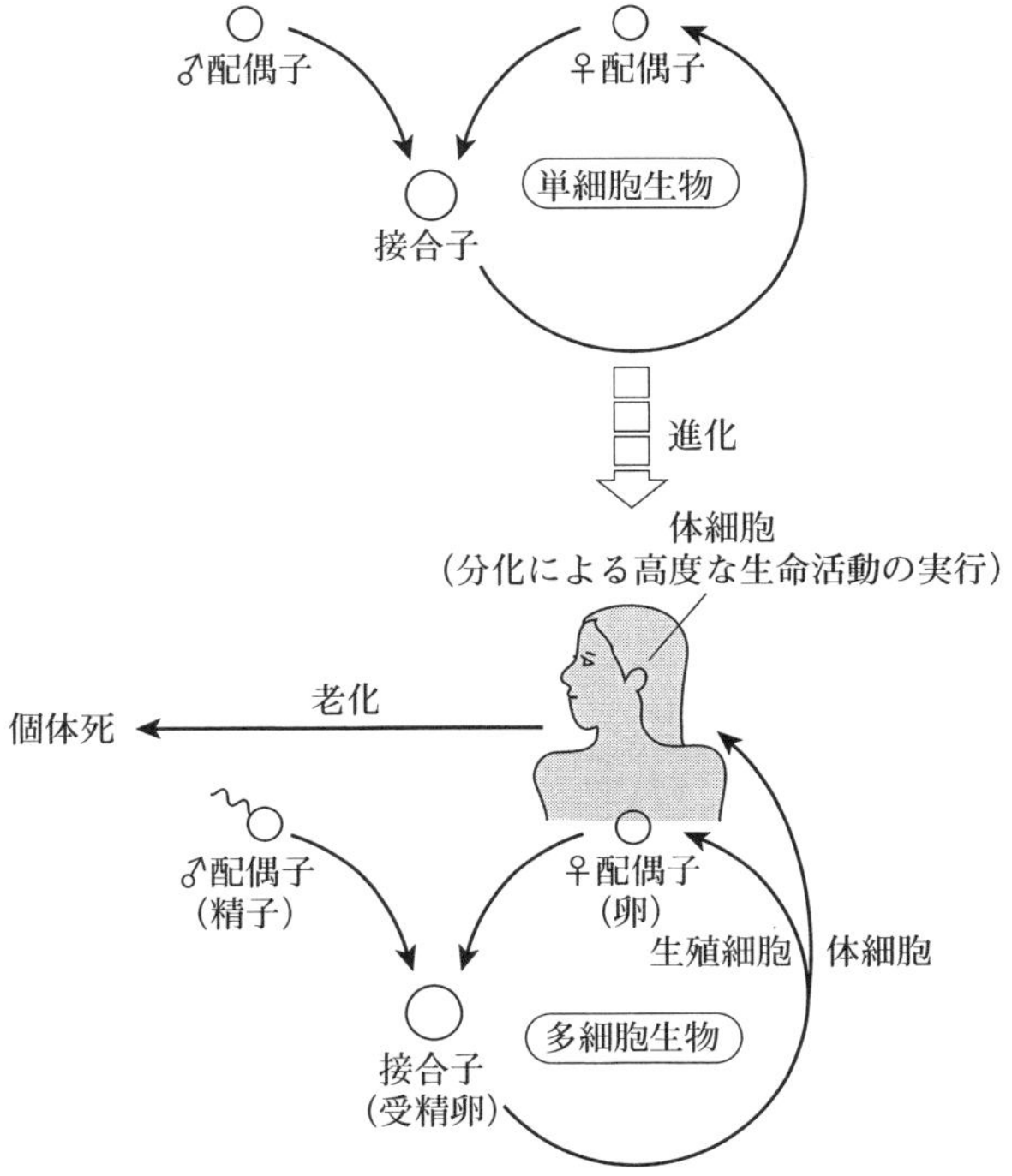

図9-1　多細胞生物が獲得した老化の宿命

それでは、なぜ、多細胞生物は、老化のようなプログラムを獲得するにいたったのか。そもそも生き物とは「子どもを作る（自己複製する）ことができるもの」と定義されている。新しい生命（子ども）のために、古い生命は老化し、死を迎える。というより、老化というプログラムを確立させた多細胞生物だけが激しい生存競争を勝ち抜き、現在も生き残ったと解釈することができる。

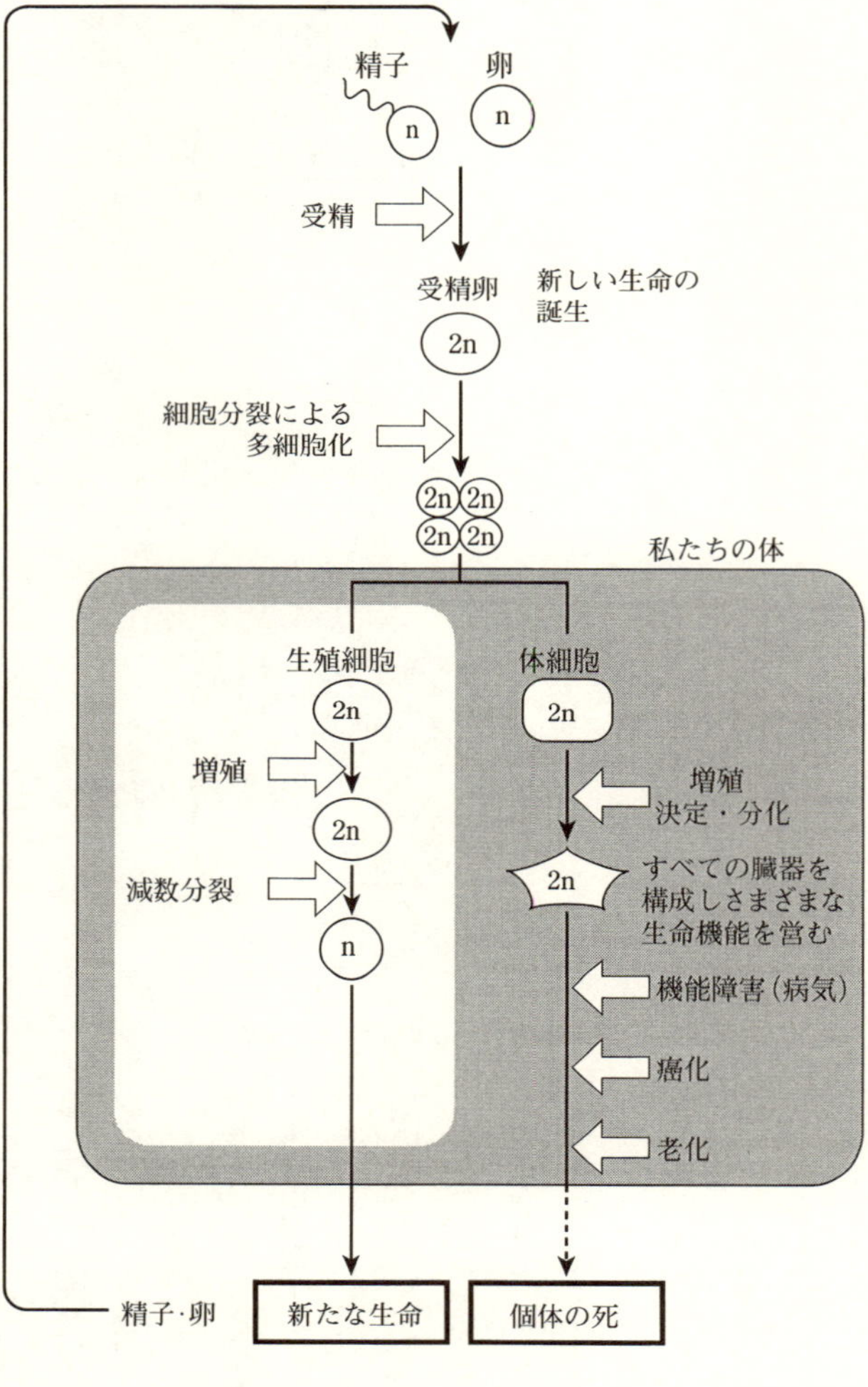

図9-2　私たちの体を構成する2種類の細胞がたどる運命の差

おそらく、老化は、新しい世代が健全に育ち、種を存続させるには必須のプログラムだったのだ。

生き物に限らず形あるものは必ず老化(劣化)する。いつまでもその構造と機能を維持しようと思ったら、いつかは新しく作り直さなければならない。樹木の中にはまるで何千年も生存しているかのようなものもあるが、それは見かけ上で、生きているのは木の周辺部だけである。そして毎年新しい生命が外側に誕生し、内側に残された古い生命の屍骸は朽ちずに年輪を刻み〝木〟として体を支えているのである。

仮に、一つの個体の寿命が数千年続くような戦略をとると、次の世代の個体にしわ寄せが行き、その個体はいいとしてもその種族(種)の存続が危うくなる。おそらく、そのような種はすぐに絶滅したに違いない。つまり、その種が生存戦略上、個体の生存を重要視すると、それによって種の存続が危機に瀕することになる。逆に、種の存続を重要視すると、生殖を終えた世代はその役割を終え次第、老化して死を迎える必要が出てくる。生物界では、個体の存続よりも種の存続のほうが優先され、種が存続すればこそ私たち個体の存続もある。そして、種のために個は犠牲になる。生物界は、このような「種のファシズム」に支配されている世界なのである。

煎じ詰めれば、体細胞の重要な役割は、生殖細胞をきちんと次の世代に伝えることにあるといっていい。誤解を恐れずにいえば、体細胞の使命は子どもをつくり育てるための道具であり、その使命が終わればできるだけ早く自らを消去するようにプログラムされている。そして、この宿命的プログラムこそが老化なのである。

このような視点に立てば、老化や癌に対する見方も少し変わってくる。筆者が埼玉県立がんセンター研究所に就職した頃、癌の悲惨さから、癌はどうしてミトコンドリアのように宿主と共存できるように進化しなかったのかいつも疑問に思った。宿主を殺さずにゆっくりと増えるのなら癌そのものもすぐに死なずにすむのに、何と愚かな生存戦略をとるのだろうかと。

しかし、情緒を捨てて、個人ではなく人類という種を維持するための戦略から老化や癌の存在を見直すと、それなりに納得のいく解釈ができる。癌は老化した世代をさらに早く終了させ、次の世代を楽にするために、そして種族維持をさらに確実にするために遺伝子にセットされた健全なプログラムではないだろうか。

このように老化が次の世代を健全に育成するためになくてはならない生命現象であるとすれば、神からそのプログラム執行の命を受けたのがミトコンドリアの中にあるmtＤＮＡであるという考えが老化ミトコンドリア原因説なのである。

9－3　老化ミトコンドリア原因説の美しすぎるシナリオ

老化ミトコンドリア原因説のロジックはいたって単純である。繰り返し説明しているとおり、ミトコンドリアの内部にあるmtＤＮＡは、酸素呼吸によって生み出された活性酸素や外から侵入した発癌剤などの化学物質によるダメージに常にさらされている。そのため、細胞当たり数千コピーもあるmtＤＮＡ分子は、年をとるにつれてさまざまな箇所にさまざまな体細胞突然変異を蓄積していくのである。その結果、mtＤＮＡにコードされている遺伝子が正常に働かなくなり、呼吸酵素の活性が低下すると同時にＡＴＰを生み出す能力も次第に衰えていく。さらに、この呼吸酵素の活性低下は本来ＡＴＰ合成にかかわる電子の漏れを引き起こし、漏れた電子は酸化的ストレスとなってmtＤＮＡにさらにダメージを与えるという悪循環に陥る（次ページ、図９－３）。その結果、加齢とともに生命エネルギーの生産能力は加速度的に低下し「老化」が進行していくというわけだ。

たとえば、年をとると記憶力が衰えることは、次のように説明される。脳は体内で生み出される大量のＡＴＰを消費しているが、年をとるとmtＤＮＡ突然変異の蓄積により、ＡＴＰを作り出す能力が衰えていき、神経細胞が徐々に死滅していく。その結果、記憶をつかさどる海馬や前頭葉の働きが鈍くなり、物覚えが悪くなったり、ど忘れしたりするなどの症状が出てくる。高齢になるにつれ症状は急速に悪化し、老人性痴呆やアルツハイマー病などの重大な神経疾患も発症しやすくなる。

確かに、このような説明は大変わかりやすく、美しいシナリオといえるだろう。しかし、本当

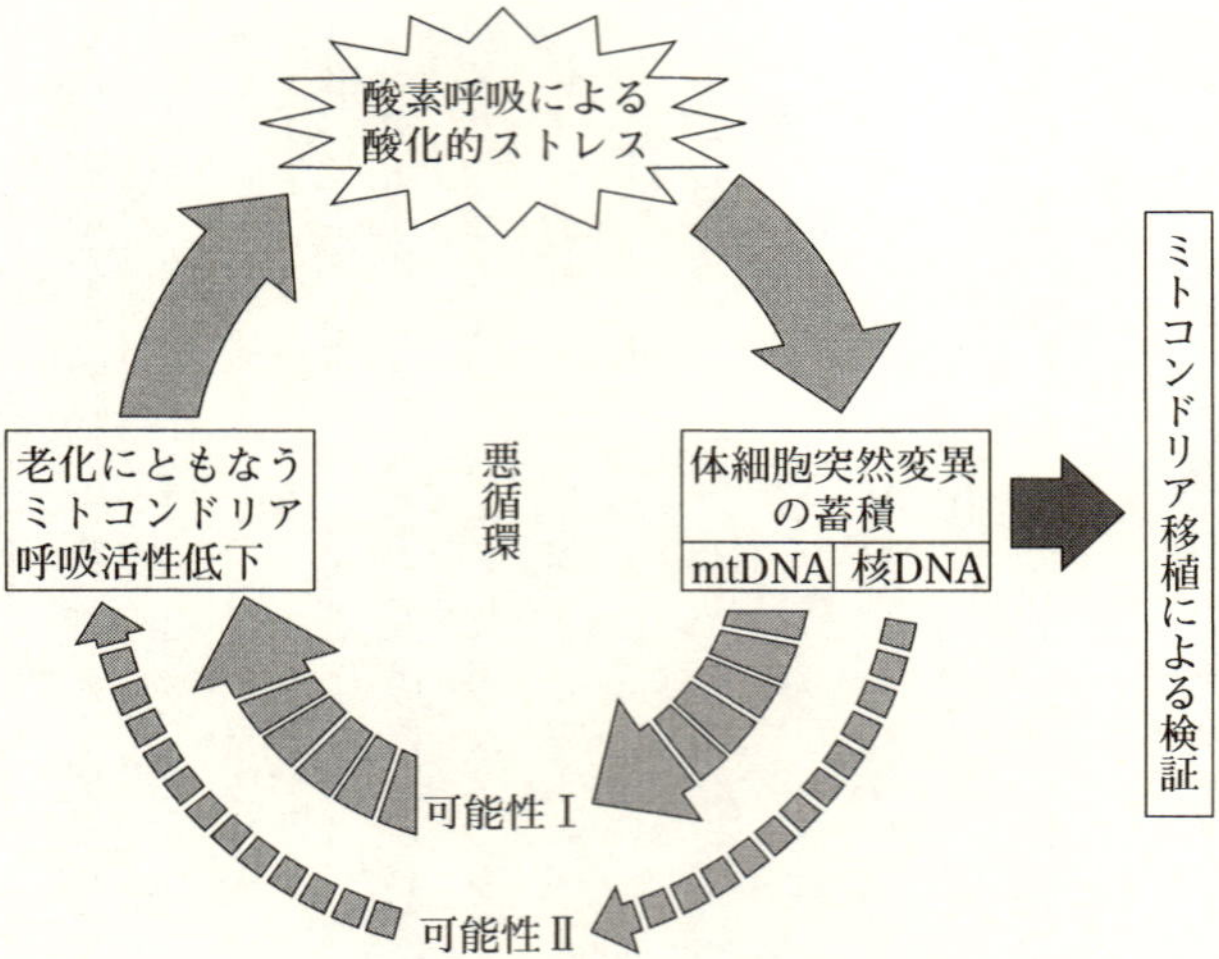

可能性Ⅰ：mtDNAの突然変異が原因（老化mtDNA原因説）
可能性Ⅱ：核DNAの突然変異が原因

可能性Ⅰが正しいという老化ミトコンドリア原因説の根拠は、mtDNAのほうが酸化的ストレスに直接さらされているからであるという状況証拠である。

図9-3　老化ミトコンドリア原因説のシナリオ

にこのシナリオが成立するのだろうか。筆者には、ずいぶんと乱暴に議論を進めているような気がしてならない。

老化ミトコンドリア原因説では、次のような三段論法によく似た論理が展開される。

①加齢にともないミトコンドリアの呼吸酵素活性は低下し、その結果エネルギー生産量も低下する。

②加齢にともない病原性を持った体細胞突然変異もmtDNAに蓄積する。この病原性突然変異とはミトコンドリア病の患者に認められるものと

まったく同じもので、それが蓄積すればエネルギー生産量は確かに低下する。
③よって加齢にともなうmtＤＮＡの病原性体細胞突然変異の蓄積が、加齢にともなうミトコンドリア呼吸活性の低下の原因となる。

①と②については、いまさら議論する必要はなかろう。先に紹介したとおり、年をとるにつれ、ミトコンドリアの呼吸酵素の活性は低下していくことは確認されており、それを裏付ける報告も多数寄せられている。老化にともないミトコンドリアのＡＴＰ生成能力が低下することは、誰にも疑いようがない。また、老化にともないmtＤＮＡに病原性を持った体細胞突然変異が蓄積してくるのも確かに間違いない。

一番大きな問題は③である。①と②はそれぞれ紛れもない事実である。しかし、だからといって③の結論、すなわち②が①の原因であるという主張は、あまりに乱暴である。②と①はあくまでも並行現象であり、決して因果関係では結ばれていない。この論理が成り立つためには、「加齢にともなって蓄積したmtＤＮＡの病原性突然変異（②）が、呼吸活性低下を引き起こす（①）」ことを明確に裏付ける証拠が必要不可欠だ。しかしながら、これを裏付ける実験結果は、老化ミトコンドリア原因説を主張する研究者からもまったく提出されていないのである。

そもそも、mtＤＮＡに蓄積した病原性を持った体細胞突然変異は、細胞中のmtＤＮＡの中の一%にも満たないのである。第七章で述べたとおり、特定の病原性突然変異を持ったmtＤＮＡが呼吸欠損を引き起こすためには、少なくとも八割程度の蓄積が必要だったはずだ。

こうした指摘に対して、老化ミトコンドリア原因説に立つ研究者たちは、体細胞突然変異はランダムに起きるため、実験では確認されていないさまざまな種類の病原性突然変異が同時に蓄積していると反論する。つまり、一%の突然変異は、mtDNAに発生している突然変異のごく一部にすぎず、ほかにも確認されていない複数の突然変異が複合的に働きあって、ATP生成能力が低下するというのである。

しかし、これは苦しいつじつま合わせである。老化にともなう呼吸活性低下の原因となるmtDNAの突然変異にはさまざまな種類があるというのであれば、それらを特定し、実験によってそれを証明する必要がある。ところが、老化ミトコンドリア原因説を主張する学者たちは、こうした批判に応えるデータを出していない。この仮説のお粗末さはこの点につきる。「病原性突然変異mtDNAの蓄積が、本当にミトコンドリア呼吸酵素活性の低下をもたらすことを示す直接の証拠」の提出こそ、この仮説が正しいことを証明するために求められることではないか。

9-4 ミトコンドリアが本当に犯人なのか?

この直接的な証拠が提出できない以上、「老化ミトコンドリア原因説」は状況証拠を寄せ集めただけの仮説といわざるをえない。たとえていうなら、血を流している死体の横に、血のついた刃物を持った人間がいたら、現場検証や証拠調べをすることなく、その人物を殺人犯と決めつけるようなものである。

確かに状況証拠からは、mtＤＮＡが最も怪しいことは間違いない。しかし、それだけでmtＤＮＡに蓄積された突然変異が老化の原因だと決めつけることはできない。有罪を確定するには、あらゆる可能性を考え、犯行を裏付ける物的証拠や、目撃者の証言、動機などの徹底的な吟味が必要とされる。これと同様な緻密な検証作業が、生物学の世界でも求められるのはいうまでもないことだ。老化ミトコンドリア原因説は、mtＤＮＡが絶えず活性酸素や発癌物質などの化学物質にさらされているという状況証拠にとらわれすぎている。初めから、mtＤＮＡの突然変異が犯人と決めつけるのではなく、その他の可能性も考えてみる必要がある。

仮に、mtＤＮＡがもし老化の発症に関わっていないとすれば、次に怪しいのが核ＤＮＡであろう。第二章でも述べたように、ミトコンドリア呼吸酵素を構成するタンパク質を指令している遺伝子はmtＤＮＡだけではなく核ＤＮＡにも存在する。核の中で呼吸酵素を制御しているのは、太古の昔、酸化的ストレスに耐えかねて、ミトコンドリアから核に逃げ込んだといわれる遺伝子なのだ。この遺伝子こそが、mtＤＮＡの複製（ＤＮＡ合成）と転写（ＲＮＡ合成）、そして転写産物の翻訳（タンパク質合成）など、呼吸活動全般を指令しているのである（36ページ、図2－2）。当然、これらの遺伝子に突然変異が蓄積すれば、呼吸酵素活性は低下する可能性が高い。

検証作業を進めるうちに、筆者たちは、この呼吸欠損を引き起こすのは、mtＤＮＡではなく、核ＤＮＡにある遺伝子ではないかという疑いをさらに強くしていった。一つの細胞に数千コピーも存在するmtＤＮＡの場合、その八割以上に同一の突然変異が蓄積しないと、ミトコンドリア病は発症しない。これに対して、核ＤＮＡは一細胞につき二コピーしか存在しないため、呼吸活動をコントロールする遺伝子に病原性突然変異が蓄積した場合、異常が発生する可能性が極めて高い。つまり、突然変異が発生する確率がmtＤＮＡに比べて低いからといって、核ＤＮＡが無関係であるとは言い切れないのだ。

9−5　ミトコンドリア無罪の決定的証拠

老化にともなう呼吸欠損の原因は、mtＤＮＡの突然変異にあるのか、それとも核ＤＮＡの突然変異にあるのか。老化ミトコンドリア原因説の正否に決着をつけるにはどうしたらいいだろう。ここまで読み進められた方なら、この答えを出すために必要な実験がすぐに思い浮かぶだろう。癌ミトコンドリア原因説やミトコンドリア病の研究でも活躍した、お馴染みのミトコンドリア移植や核移植を使えばいいのだ。

老化ミトコンドリア原因説の正否を明らかにする方法は単純だ。まず、呼吸酵素活性が低下した老人の細胞を用意する。そしてこの細胞の中にあるmtDNAだけを、mtDNAをまったく持たない培養細胞に移植し、呼吸欠損という症状もmtDNAと同時に移植できれば、呼吸欠損はmtDNAの突然変異のせいで起きると判断できる。このことが証明されて初めて老化ミトコンドリア原因説の正しさが示されたことになる。

この実験を実行するチャンスはすぐにめぐってきた。筆者が筑波大学に移る前の一九九二年、東京都老人総合研究所の近藤昊《ひろし》、自治医科大学の香川靖雄（現女子栄養大学副学長）たちとの共同研究でミトコンドリア移植の実験が行われた。

彼らはすでにいくつかのヒト繊維芽細胞を樹立していた。これらは、胎児から九七歳までのさまざまな年齢層の提供者から皮膚を採取し、皮膚の小さな断片から簡単に得られる繊維芽細胞を培養して増やしたものである。繊維芽細胞とは、動物の繊維性結合組織を構成する主要な細胞で、分裂する能力に富むことに加え、簡単に培養できるためミトコンドリア移植や核移植などに頻繁に使われることが多い。我々生物学者にはお馴染みの細胞である。

最初に測定したのが、これら繊維芽細胞の呼吸活性だ。測定にあたっては、ミトコンドリア呼吸酵素複合体の一つである複合体Ⅳ、すなわちチトクローム*c*酸化酵素（COX）の活性を調べた。その実験結果をまとめたのが図9－4である。図の縦軸はCOX活性、横軸は提供者の年齢を示

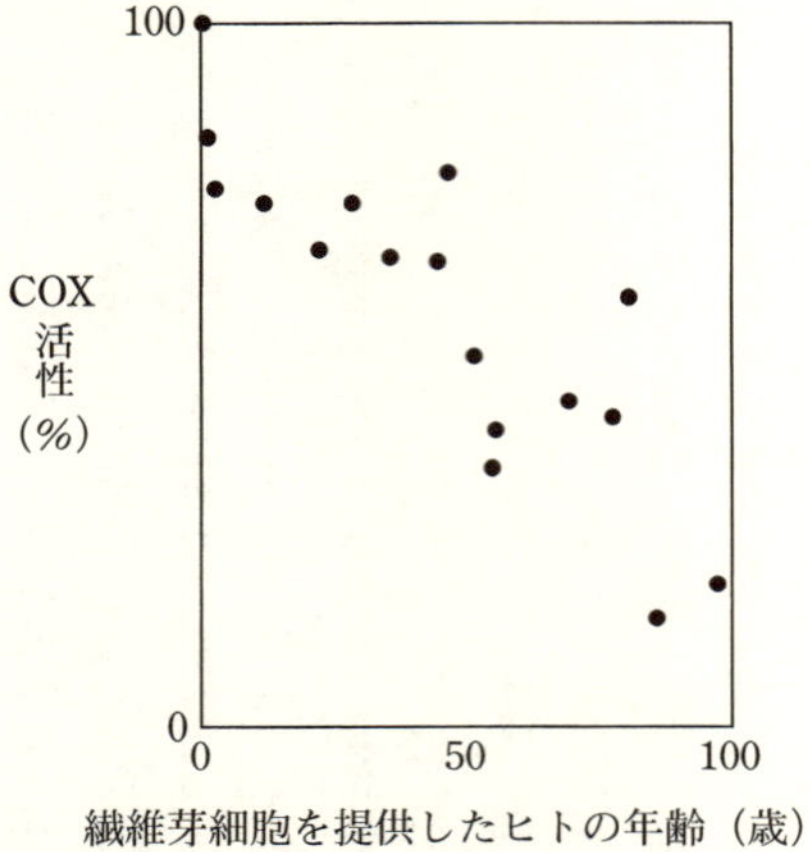

図9-4　老化にともなって現れるミトコンドリア呼吸酵素の活性低下

している。これを見ると、加齢とともに呼吸活性はなだらかに下降していき、五〇歳を過ぎると急激にペースを早めて、九七歳の細胞ではわずか二〇%にまで低下することがわかった。図に表示された点をつないでいくとわかると思うが、このペースでCOX活性が下がり続けていくと仮定すると、一二〇歳までに呼吸活性は完全に失われ、ミトコンドリアはATPを作り出すことができなくなる。この実験結果を見ると、ヒトの最長寿命が一二〇歳を超えることがほとんどないのはうなずける気がする。

繊維芽細胞の活性をさらに詳しく調べると、意外な事実が浮かび上がってきた。年をとっても、核DNAの遺伝子からタンパク質を作り出す能力（細胞質翻訳系の活性……36ページ、図2-2B）はまったく衰えていなかった。ところが、

mtＤＮＡの遺伝子からタンパク質を作り出す能力（ミトコンドリア内翻訳系の活性……図２－２Ｂ）は低下していたのである。ミトコンドリア内で作り出されるタンパク質は、すべて呼吸酵素複合体に参加している。つまり、ミトコンドリア内でタンパク質を作り出す能力が衰えた結果、ＣＯＸ活性が低下していたことが、この実験から明らかになった。

それでは、なぜ年をとると、ミトコンドリアのタンパク質を作り出す力が衰えてしまうのか。最も有力な原因として考えられるのが、ウォラスやリネンたちが「老化ミトコンドリア原因説」で指摘したmtＤＮＡの突然変異である。しかし、すでに述べてきたように、ミトコンドリア内で行われるタンパク質の合成に関与している遺伝子はmtＤＮＡだけでなく核ＤＮＡにも存在している。というよりも、核ＤＮＡの中にある遺伝子こそが、mtＤＮＡの遺伝情報発現を制御する司令塔なのである（図２－２Ｂ）。したがって、この実験結果だけでは、mtＤＮＡと核ＤＮＡのどちらが老化にともなう呼吸欠損の原因なのかを特定することはできない。

そこで、筆者たちは、この問題に決着をつけるために、ミトコンドリア移植を行った。まず、胎児と九七歳のヒトの繊維芽細胞を用意し、それぞれのミトコンドリアを細胞融合によって、mtＤＮＡをまったく持たないＨｅＬａ細胞に移植した。そして、細胞内のミトコンドリアのタンパク質の合成能力とＣＯＸ活性を調べたのである（図９－５）。もし、老化ミトコンドリア原因説が正しいとすれば、胎児のmtＤＮＡを移植したＨｅＬａ細胞のＣＯＸ活性は正常レベルまで復活す

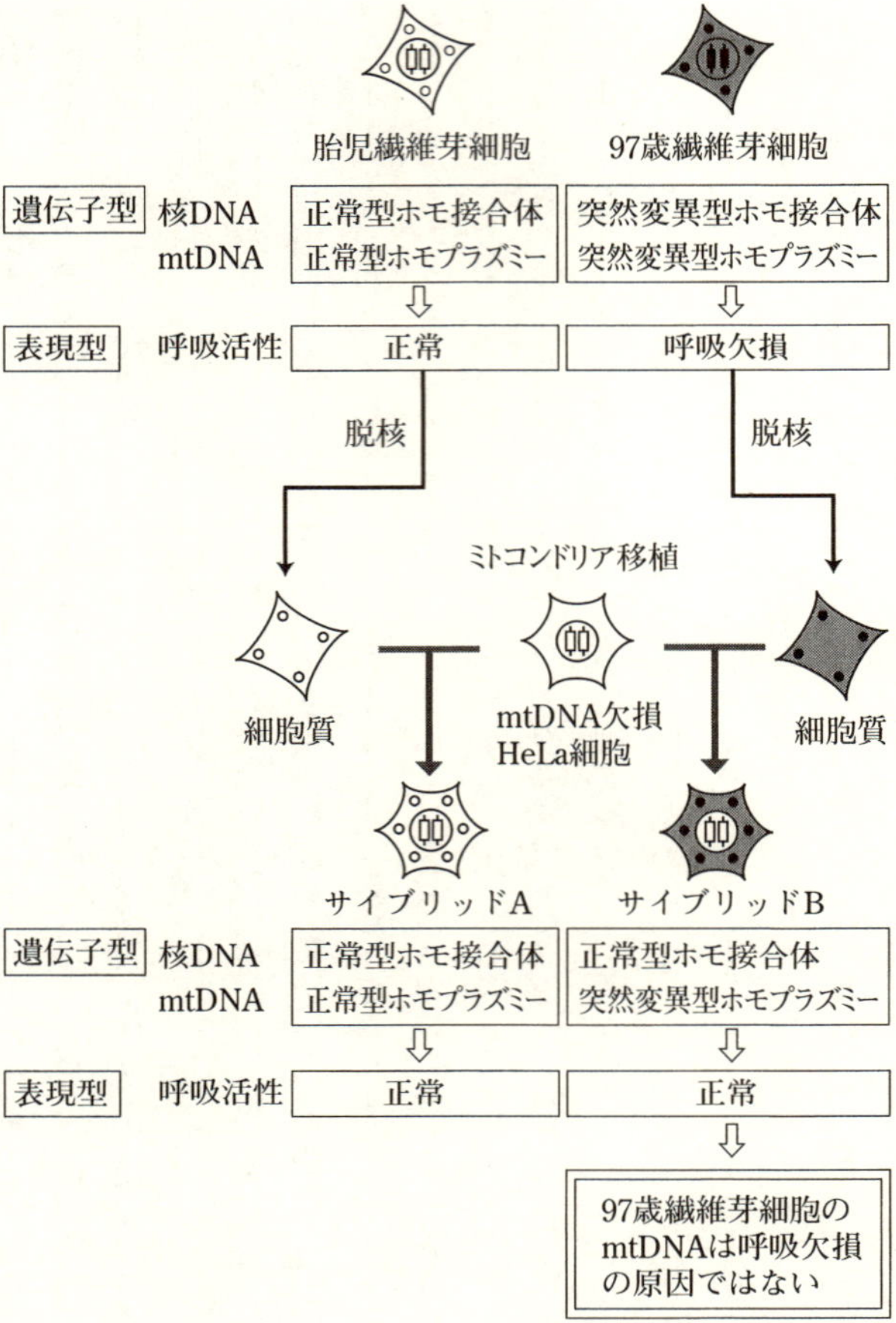

図9-5　ミトコンドリア移植（繊維芽細胞からmtDNA欠損HeLa細胞へ）

るが、九七歳の老人のmtＤＮＡを移植したＨｅＬａ細胞のほうはあまり回復しないことが予想された。

ところが、実験結果は驚くべきものだった。九七歳のmtＤＮＡを移植した細胞と胎児のミトコンドリアを移植した細胞では、ミトコンドリアのタンパク質合成能力とＣＯＸ活性が同じレベルまで回復したのである（図９－５）。この実験結果からは、老人の繊維芽細胞の呼吸機能が低下した原因は、mtＤＮＡの突然変異ではないことが示され、少なくともヒト繊維芽細胞では、老化ミトコンドリア原因説は完全に否定されたといっていい。

９－６　〝真犯人〟、核に逃げ込んだＤＮＡを追え！

mtＤＮＡの突然変異が老化の原因でないとすると、疑わしいのは核ＤＮＡの突然変異だが、もちろん、これは単なる消去法による推論であり、直接の証明にはならない。核ＤＮＡのほうに呼吸欠損の原因があることを明らかにするために、ＨｅＬａ細胞の核ＤＮＡだけを老化した繊維芽細胞に移植する実験を行った（次ページ、図９－６）。この実験の戦略を説明しよう。

この核移植が成功すると、新たに生まれた細胞のmtＤＮＡはすべて老化した繊維芽細胞に由来し、核ＤＮＡは、あらかじめ存在する繊維芽細胞に新たにＨｅＬａ細胞の核ＤＮＡも加わったもの

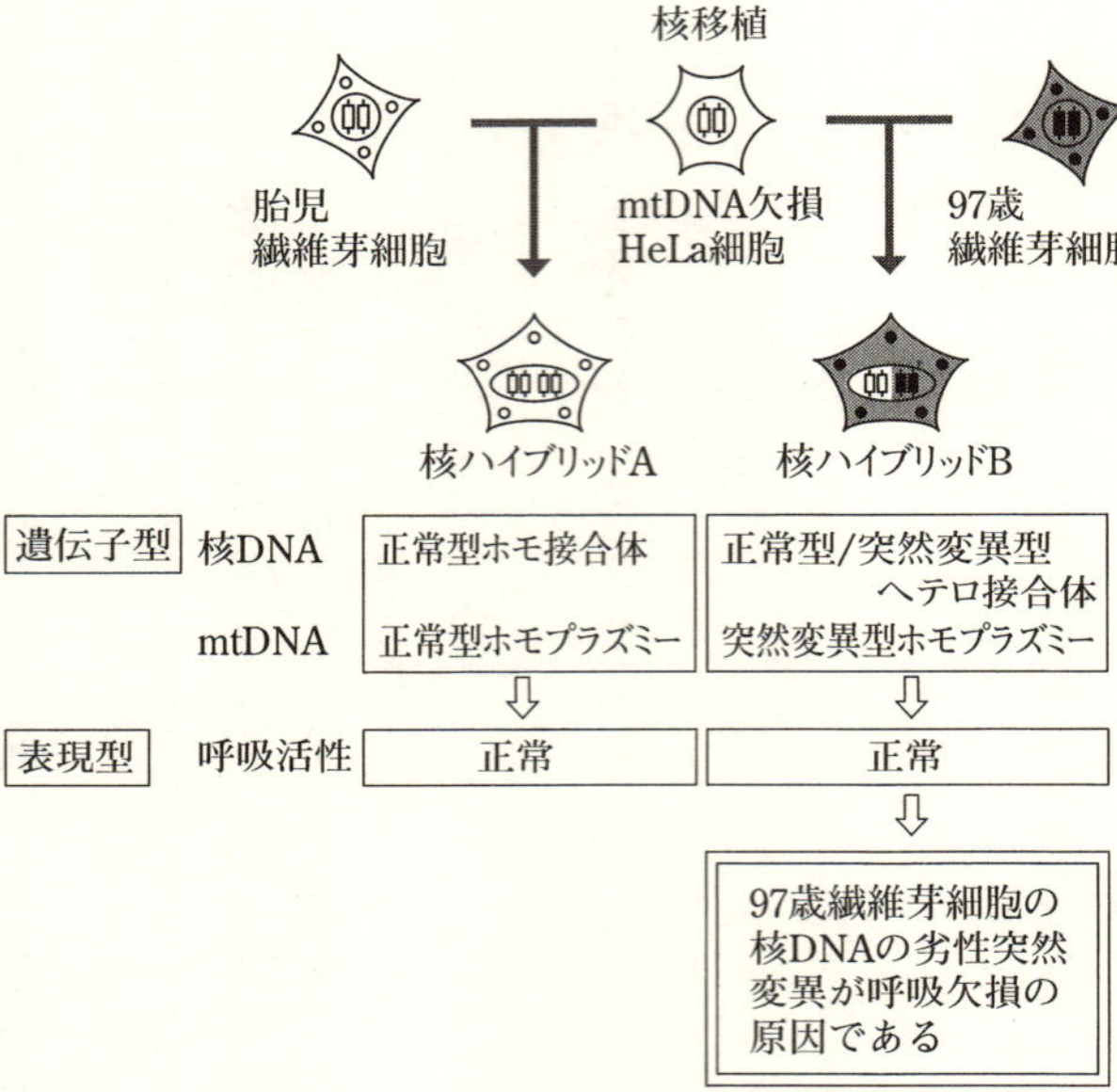

図9-6　核移植（mtDNA欠損HeLa細胞から繊維芽細胞へ）

になる。もし、この移植によって呼吸酵素活性が回復すれば、その原因は、核移植によってもたらされた変化、すなわちはHeLa細胞の核DNAだけが加わったことにあることがわかる。つまり、HeLa細胞の核を移植することによって呼吸酵素活性が回復することがわかれば、老化にともなう呼吸酵素活性低下の原因はmtDNAの突然変異ではなく、核DNAのほうにあると断定できるのである。

　ただし、この実験にはクリアしなければならない条件があった。移植するHeLa細胞の核は、mtDNAをまったく含まないものである必要があった。もし一分子でもmtＤＮＡの混入があれば、核移植だけで呼吸酵素活性が回復したことを証明できなくなる。しかし、現在の技術ではmtＤＮＡをまったく含まない核を調製することは不可能だ。というのもミトコンドリアは核にまつわりつくように存在しているため（１０１ページ、図５－２Ａ参照）、どんなによく洗ってもmtＤＮＡの混入が一分子たりともない状況を作り出すことができないのだ。

ところが、ちょっとしたトリックを使うことで、この問題はあっさりと解決した。mtＤＮＡをまったく含まないＨｅＬａ細胞と繊維芽細胞を細胞融合するのである。初めからmtＤＮＡを含まない細胞と融合すれば、mtＤＮＡの混入は完全に防ぐことができる（図９－６）。当たり前といえば当たり前のことだが、この思いつきで、実験の信頼性は一気に高まった。

結果は、事前の予想どおり、この核移植によってミトコンドリア内タンパク質合成活性も呼吸活性も見事に回復していた。これらの結果から、老化したヒト繊維芽細胞で呼吸機能が低下したのは、核ＤＮＡの劣性突然変異が原因であることが明らかになった。やはり、〝真犯人〟は核ＤＮＡで、老化ミトコンドリア原因説はとんでもない冤罪であったのだ。

9－7　果てしない論争の始まり

ヒト繊維芽細胞で老化ミトコンドリア説が成立しないことを明らかにした筆者たちの研究論文は、一九九四年に発表され、大きな反響を呼んだ。おそらくこの研究成果が認められたのだと思うが、筆者は一九九五年九月にパリ郊外のションティー城（213ページ、第九章のカバー図）で開かれたユーロミット3（第三回ヨーロッパ国際ミトコンドリア病理学会）に招待された。ユーロミットとは、ミトコンドリアの医学研究が盛んなヨーロッパで二年ごとに開催されている国際学会で、欧州のみならず米国を含む世界中のミトコンドリア研究者が一堂に会して白熱した議論を戦わせる権威の高い学会である。

そのような国際学会とは知らずに家族をつれてパリ見物を楽しみに出かけた筆者は、発表直後に行われた質疑応答で、会場につめかけた老化ミトコンドリア原因説の信奉者たちから十字砲火を浴びることになった。当時、すでに老化ミトコンドリア原因説は世界中を席巻しており、それに反旗を翻すことは、かなり勇気のいることであった。もし、筆者の主張するとおり、mtＤＮＡに蓄積された突然変異が老化と無関係ということになると、彼らの進めている実験の意義が完全に否定されることになる。老化原因説の信奉者たちが神経質になるのも当然だった。

質問者の多くは、九七歳のmtＤＮＡと胎児のmtＤＮＡを導入した細胞の呼吸酵素活性が同じであったという実験結果にとことん懐疑的であった。そして、そもそも繊維芽細胞は、酸化的ストレスが少ないことに加え、細胞分裂が頻繁に行われており、mtＤＮＡに突然変異が蓄積しにくい特殊な細胞であることを指摘し、この実験結果では老化ミトコンドリア原因説を否定することはできないと痛烈に批判した。あきれたことに、質問者の中には、具体的なデータの裏付けもないのに、脳や心臓、筋肉などのように生まれた時から細胞が分裂することなく、激しい酸化的ストレスにさらされているような組織では、依然として老化ミトコンドリア原因説が正しいと強弁する研究者もいたのである。

しかし、これは繊維芽細胞から別の組織への議論のすり替えである。しかも、彼らは老化ミトコンドリア原因説が脳や筋肉で正しいことを示す直接的根拠を挙げることなく、筆者たちの研究成果を頭から否定したのである。筆者は、「老化ミトコンドリア原因説では、老化にともなって蓄積するmtＤＮＡの突然変異と呼吸酵素活性の低下の因果関係が示されていない」と反論したが、それは老化ミトコンドリア原因説の大合唱にかき消された。

筆者にとって、一九九五年のユーロミットは屈辱的な体験となったが、研究成果には依然として絶対的な自信があったし、敗北感はなかった。この屈辱は逆に筆者のミトコンドリアを燃え上がらせ、その後の研究を展開していくうえで巨大なエネルギーを供給し続けることになった。

9-8 死後一ヵ月でも甦るミトコンドリア

帰国した筆者は、ユーロミットで突きつけられた難問に早速取り組んだ。脳や心臓、筋肉などの酸化ストレスの高い非分裂組織でも老化ミトコンドリア原因説が成り立たないことを実験で証明しようとしたのだ。この証明を行うには、最終的に、ヒトの脳や筋肉の中にあるミトコンドリアを、mtDNA欠損HeLa細胞に移植しなければならない。しかし、これを行う前に技術的に解決しなければならない問題が山積していた。

まず、脳の神経細胞を使った実験を行う場合、脳の提供者とその家族の全面的な協力が不可欠である。提供者から協力を得るには、研究の目的、意義を説明するだけでは十分ではなく、実験自体が成功する保証がなければならない。仮に死者の脳の神経細胞を利用するとしても、ヒトの細胞、とりわけ神経細胞を使った実験には試行錯誤的な実験は許されない。そのためには、マウスを使った予備実験を行い、ヒトの細胞を使った実験でもミトコンドリア移植が確実に成功することを証明しなければならなかった。

培養細胞に対してミトコンドリア移植とmtDNAの完全置換を同時に行うには、いくつかの条件が必要だ。現在の技術で唯一可能なのは、核を取り除いた細胞質体のようにミトコンドリアが細胞膜で包まれている状況を作りだし、これを、mtDNAをまったく持たない培養細胞と細胞融

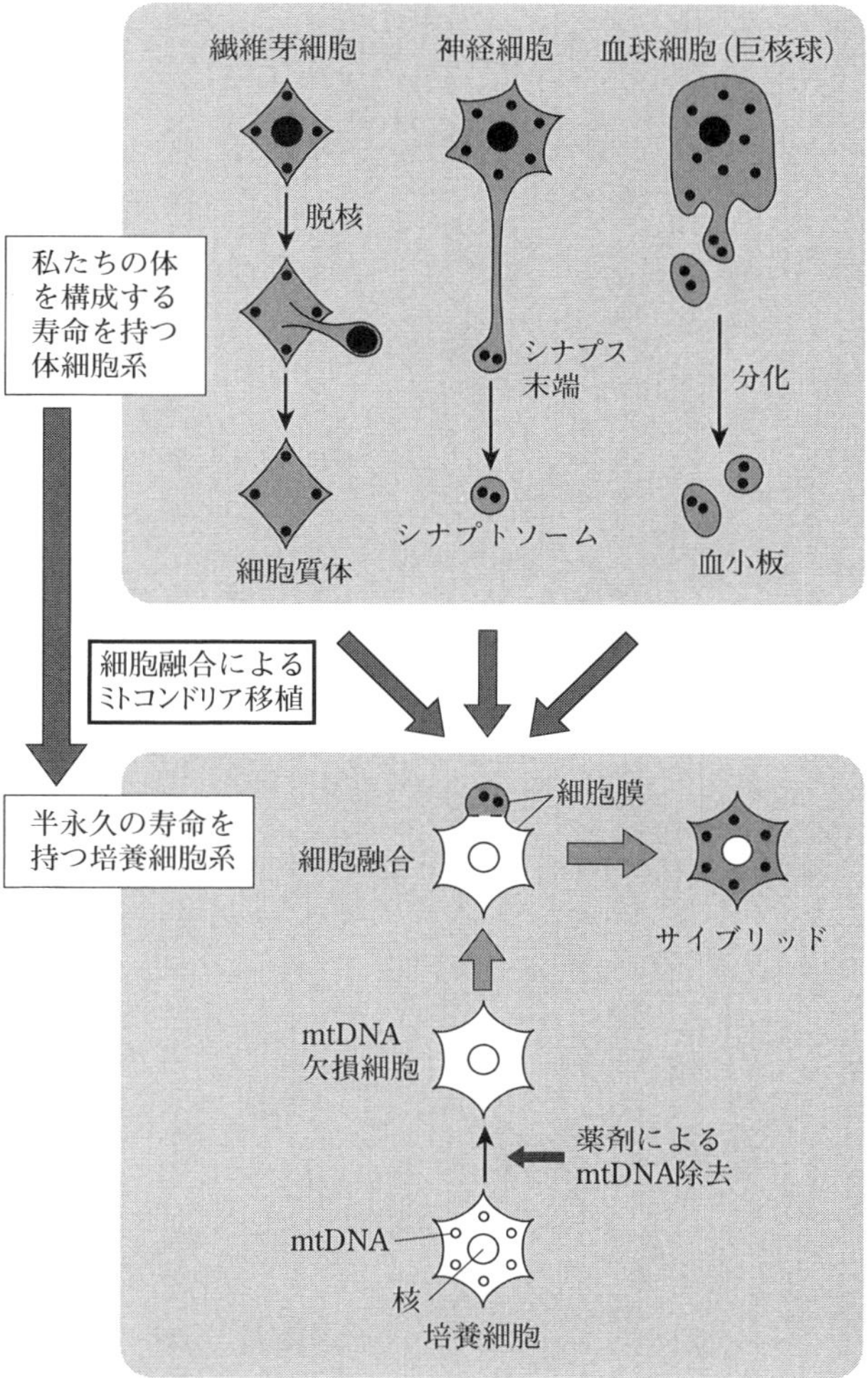

図9-7　ミトコンドリア移植の戦略図

合するという方法だ。生体の組織でこの条件を満足させることができるのは血小板や神経細胞のシナプス末端、そしてシャーレで培養した繊維芽細胞だけである（図9－7）。幸い偶然にも8－4で述べたように、ミトマウスを作る目的で、筆者たちはmtDNAをまったく持たないマウス培養細胞を樹立していた。そして、このマウスmtDNA欠損細胞に、マウスの脳から調整したシナプス末端にあるミトコンドリアを移植した。

この実験は無事成功し、マウスmtDNA欠損細胞はシナプスのミトコンドリア移植によって呼吸酵素活性を見事に回復した。ただし、ヒトの神経細胞を使う実験を行うには、もう一つ確認しなければならないことがあった。この実験では、死亡した人の脳を使うことを想定していた。そのためマウスが死亡してからどのくらい時間がたつと脳のミトコンドリアの移植ができなくなるかを明らかにしなければならなかった。

そこで、筆者たちは、手始めにマウスが死んでから六時間放置した後、その神経細胞に含まれるミトコンドリアを、マウスのmtDNA欠損細胞に移植できるかを調べてみた。神経細胞は他の細胞より早く死んでしまうため、当然その中にあるミトコンドリアも他の細胞より早く死んでしまうはずである。事前の予想では、さすがに死後六時間も経過してから移植したのでは、ミトコンドリアとその中のmtDNAを増殖させるのは難しいと思っていた。しかし、脳から取りだして調製した神経末端のミトコンドリアとその中のmtDNAは、このマウスmtDNA欠損細胞で見事に復活していたのである。

さらに実験を重ねると、摂氏四度に保ってさえいれば、マウスが死んでから一ヵ月たった後でも、脳の神経細胞の中にあるミトコンドリアを、mtＤＮＡ欠損細胞に移植することができることがわかった。しかも、マウスmtＤＮＡ欠損細胞はこのミトコンドリア移植を受けることで呼吸酵素活性が完全に正常レベルに回復していた。ミトコンドリアとその中にあるmtＤＮＡは、マウスの死後一ヵ月以上経過しても生存していたのである。

9―9　永遠の寿命を持つミトコンドリア

こうした実験結果から類推すると、どうも、「個体」「個体を構成する細胞」「細胞の中の細胞小器官」の死はそれぞれ別なものと考えたほうがよさそうだ。私たちの体が死を迎えても、直ちに体を構成するすべての細胞が死ぬわけではない（事実、遺体から精子を取り出して受精に成功したという例もある）。ただし、個体が死ぬと、心臓の拍動が停止し、栄養や酸素の供給が絶たれるため、ほどなく個体を構成する細胞も死にいたる。ところが、ミトコンドリアはその後もしぶとく生き続け、他の細胞に移植されると、再び、その活力を取り戻すのである。

癌細胞の一種であるＨｅＬａ細胞は、永遠に生き続けることができる細胞として知られている。

このHeLa細胞に私たちの持っているミトコンドリアを移植して、適切な環境さえ整えれば、そのミトコンドリアだけは永遠の生命を手にすることができる。ヒトの繊維芽細胞や次に述べる脳のミトコンドリアはHeLa細胞の中で何度でも分裂を繰り返すことができる。この実験結果は、ミトコンドリアははじめから永遠の寿命を持っていることを示している。老化と死が運命づけられているのは、私たちの核DNAのほうであり、ミトコンドリアとその中のmtDNAも核DNAの支配を受けて仕方なく私たちと運命をともにしているだけなのだ。

ミトコンドリアが老化しない理由については、正確にはわかっていないが、mtDNAには、核DNAには存在するテロメアという末端構造がないせいかもしれない。テロメアは寿命を決める回数券のような役割を持っており、細胞分裂するたびにDNAの末端部分が少しずつ短くなり、この部分が一定以上短くなると、細胞は分裂する能力を失い、死を迎える。しかし、mtDNAはリング状の構造になっているため、末端というものが存在しない。したがって、どんなに複製してもDNAが短くなることはなく、条件さえ整えば、mtDNAはいくらでも生きることができるというわけだ。さすが原核生物（バクテリア）を直接の祖先に持つだけのことはある。ただし、このテロメア仮説には、いまだ解明されていない点も多く、mtDNAが不老不死である理由については、まだ多くの謎が残されている。

9—10　神経細胞でも老化ミトコンドリア原因説は成立しない

以上のような、マウスを使った予備実験の結果、老化した神経変性疾患患者の脳の神経細胞にあるmtＤＮＡを、患者の死後、培養細胞に移植して甦らせることができるという結論に達した。実験の趣旨に賛同するドナーが現れるまでにはさらに長い時間を要したが、ついに一九九八年、筆者たちにそのチャンスがめぐってきた。

神経性疾患で亡くなった高齢のドナーの脳組織には、老化ミトコンドリア原因説の論拠のとおり、微量ながらもいくつかの病原性突然変異を持つmtＤＮＡが確かに存在していた。筆者たちは、この脳組織のごく一部から神経末端を分離し、mtＤＮＡをまったく持たない、mtＤＮＡ欠損ＨeＬa細胞と融合させて、神経末端のミトコンドリアを導入した細胞を分離することに成功した。

そして早速、ミトコンドリアの呼吸酵素活性を測定したところ、これらの細胞には、神経変性疾患の老人の脳組織にあった病原性突然変異を持つmtＤＮＡが確かに存在していたにもかかわらず、ミトコンドリア呼吸酵素の活性は完全に正常レベルであった（図９－８）。この実験結果は以下の二つの重要な事実を物語っている。

①脳組織にあったミトコンドリアとその中のmtＤＮＡは、生体が死亡した後もすぐには死なな

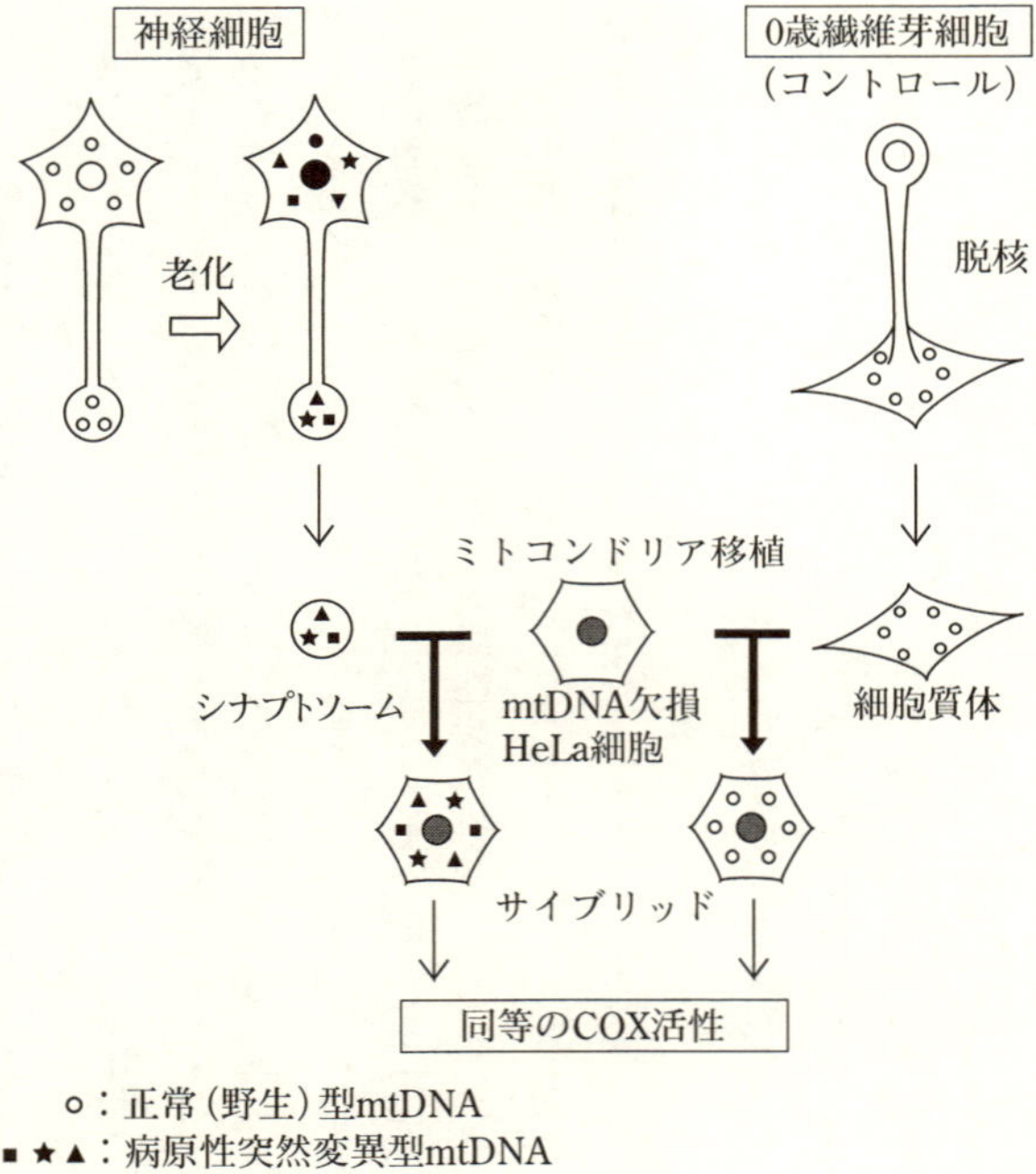

図9-8　脳のミトコンドリア移植戦略

い。そして、培養細胞に移植されると、正常な呼吸をもたらす遺伝子の働きを再開し、しかもその機能はまったく損なわれない。

②加齢によって脳組織のmtDNAに蓄積した体細胞突然変異は、ミトコンドリア呼吸機能を低下させることができない。

さまざまな病原性突然変異を持つmtDNAが微量とはいえ蓄積しているにもかかわらず、呼吸酵素活性が低下しないのはなぜか。それは蓄積量が少なすぎるからであろう。

第七章で述べたとおり病原性を持つ突然変異型mtＤＮＡが六〇～九五％以上蓄積しないと呼吸酵素活性低下とそれにともなって起こる臨床症状は発現しない。

もちろん、筆者たちの実験で移植に使用した脳組織のミトコンドリアには、存在が確認されていない突然変異があってもおかしくない。一つ一つは突然変異の量が少なくても、その種類が多ければ、突然変異が積み重なることによって活性低下の原因になるのではないか。これは、ユーロミットで老化ミトコンドリア原因説の信奉者たちが、筆者に突きつけてきた難問であった。

今回の実験で、筆者は、未確認の突然変異が蓄積しているかもしれない老人の脳のミトコンドリアを使って、呼吸活性の低下が起きないことを証明してみせた。仮に、未確認のmtＤＮＡ突然変異の蓄積があったにしても、正常な核さえあれば、正常細胞と同様な呼吸活動を行うことができるのである。しかも、そのmtＤＮＡは、非分裂組織であると同時に、他の細胞以上に激しく活動し、絶えず酸化的ストレスにさらされている脳の神経細胞に存在したものである。結局、繊維芽細胞のmtＤＮＡだろうと神経細胞のmtＤＮＡであろうと、結論に違いはなかったのである。すなわち、老化ミトコンドリア原因説は、脳組織においても成立しないことが証明された。あのユーロミット3から三年あまりで、ようやく屈辱を晴らすことができたのである。

9－11 事件の解決と新たなパラドックス

筆者たちの研究成果は、一九九九年の米国科学アカデミー紀要に掲載された。かくして、老化ミトコンドリア原因説は繊維芽細胞でも神経細胞でも否定されたのである。ただ、老化ミトコンドリア原因説の息の根が止まったと思っているのは、今のところどうも筆者たちだけのようで、相変わらず、学界では老化ミトコンドリア原因説が幅を利かせている。

科学者の世界では、どちらが正しいかは、どちらがより論理的、合理的、客観的かという点で評価される。しかし科学の世界でも巨大な権力の前に、そして大多数のその権力の信奉者たちのために論理性、合理性がすっ飛んでしまうことがある。筆者たちのケースがそれに該当するかわからないが、このミステリーの解決にはまだまだ長い道のりが必要かもしれない。考えようによってはそのほうが筆者にとっては好都合で、角度を変えた研究をするだけでもまだまだこの分野での論争を大いに楽しんでいけるような気がする。

筆者たちが行った数々の実験によって、老化とmtＤＮＡの突然変異を結びつけた疑惑はすべて晴らすことができたと考えている。癌ミトコンドリア原因説と同様に老化ミトコンドリア原因説も、結局は冤罪だったのだ。ただし、老化を引き起こすのが、mtＤＮＡの突然変異ではないならば、誰が真犯人かという問題は残った。核ＤＮＡが怪しいとしても、核ＤＮＡのどのような遺伝子のような突然変異が原因であるかが特定されるまでは問題は完全に解決されたことにはならない。しかし真犯人を断定できないとしても、この時点でミトコンドリアはそれらの重大犯罪の容疑が晴らされたといえるだろう。

ただ、これでミトコンドリア側の問題がすっかり解決したわけではなく、逆に別のミステリーを生むことになった。それは加齢にともなって、さまざまな突然変異がどんなにmtＤＮＡに蓄積しても、それが呼吸酵素活性の低下の原因にはなりえないのはなぜなのかという問題である。

核の中のように、ありとあらゆる有害な攻撃から保護された「ゆりかご」のような環境ではなく、激しい酸化的ストレスが絶えず発生するミトコンドリアの中にあるmtＤＮＡ。もしかすると、ミトコンドリアは我々が思いも寄らないユニークな戦略で、傷ついたmtＤＮＡから悪影響が出るのを巧みに防いでいるのではないだろうか。というより、そのような何らかの防衛システムを進化させた生物だけが現在も生き延びているのではないだろうか。

癌ミトコンドリア原因説や老化ミトコンドリア原因説を否定する実験結果を得る中で、筆者はこのような思いを次第に強くしていった。しかしこの「何らかのユニークなシステム」が存在したとして、その実体は何なのか。このミステリーに対しては具体的な解決を見出せないまま時が流れていった。実はこのミステリーの解決こそが次の最終章の主題なのである。

第10章

巧妙に隠されていた驚異の連携防衛網

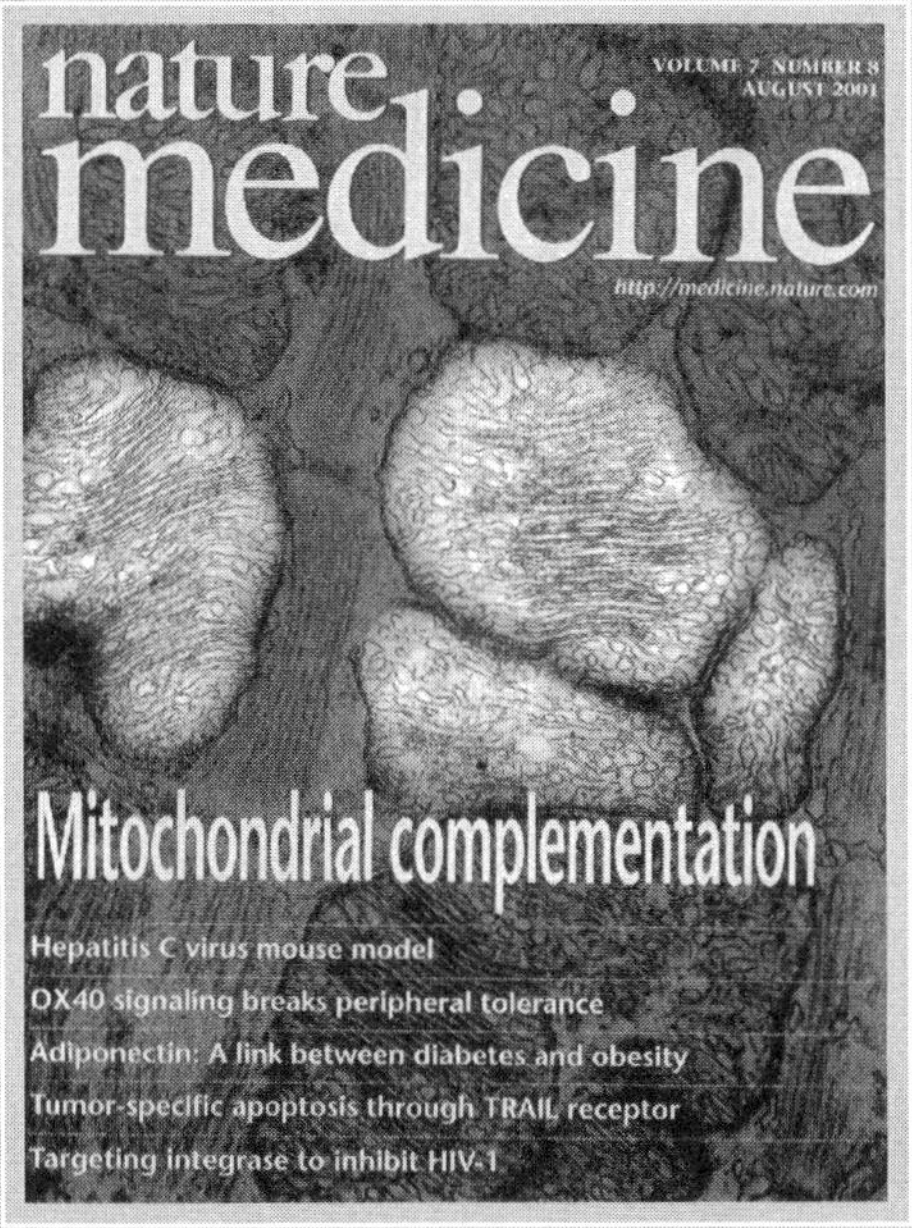

2001年8月号のネイチャー・メディスン誌の表紙に採用された心筋ミトコンドリアの電子顕微鏡写真。この写真からも、ミトコンドリアは構造的にも相互作用があることがわかる。

10－1　偶然に手に入れた魔法の鍵

前章で述べた筆者らの実験データは、加齢にともないどんなに突然変異がmtＤＮＡに蓄積しても、呼吸酵素活性の低下の原因にはなりえないことを示していた。よく考えてみると、これは実に不思議なことであった。ミトコンドリアの内部は、活性酸素に代表される酸化的ストレスや発癌剤などの化学物質がうずまく危険極まりない環境にある。そのような過酷な状況にあるmtＤＮＡがいくらダメージを受けても呼吸欠損にならないというのなら、逆にそれはなぜなのか。今度は筆者たちがこのミステリーを説明しなければならなかった。

実は、筆者たちは、同じ頃このミステリーとはまったく関係のない別の研究を進める中で奇妙な問題に遭遇していた。そしてこの問題をめぐってミトコンドリア研究の第一人者といわれる、カリフォルニア工科大学のジュセッペ・アッタルディーと一〇年以上にわたる激しい論争を繰り広げていた。その論争とは、哺乳類の細胞内にあるミトコンドリア間で物質の交換が行われているのか否かというものだった。実は、最近になって、ようやく論争に完全に決着をつける目処が立ってきたと思っていたところ、偶然、筆者を悩ませてきたミステリーを解決する糸口を発見したのである。アッタルディーとの論争は何の関係もないと思っていたのだが、意外にも、ここに謎を解く重要なヒントが隠されていたのである。

「ある研究目標を達成するために、さまざまな実験を行い、その実験結果の中から、問題解決のための鍵を見つけて、真実の扉を開き、ゴールにいたる」——これは、研究者にとってみれば、理想的な問題解決のシナリオだが、実際には、このように順調で必然的な経過をたどる発見はことのほか少ない。少なくとも、筆者の研究者人生では、当初の目論見どおりに研究が進んだことはあまりなかったように思う。反対に、本来の目的とはなんの関係もない研究の中で、偶然発見したことが突然光を放ちはじめ、ミステリーを次々に解く「魔法の鍵」になる、こんなことが何度も起きた。まさしく、アッタルディーとの論争は、ミトコンドリアをめぐる最後のミステリーを解く「魔法の鍵」をつかむきっかけを与えてくれた。筆者がいかにしてその手がかりを得たのか、その経緯を説明しよう。

10−2　相互作用をめぐる論争への序曲

ミトコンドリアの間で物質のやりとりが行われているのか否かという問題（専門的な言い方をすれば、ミトコンドリア間相互作用の有無をめぐる問題）は、長きにわたって研究者たちを悩ませてきた。ミトコンドリア細胞内共生説に従えば、ミトコンドリアは自らの祖先でもある原核生物（バクテリア）と同じように、一つ一つは独立した存在であるから、ミトコンドリアの間で物質のやりとりはないと見るのが妥当だが、これを実験的に裏付けることができなかったのだ。

この程度のことなら、簡単に確認できそうなものだが、なかなかどうしてこれが難しい。最先端の分子生物学をもってしても、哺乳類のミトコンドリアの内部にある物質の移動を直接確認するのは事実上不可能といってよかった。

一方で、植物では、当時すでにミトコンドリア間で物質のやりとりのあることが明らかにされていた。実は、一部の植物や菌類では、受精（接合）する際に、雄親と雌親由来のミトコンドリアが受精卵（接合子）の中に共存し、その際に、たがいのmtDNAの遺伝情報の一部を交換する「組み換え」という現象が起きることが確認されていたのだ（図10－1A）。このような組み換えが起きるためには、少なくとも雄親と雌親のミトコンドリアが融合して、おたがいのmtDNAが共存する状況がなくてはならない。すなわち、雄親由来のミトコンドリアの中にあるmtDNAと雌親由来のミトコンドリアの中にあるmtDNAが、ミトコンドリアの間を自由に移動していると考えなければ説明がつかない。つまり、哺乳類のmtDNAも組み換えが起きていることが確認されれば、ミトコンドリアの間で物質（mtDNAとその遺伝子産物）が移動していることを自ずと証明できるわけだ。

しかし、哺乳類では、mtDNA組み換えの存在を証明することが極めて難しい。なぜなら、哺乳類では、父親のmtDNAはいっさい伝わらず、子孫のmtDNAは母親のmtDNAの完全なるコ

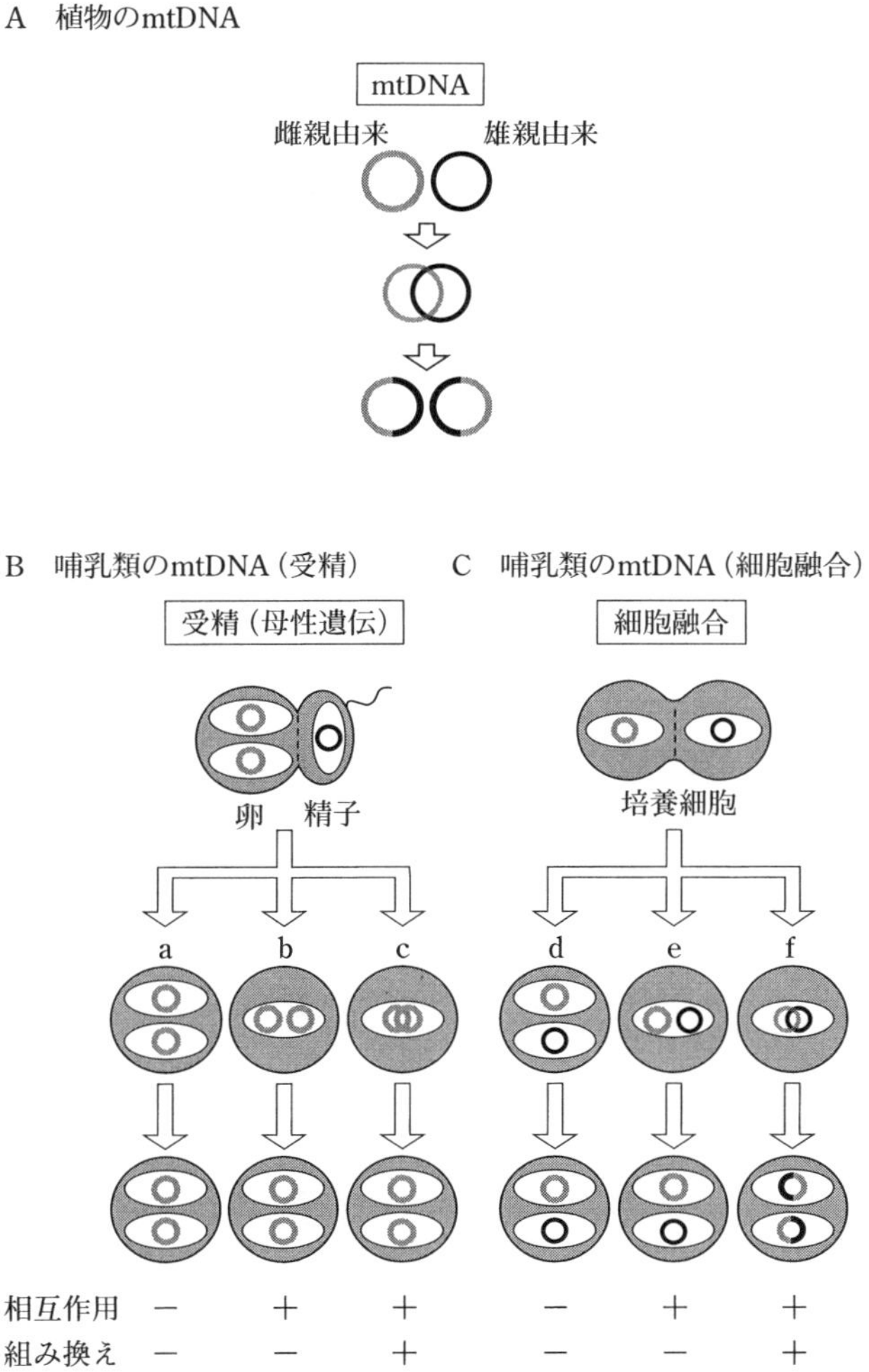

図10-1　mtDNA組み換えとミトコンドリア間相互作用

ピーになってしまうからだ。

このことを図を使って説明しよう。図10－1Bをご覧いただきたい。これは哺乳類のmtDNAに着目して、どのような状況で組み換えが起きるかを模式図で検討したものだ。◯は精子由来のmtDNAを、◯は卵由来のmtDNAを表している。そして、mtDNAを囲んでいる◯はミトコンドリアを示している。ミトコンドリアは完全母性遺伝するので、精子由来のmtDNA（◯）は子（a、b、c）にはいっさい伝わらない。すなわち、組み換えが起こるとすれば、卵由来のmtDNA（◯）どうしということになる。しかし、前述したように、同一個体であれば、卵のmtDNAは塩基配列が同じ（◯）であるので、仮にmtDNAが組み換えを起こしても、その結果、生じる組み換えmtDNAはやはり同じ塩基配列（◯）になる。つまり、組み換えを起こそうが起こすまいが、塩基配列は変わらないので、組み換えの有無を判別するすべがないのである（図10－1Bのc）。さらにいえば、そのような組み換えは生物学的には何の意味もないということでもある。

多くの研究者がこの問題でジレンマに陥っているとき、筆者は癌ミトコンドリア原因説を検証する過程で、偶然この問題の答えを導き出す細胞を手に入れていた。それは、本書でもお馴染みとなった、多型突然変異のA型とB型mtDNAが共存（ヘテロプラズミー）する細胞（80ページ、図4－4）である。この細胞（サイブリッド）が、mtDNAの組み換えを発見する手がかりになることに気づいた筆者は前ページの図10－1Cのような実験を行った。同じ個体のmtDNAどうしでは塩基配列に差はないが、異なる個体のmtDNAであれば、組み換えを起こしているかどうかは、制限酵素を使えば、すぐに判別できる（図10－1Cの模式図でいえば、組み換えを起こしたmtDNAは○と○である）。なぜなら組み換えを起こすと、切断型は大きく変化し、単にA型とB型を混合した切断型ではなくなるからである。

しかし、長期にわたって細胞を培養したにもかかわらず、結局、切断型はいっこうに変わらず、組み換えを起こしたmtDNAは最後まで確認することができなかった。哺乳類のmtDNAでは組み換えは行われなかったのである。やはり、大方の予想どおり、哺乳類のミトコンドリアの間では植物のミトコンドリアで見つかったような大規模な物質のやりとりは存在しないのか……。

しかし、冷静に考えると、mtDNAの組み換えがないからミトコンドリア間で物質の交換がないという結論（図10－1Cのd）を出すのは、早計である。なぜなら、ミトコンドリアどうしで物質の交換は行われているにもかかわらず、mtDNAの組み換えが起きない可能性（図10－1Cのe）が残っているからだ。前述したように、mtDNAが母親の完全なクローンになっている哺乳類では、mtDNAが組み換えを起こしても、まったく同じ塩基配列にしかならず組み換え自体が意味をなさなくなっており、もともと存在した機構を退化させた可能性は十分に考えられる。

つまり、mtDNAの組み換えの有無だけで、ミトコンドリアどうしで物質がやりとりされているかどうかを判断しようとしたこと自体が論理的に間違っているわけだ。となると、ミトコンドリアの間で物質のやりとりがあることを証明するには、mtDNAの組み換え以外の新たな手がかりが必要になってくる。

しかし、この問題はしばらくの間、手つかずのままになった。当時、筆者は、埼玉県立がんセンター研究所に勤務しており、この研究を続ける権利も必然性もなく、問題を解決する手だてもなかった。この研究を再開したのは、筑波大学に移ってからのことだ。ミトコンドリア病の研究をしていく中、ミトコンドリア間で物質がやりとりされているかどうかを判断する手がかりを、これもまた偶然入手することができたのである。

10－3　応用研究に活躍した細胞の第二の人生

私たちに定年後の第二の人生があるように、細胞にも第二の人生を送るものもある。そして、老後の生活が予期せぬ展開になることがあるのと同様に、細胞の第二の人生も、時として思いがけないものになる。

前節で述べたように、癌細胞のmtDNA移植の結果、樹立された細胞（80ページ、図4－4）は癌研究に貢献した後、偶然にも哺乳類のmtDNAの組み換えがほとんど起こらないという基礎研究にも貢献した。多型突然変異を組み換えのマーカーとして利用するという発想は、mtDNAの

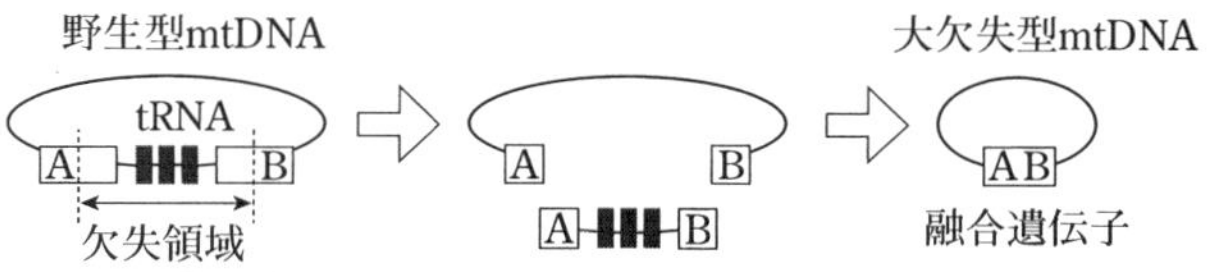

図10-2　大欠失突然変異による新規融合遺伝子の形成

組み換えの研究ばかりしていても思いつくものではない。癌研究で回り道することがなければ、このような使い途を思いつくことはなかったであろう。

実は、ミトコンドリアどうしで物質のやりとりがあること、すなわち、ミトコンドリア間相互作用の証明においても、第二の人生を歩んだ細胞が大いに活躍することとなった。ミトコンドリア間相互作用とはまったく関係がないと思われた細胞が、偶然、この問題を解決する決定的証拠を示してくれたのである。この細胞とは、第七章に登場した、CPEO患者から移植した大欠失型mtDNAの病原性を証明し、見事に第一の人生を終えたサイブリッド（158ページ、図7-1④）だ。ミトコンドリア間相互作用の手がかりは、この大欠失型mtDNAが新たに獲得したユニークな融合遺伝子から得られたのである。

図10-2をご覧いただきたい。これは、大欠失型mtDNAを模式図で説明したものだ。図を見てわかるとおり、大欠失型mtDNAは、数個のtRNAを合成する遺伝子が失われており、さらに欠落した端と端とが結合した特殊な融合遺伝子（図ではABと表示）が新たに生じている。実は、この融合遺伝子が翻訳されると、正常なmtDNAには作ることのできない融合タンパク質（図10-3㈧のAB）ができるのだ。

なぜ、この融合タンパク質が、ミトコンドリア間相互作用の存在を裏付けることができるのか。少々ややこしい話だが、図10－3を参照しながら、以下の解説を読んでいただけば、その理由はすぐにご理解いただけると思う。まず、㋑で示したようにミトコンドリア内でタンパク質が合成されるとき、mtDNA上の塩基配列はいったんmRNA（伝令RNA）に転写される。そして、mRNAの塩基配列にしたがってアミノ酸が集められて、タンパク質が作られる（㋑、図ではタンパク質はAとBと表示）。この際、アミノ酸を集めるのがtRNAの役割だ。

次に㋺で示したように大欠失型mtDNAしかないミトコンドリアでは、融合遺伝子は、mRNAに転写されるもののアミノ酸を集めるtRNAが存在しないので、タンパク質への翻訳が途中で停止してしまう。ところが、㋩のように細胞融合により正常ミトコンドリアが導入されるとミトコンドリア間相互作用が働き、正常型mtDNAのみを持つミトコンドリアからtRNAが供給される。その結果、停止していたタンパク質への翻訳が再開し、融合タンパク質（AB）も合成（翻訳）されるのである。つまり、翻訳された融合タンパク質ABの存在が確認されれば、大欠失型mtDNAのみを持つミトコンドリアと正常型mtDNAのみを持つミトコンドリアの間で少なくともtRNAが移動していることが証明できるわけだ。

そこで、筆者たちは、図10－3で説明した要領で、大欠失型mtDNAだけを含むためにすべてのミトコンドリアが呼吸欠損になった細胞に正常なmtDNAを含むミトコンドリアを導入する実

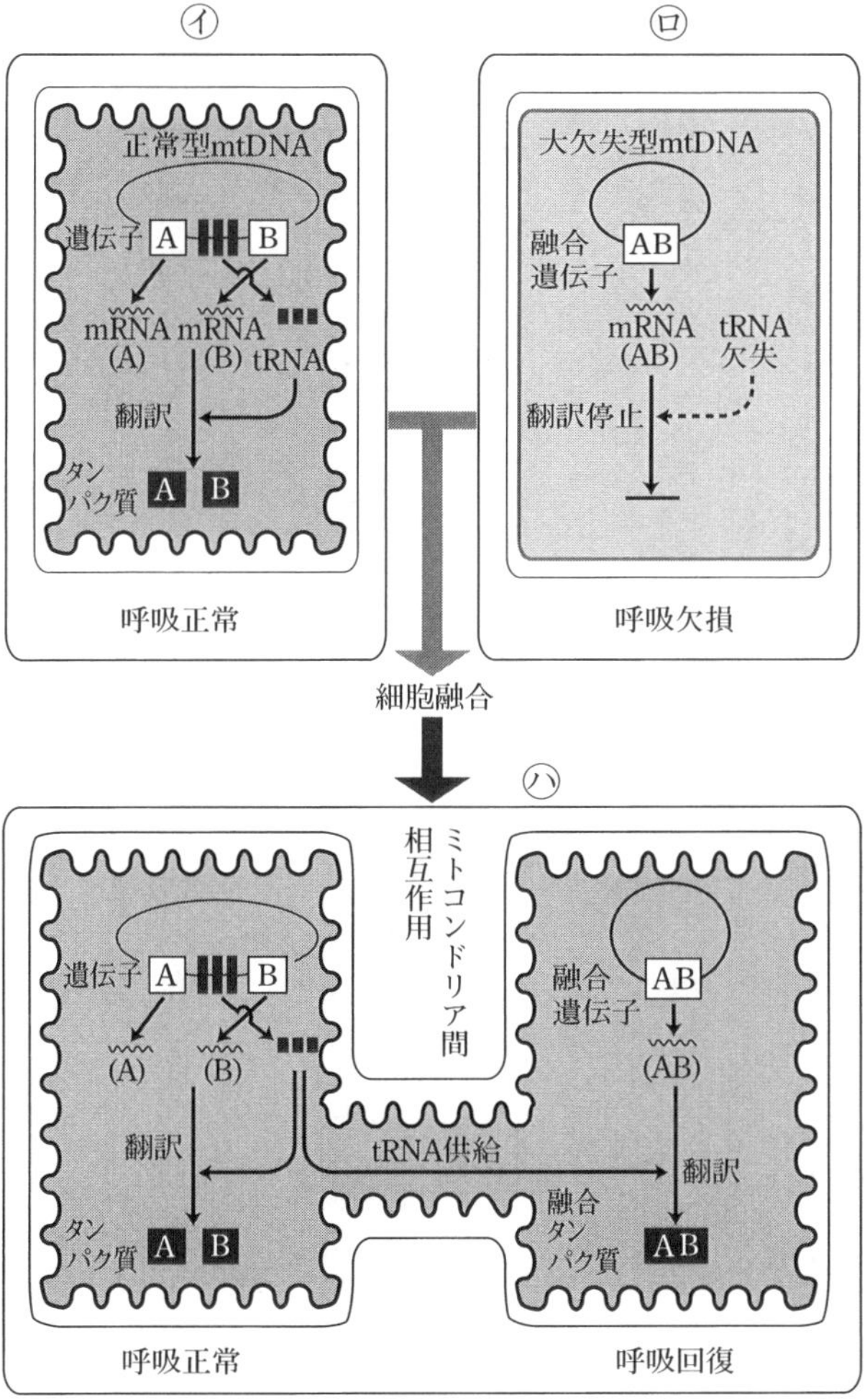

図 10-3　ミトコンドリア間相互作用による融合遺伝子の翻訳

験を行った。CPEO患者の細胞のmtDNAはすべて大欠失型mtDNAで、まったく呼吸酵素活性はなく、クリステは退化して消えていた（図10－3(ロ)）。ここに正常なmtDNAを含むミトコンドリアを導入した結果、約五〇％の正常型mtDNAを含む雑種細胞が分離された（図10－3(ハ)）。さらにこの細胞のミトコンドリア内タンパク質合成の解析と、COX電子顕微鏡を用いて一つ一つのミトコンドリアのCOX活性と形態の解析を行ったところ、この細胞のミトコンドリアには大きな二つの異変が生じていることが明らかになったのである。

第一はこの細胞では融合タンパク質の翻訳が行われるようになったこと、第二は細胞のすべてのミトコンドリアは呼吸酵素活性が回復し、形もすべて正常になったことである（図10－3(ハ)）。この現象は、正常型mtDNAのみを含むミトコンドリアから、大欠失型mtDNAのみを含むミトコンドリアへ少なくともtRNAの供給が行われ、ミトコンドリア内でタンパク質の翻訳が開始されたことを示している。

実はこれより以前、筆者たちは、mtDNAをまったく持たないHeLa細胞（mtDNA欠損HeLa細胞）に正常型mtDNAのみを含む正常ミトコンドリアを移植したところ、呼吸欠損になっていたミトコンドリアが再び酸素呼吸を取り戻すことを立証していた（図10－4）。これも、移植したミトコンドリアの中にあるmtDNAそのものが、mtDNA欠損HeLa細胞の呼吸欠損ミトコンドリアの中に移動したからできたことだ。これらの実験データから、ミトコンドリア間でtR

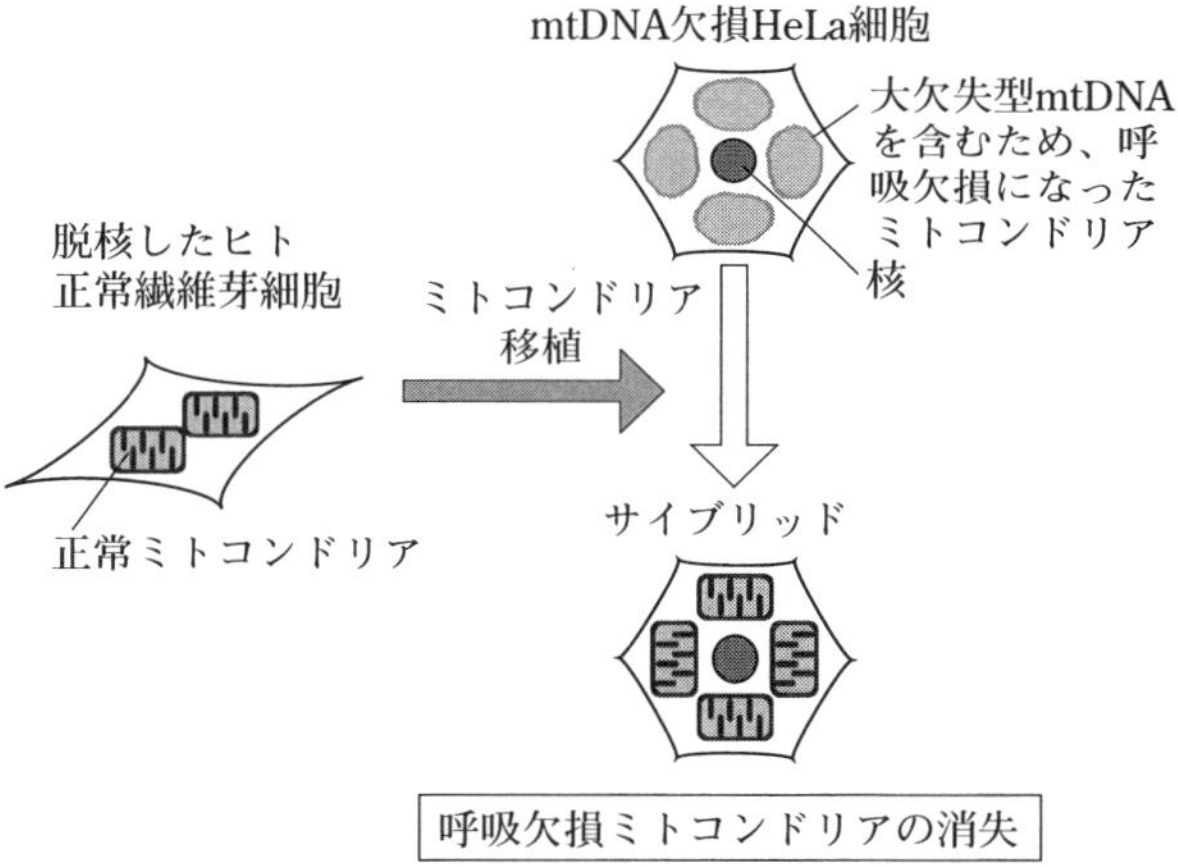

図10-4　ミトコンドリア間相互作用の確固たる証拠
——呼吸欠損ミトコンドリアの消失

NAやmtDNAそのものの交換が行われていること、つまり、哺乳類のミトコンドリア間にも相互作用のあることが明らかになった。

10-4　論争への火ぶた　ゴードン会議での激突

一九九一年から一九九四年にかけて、筆者たちは米国科学アカデミー紀要などに、これら一連の実験結果をまとめた論文を掲載した。しかし、ミトコンドリアのイメージを覆す画期的な研究を成し遂げたという充実感に浸っている暇はなかった。これらの論文発表からほどなく、アッタルディーが「ヒトのミトコンドリア間に物質の交換はない」という論文を発表したのである。

アッタルディーはスタンフォード大学のデ

ビッド・クレイトンとともに、少なくともここ三〇年以上にわたり哺乳類のミトコンドリア遺伝学の領域で常にトップクラスの研究を発表し、世界のミトコンドリア研究をリードしてきた素晴らしい研究者である。このようなミトコンドリア研究の第一人者が筆者の研究を真正面から批判してきたのだ。これはある意味、光栄なことであると同時に大変なプレッシャーを感じることであった。

アッタルディーらは、ミトコンドリア病の三大病型の一つであるMELASとMERRFの患者から摂取した呼吸欠損ミトコンドリアを、同一細胞内で長い間共存させても呼吸欠損が回復しないという実験データを根拠に、ミトコンドリア間には相互作用は成立しないと結論づけた。これはミトコンドリア間に相互作用が存在するという筆者たちの実験結果に対する明らかな異議申し立てだった。

ミトコンドリア間相互作用の有無をめぐる両者の考え方の違いは、一九九八年、スイス、ヴォー州の景勝地レ・ディアブルレで開かれた国際学会、ゴードンカンファレンスで激突した。筆者の研究発表の座長をしていたアッタルディーは、一般の質問をいっさい受け付けずに自分たちの研究の正しさと筆者たちの研究の問題点の指摘に終始し、ミトコンドリア間相互作用は起きたとしても極めてまれであるといった。それは一九九五年九月にションティー城で開かれたユーロミット3の悪夢の再現でもあった。

筆者(左から二番目)とミトコンドリア間相互作用で論争を繰り広げたジュセッペ・アッタルディー(写真右から二番目)。写真右端はアン・コーミン。写真左端は康東天

「両者の主張は何も矛盾していません。我々は呼吸欠損ミトコンドリアと正常ミトコンドリアの間に相互作用が存在すると主張しているのに対し、アッタルディー教授は、呼吸欠損ミトコンドリアどうしに相互作用がないと主張なさっているのです。両者の結論が違っていても何の問題もないのではないでしょうか」

アッタルディーの厳しい批判に対して、筆者はこう答えるのがやっとであった。筆者の発表の後、アン・コーミンがすまなそうな顔をして筆者に対する夫(アッタルディー)の激しい批判を気にしないようになぐさめてくれたり、ゴードン会議主催者のジェフ・シャッツも彼の発言は不適切であったと弁護してくれたりした。(幸いにして)筆者のヒアリング能力では、アッタルディーの発言内容はほとんど聞き取れなかったが、彼らの気の遣い方から判断すると、どうやら彼の批判は相当激しいものだったらしい。アッタルディーが発言した内容をきちん

と理解できていたら、本当に腹を立てていたかもしれない。

10−5　臭いものにふたをしない

アッタルディーたちがいうように、呼吸欠損ミトコンドリアどうしでは、物質のやりとりは本当に行われていないのか。帰国した筆者は早速、彼らの実験を検証してみることにした。

筆者たちは、ミトコンドリア病の三大病型の一つとして知られるＭＥＬＡＳの原因とされる点突然変異型mtＤＮＡのみを持つミトコンドリアと、ミトコンドリア心筋症の原因となっている別の点突然変異型mtＤＮＡのみを持つ細胞どうしを細胞融合して雑種細胞を作った。そして、その中のミトコンドリアの間で、相互作用が働くかどうかを調べてみた。二つのミトコンドリアは、ｔＲＮＡの合成ができないために呼吸欠損になっている点では共通しているが、原因となるｔＲＮＡの種類が異なっていた。したがって、もし二つのミトコンドリアの間で物質が相互にやりとりされているのであれば、たがいに不足しているｔＲＮＡを補って呼吸酵素活性を取り戻すことは十分に考えられることであった。

筆者たちは、二つの細胞を融合し、その五日後に、呼吸欠損の細胞でも生育できる栄養培地から呼吸欠損のままでは生育できない選択培地に置き換えた。もし、この選択培地に替えてもコロニー（細胞集落）を形成することができれば、その雑種細胞のミトコンドリアは、相互作用によって必要なｔＲＮＡを交換し、酸素呼吸できる能力を取り戻していることになる。しかし、密かな期待に反し、何度実験を行ってもコロニーは形成されることなく、すべての細胞は選択培地の中で死を迎えたのである。実験結果は、呼吸欠損ミトコンドリア間ではｔＲＮＡはやりとりされていないことを端的に示しており、筆者にとっては全身から血が引いていく思いであった。

呼吸欠損のミトコンドリアどうしの場合は、アッタルディーの考えのほうが正しかったのか。この都合の悪い現実にふたをすべきではない。誤りを他人に指摘されるくらいなら、潔く論文にして、この局面に関しては敗北宣言したほうがいいに決まっている。しかし筆者はこの結果をすぐに論文にしなかった。その理由は、この結論と矛盾する予備実験の結果が出ていたからである。

早速、筆者たちはこの予備実験の確認作業に取りかかった。しかし、そのさなか、筆者たちが報告をひかえていた実験結果とまったく同じデータを、なんとアッタルディーたちに先に提出されてしまったのである。二〇〇〇年、アッタルディーらは再度「ミトコンドリア間相互作用はほとんど起こらない」というタイトルの論文を発表した。そしてその根拠とは「呼吸欠損細胞どうしを細胞融合した六日後に、選択培地で選択してもコロニーを形成できない」ということであった。これは筆者たちが行った実験とほぼ同じ結果であった。

10－6　繰り返された論争の決着

しかし、アッタルディーの「ミトコンドリア間相互作用はほとんど起こらない」という結論には、微妙な論理的飛躍があることがおわかりいただけるだろうか。彼らの実験結果では、確かに六日までは呼吸酵素活性は回復していないが、その後も回復しないという根拠はなんら示されていなかったのである。もしかすると、七日目以降に呼吸酵素活性が回復するかもしれない。この可能性が否定されない限り、結論を下すのはいささか早すぎるのではないか。筆者がすぐに実験結果を公表しなかったのは、実験結果が筆者の思いどおりのものではなかったからではなく、このことを確認する実験を行っていたからであった。

筆者たちは、融合した細胞が本当に呼吸欠損であるかどうかということの直接的証拠を得るために、呼吸欠損の細胞でも増殖できる栄養培地で四〇日間増やした細胞の呼吸酵素活性を生化学的に測定する実験を行っていた。驚いたことに、融合した細胞は酸素呼吸をする能力を取り戻し、選択培地に移しても生育することができたのである。この実験結果は、呼吸欠損どうしのミトコンドリアを同一細胞内で共存させた六日後から四〇日後までのどこかで、呼吸活性が復活していることを雄弁に物語っていた。つまり、「相互作用は起こらない」のではなく、「相互作用はすぐには起こらない」のだ（図10－5）。

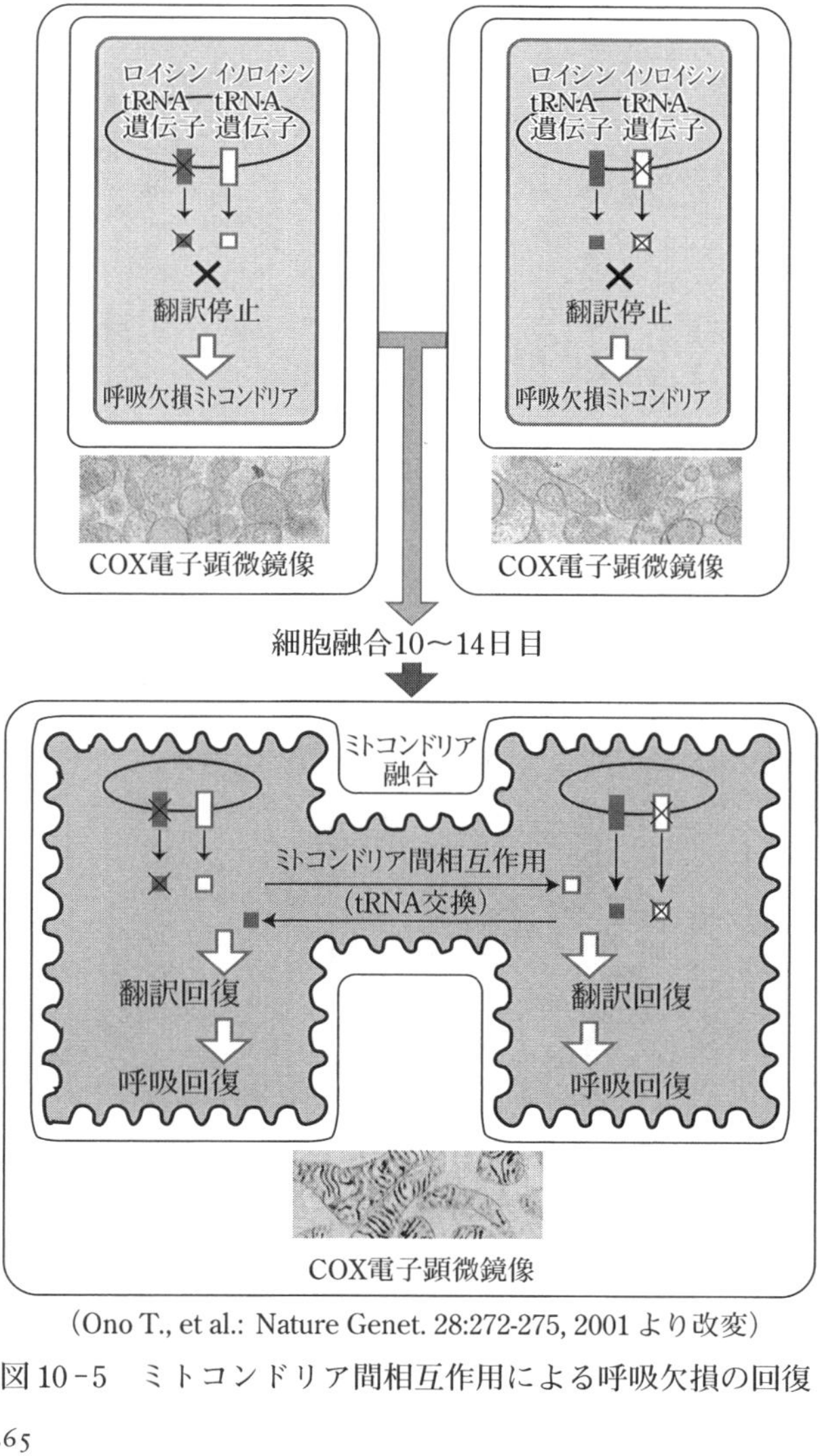

(Ono T., et al.: Nature Genet. 28:272-275, 2001 より改変)

図 10-5　ミトコンドリア間相互作用による呼吸欠損の回復

さらに実験を重ねていくと、呼吸欠損の二つのミトコンドリアが相互作用によって、呼吸機能を完全に回復するには、両者を共存させてから一〇〜一四日程度は必要であることがわかった（図10−5）。筆者たちの研究は二〇〇一年七月号のネイチャー・ジェネティクス誌に掲載された。

10−7　生体内でもミトコンドリアは一つ！

以上の実験から、ミトコンドリア間にはおたがいが呼吸欠損であろうとあるまいと物質の交換が行われていることが明らかになった。ただしミトコンドリア間に相互作用が存在することが証明されたのは、培養細胞、それもHeLa細胞やヒトの骨肉腫細胞という特殊な癌細胞を用いた培養細胞系での話で、この結果だけでは私たちの体を構成している細胞のミトコンドリアもそうであると一般化することはできない。

それでは私たちの体のミトコンドリアにも果たして同じように相互作用が働いているのだろうか。このほうがはるかに重要な問題で、これは多くの研究者から指摘された点でもある。しかしこの問題も解決するまでにはそれほど時間がかからなかった。実は、あらためて実験をするまでもなく、この問題解決の手がかりは、筆者たちが第八章で樹立に成功したミトマウスの実験データの中に隠されていた。またもや、偶然が筆者を救ったのである。

ここで、ミトマウス作製の実験（193ページ、図8－7）を振り返りながら一つ簡単な思考実験をしてみよう。その概略図を、次ページの図10－6に示した。筆者たちは、まず正常型mtDNAのみを含むマウスの受精卵（厳密には前核期胚）の中に大欠失型mtDNAのみを持つCy4696という細胞質雑種細胞（サイブリット）から取り出した細胞質（図8－7A）、またはミトコンドリアをそれぞれ細胞融合法または顕微注入法を用いて導入した。そして、このような操作をした受精卵をマウスの仮親の子宮に移して、ミトマウスを産ませたのである。

ここで、ミトコンドリア間には相互作用が働かないと仮定しよう。この受精卵には、「大欠失型mtDNAのみを含むミトコンドリア」（、呼吸欠損）と、受精卵の中にもとからあった「正常型mtDNAのみを含むミトコンドリア」（、呼吸酵素活性あり）が共存している。両者のミトコンドリアの間で物質のやりとりがないと仮定しているので、受精卵の中で両者が共存しても、「大欠失型mtDNAのみを含むミトコンドリア」は常に呼吸欠損であるはずだ。

その後、受精卵は細胞分裂を繰り返して最終的にミトマウスになるが、ミトコンドリアはそのマウスの細胞にランダムに分配されていく。相互作用が存在しなければ、大欠失型mtDNAを六○%を持つ細胞があったとしたなら、その細胞中に含まれるミトコンドリアの六○%は呼吸欠損のままであり続けるはずだ（図10－6上、相互作用なし）。

逆に、この仮定が間違っていて、培養細胞で見られたような相互作用が行われているとしたら

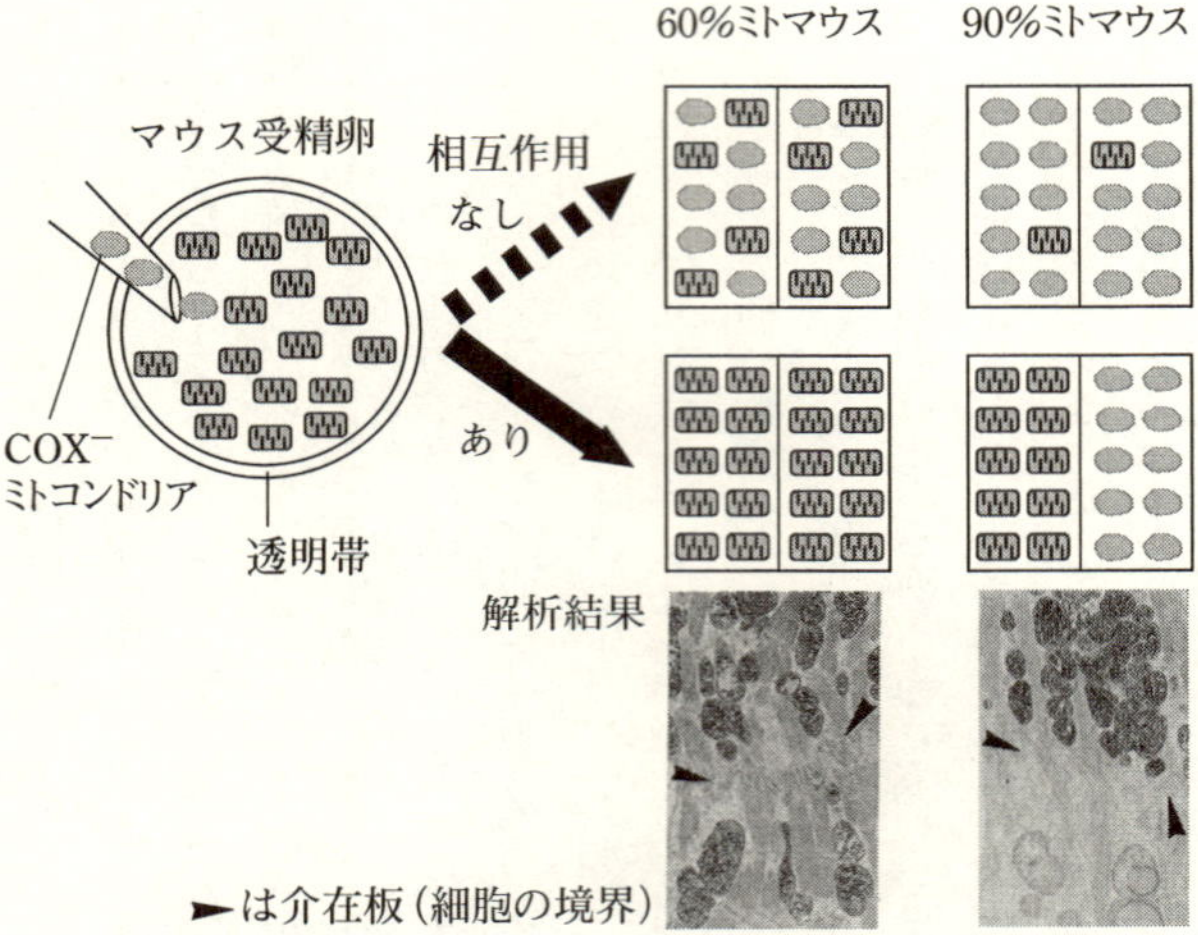

図10-6　生体内のミトコンドリア間相互作用

どうだろう。正常（野生）型mtDNAのみを持つ呼吸酵素活性ミトコンドリアから、tRNAが供給され、そのおかげで細胞中のミトコンドリアはすべて呼吸酵素活性が回復するはずである（図10-6下、相互作用あり）。はたして実際の実験結果はどちらだったのか。

筆者たちは、どの組織にも大欠失型mtDNAをおおむね、〇%、六〇%、九〇%含むミトマウスを選び、各組織のCOX活性をCOX電子顕微鏡を用いて調べた、結果は、〇%、六〇%の場合は、ミトマウスのすべての組織のすべてのミトコンドリアが呼吸酵素活性をもっていた。ところが、九〇%の場合だけは、呼吸酵素活性のあるミトコンドリアのみを持つ細胞と呼吸欠損ミトコンドリアのみを持つ細胞が存在した。不思議なことに、呼吸

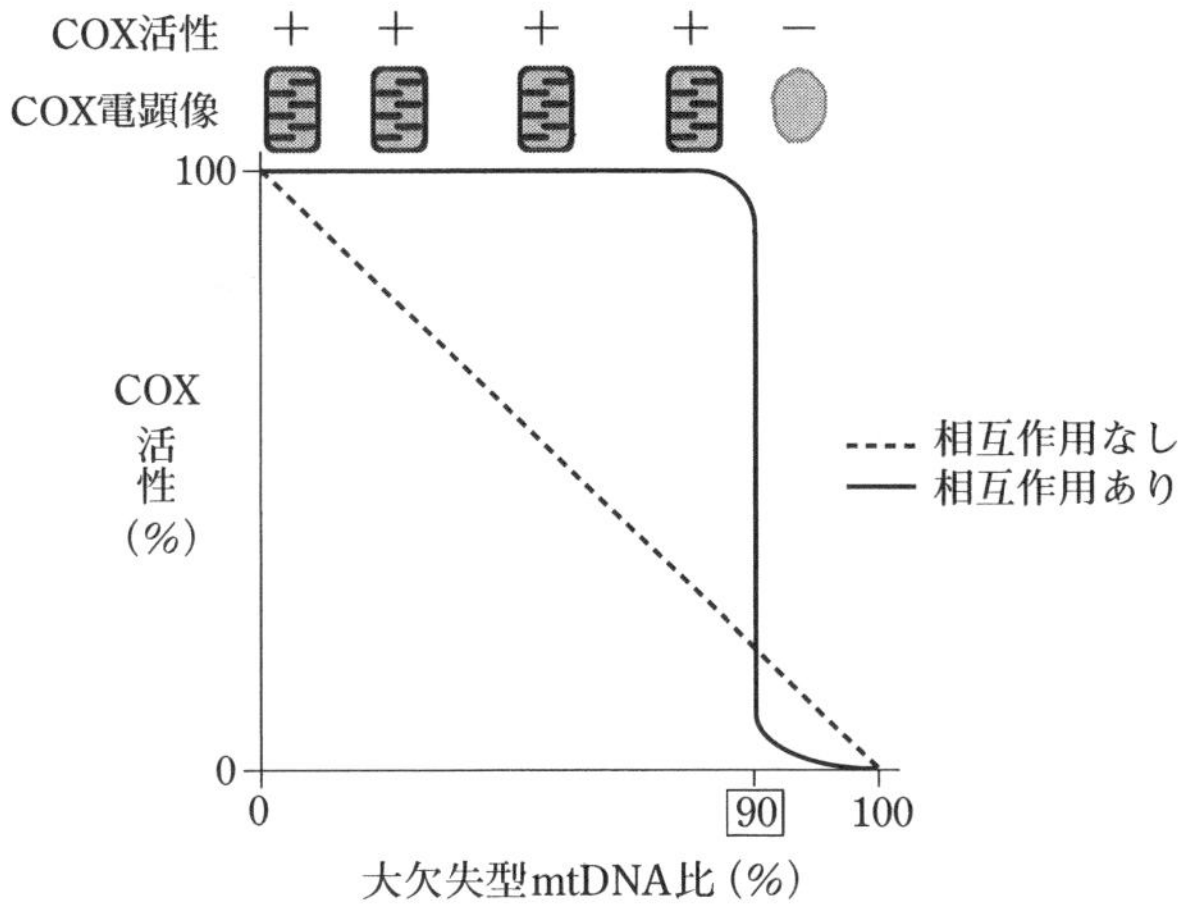

図10－7　培養細胞内のミトコンドリア相互作用

酵素活性のあるミトコンドリアと呼吸欠損のミトコンドリアが同一細胞に混在することはなかったのである（図10－6）。

これらの結果をどのようにとらえたらいいのか。やはり、呼吸酵素活性があるミトコンドリアと呼吸酵素活性のないミトコンドリアとの間で、相互作用が働き、tRNAをやりとりしていると考えるのが自然であろう。

おそらく、ミトコンドリア内の大欠失型mtDNAの割合が九〇％以下の場合は、一〇％以上存在する正常なmtDNAからtRNAが供給されることで、すべてのミトコンドリア内のタンパク質合成は何とか進み、細胞内すべてのミトコンドリアの呼吸機能も正常に近い状態を保つことができるのであろう。

一方、大欠失型mtDNAの割合が九〇％を超えると、一〇%以下になった正常型mtＤＮＡから転写されるｔＲＮＡ量では、必要な量のアミノ酸の運搬がとてもまかないきれなくなり、その細胞内のすべてのミトコンドリアのタンパク質合成活性全体が一様に低下し、その結果、細胞内のすべてのミトコンドリアの呼吸機能が一気に失われると解釈される（図10－7）。

以上の実験によって、ミトコンドリア間相互作用は培養細胞だけで起きている特殊な現象ではなく、生体内でもごく一般的に起きていることがここに証明できたのである。ミトコンドリアは培養細胞だけでなく、実際の生体内でも一つになって助け合い、病原性突然変異型mtＤＮＡが九〇%を超えるまでは正常なエネルギー生産ができるよう懸命の連携をしているのである。以上の結果は、二〇〇一年八月号のネイチャー・メディスン誌に掲載され、筆者たちが撮影したミトマウスのミトコンドリアの電子顕微鏡写真はその号の表紙を飾った（第十章カバー絵、２４７ページ）。

10－8　常識を破る新たなパラダイム……ミトコンドリア連携説

筆者たちがここまでミトコンドリア間相互作用の存在にこだわったのには理由がある。その存在は、少なくとも二つの既存の常識をうち破り、新たなパラダイムを構築する可能性を秘めていたからである。第一の覆すべき常識は、「ミトコンドリアは通常一つの細胞当たり数百個存在し、各ミトコンドリアは数分子のmtＤＮＡを含んでいて、バクテリアの分裂と同じようにして増えていく」といったミトコンドリアのステレオタイプである（16ページ、図１－１）。

実験結果は、ミトコンドリアは、祖先のバクテリアのように、個々に独立した存在ではないことを明確に示している。また、その中にあるmtＤＮＡは、特定のミトコンドリアに局在することなく、細胞内にある他のミトコンドリアの間を自由に動き回っている。もはや、ミトコンドリアは単体としての細胞小器官ではなく、動的に連続した存在で、機能的には単一であり、一つの細胞に一つの連続的なミトコンドリアが存在しているのと同じことになる。実際、第一章で述べたように（図１－２Ｃ）、また、本書カバーのイメージ図を御覧いただければわかるとおり、生きているミトコンドリアを観察すると、毛細血管のように驚くほど連続的であることがわかる。

もちろん、ミトコンドリアは必ずしも構造的には一つとはいえない。ただ、仮にミトコンドリアが構造的に一つにつながっていたとしても、中身が硬直し物質の移動がなければ数がたくさんあるのと同じである。逆に構造体がたくさんあったとしても、線状や網目状のミトコンドリアどうしの融合や分裂が頻繁に繰り返され、しかも、その中をmtＤＮＡやその遺伝子産物が比較的速く動き回っているとすれば、構造的に単一でなくても機能的単一性を達成することは可能である（図10－８）。大切なのはミトコンドリアの数や構造ではなくこの機能的単一性で、ミトマウスはこれまでのイメージとはまったく異なるミトコンドリアの世界を私たちに提供してくれた。

第二の覆すべき常識は、すでに第九章で取り上げた「老化ミトコンドリア原因説」である。この仮説の大前提は、加齢にともなって体内のさまざまな組織、とりわけエネルギー要求が高く酸化的ストレスの激しい脳や心臓で「ミトコンドリア呼吸酵素活性の低下」が認められること、そしてこれらの組織では加齢によって「さまざまな病原性を持つ突然変異がmtDNAに蓄積する」ことにあった。しかし、この二つの状況証拠にもとづいて、後者が前者の原因になるというこの仮説の主張は極めて乱暴である。両者を結びつける直接の証拠はないのに、老化にともなうエネルギー欠損の犯人をmtDNAの突然変異に押しつけているのである(図10−9A)。

老化ミトコンドリア原因説の信奉者たちは、老化においては特定の体細胞突然変異型mtDNAが細胞内のmtDNA集団に占める割合は一%にすら満たないが、他のmtDNA分子も詳細に調べれば別の場所に新たな体細胞突然変異を持っているはずだと強弁する(図10−8左)。そして、実際にはさまざまな種類の体細胞突然変異型mtDNAがそれぞれ微量ずつ蓄積するだけで複合的に呼吸酵素活性の低下に寄与するという、根拠にとぼしい推測を展開するのである。

ミトコンドリア間相互作用を用いれば、この老化ミトコンドリア原因説の数少ない理論的根拠を完膚無きまでに否定することができる。仮に細胞内のすべてのmtDNAにランダムに体細胞突然変異が生じても、それぞれの突然変異が異なっているため、相互作用によってそれぞれの不足するmtDNAやtRNAなどの物質(専門的な言い方をすればmtDNAの転写・翻訳産物)を貸し借り

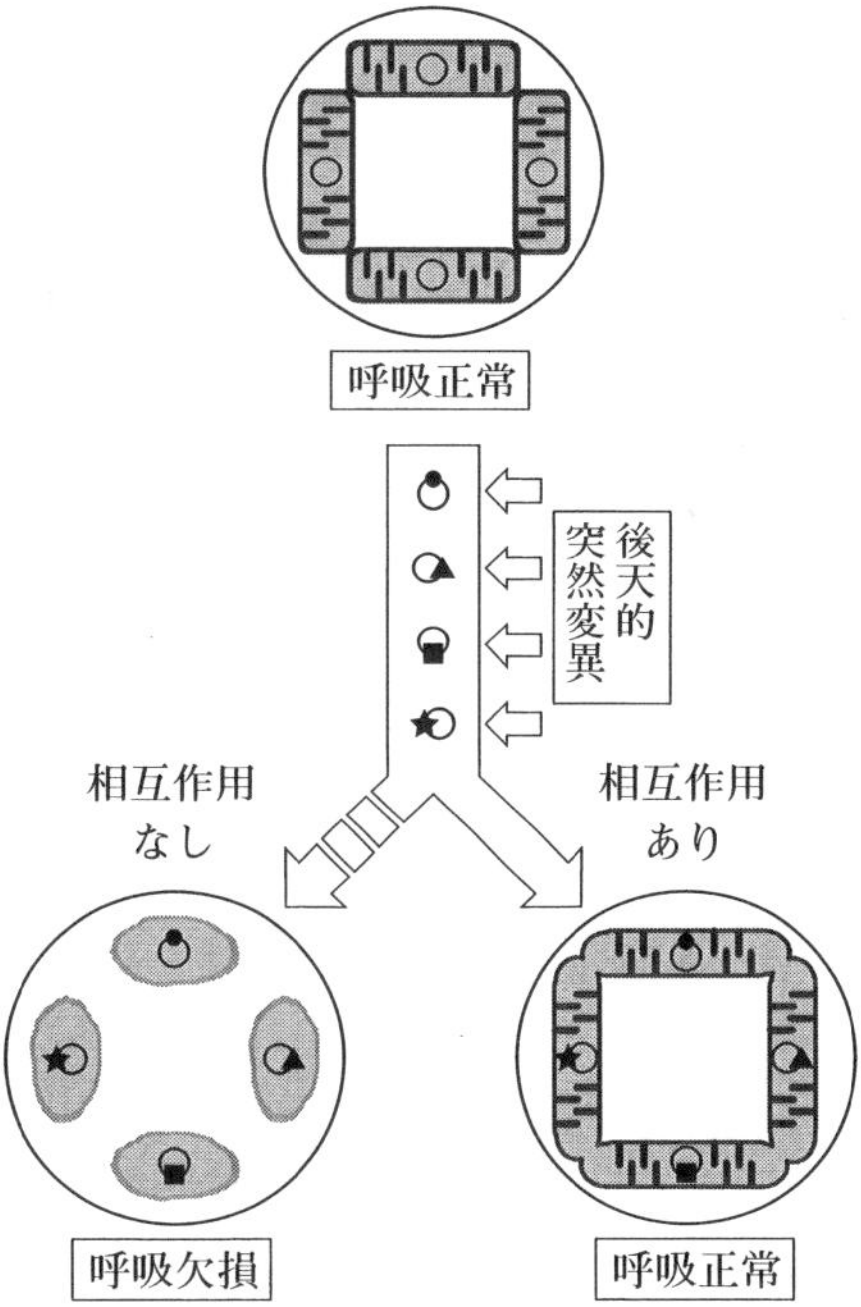

図10-8　後天的mtDNA突然変異蓄積による呼吸欠損発現はミトコンドリア相互作用により回避される

しあうことができる（図10-8右）。つまり、ミトコンドリアは、相互作用を働かせることによって、呼吸酵素活性の低下を抑えることができるのだ。これが現在、筆者が提案している「ミトコンドリア連携説」(Interaction theory of mitochondria) である。

実は、本章の冒頭で述べたミステリー、すなわち、どんなにさまざまなmtDNAが蓄積しても、加齢にともなう呼吸酵素活性の低下の原因にならないというパ

A　老化ミトコンドリア原因説のシナリオ

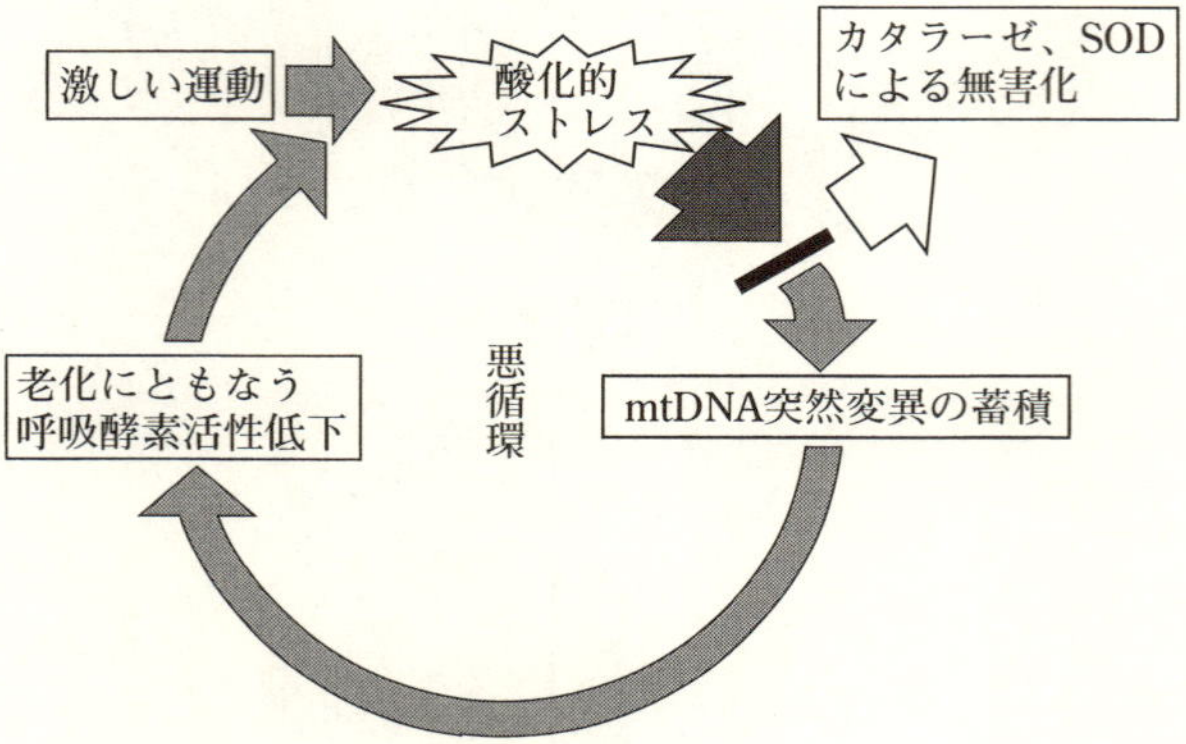

B　ミトコンドリア連携説のシナリオ

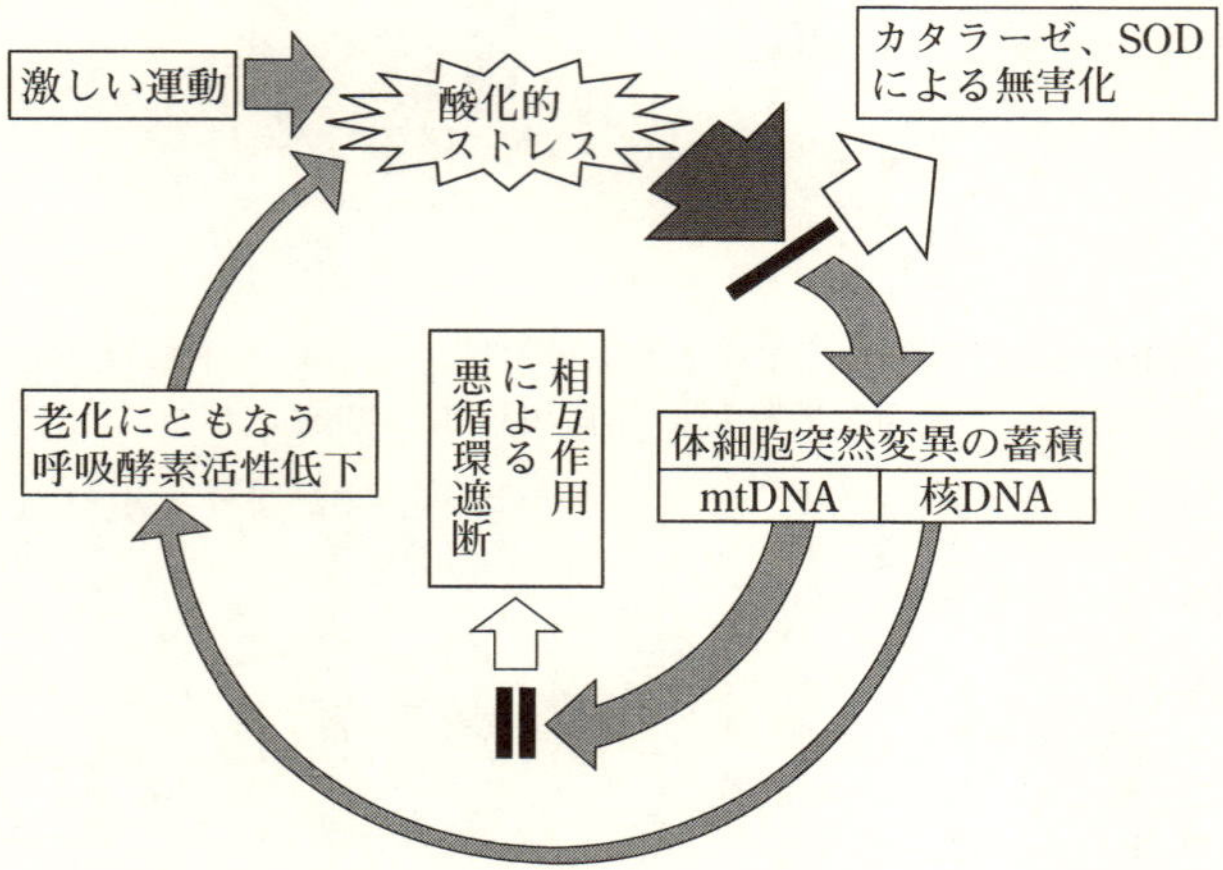

図10-9　ミトコンドリア相互作用による悪循環の遮断

ラドックスも、この「ミトコンドリア連携説」を使えばすんなりと解決することができるのである。「mtＤＮＡがいくらダメージを受けても呼吸欠損にならないでいられるのは、ミトコンドリアどうしで、mtＤＮＡ突然変異によって作ることができなくなった物質やmtＤＮＡそのものを相互に融通しあっているからではないのか。もしかすると、ミトコンドリアはたがいに連携することでダメージを最小限にとどめているのではないか。」

このことに気づいたのは、いわば相互作用を証明してからの話で、比較的最近のことだ。原始真核生物との共生の後、ミトコンドリアが巨大で持続的な酸化的ストレスから身を守るために進化させた驚異の防衛システム。その正体がミトコンドリア間で頻繁に行われる物質の交換にあると考えればすべての謎が矛盾なく説明ができる。

それにしても、物質交換という極めてシンプルな防衛システムを、なぜ、これまで誰一人として発見することができなかったのだろう。まるでミトコンドリアが誰にも気づかれないようにこっそりカムフラージュしてきたかのようだ……。この防衛システムは、パラサイトが密かに進化させてきた究極の知恵といっていいのではないか。

10－9　核の防波堤にもなるミトコンドリア

筆者たちの研究によって、ミトコンドリアは「相互作用」という、核にはないユニークな防衛システムを使って、この突然変異の蓄積によるダメージを最小限に食い止めていることがわかった。バラバラの細胞小器官に見えたミトコンドリアは、あたかも一つの生命体のようにたがいに手を携えて、突然変異によって生じた致命的影響を打ち消しあっていたのである。これは、核膜という強力なシェルターによって、酸化的ストレスや化学物質のダメージを防いでいる核とはまったく異なる、ユニークな防衛システムである。

18ページの図1－2Bに示したミトコンドリアの細胞内での分布の様子をみていただければわかるが、ミトコンドリアは核にまつわりつくように存在し、大切な核DNAが有害物質にさらされるのを最小限にくい止める、いわば最前線の防波堤となっている。このようにミトコンドリアは生命エネルギー生産の危険な仕事を一手に引き受けるだけでなく、外から侵入者を捕らえて核を守っている。

ミトコンドリアが自らの危険を省みずに核を守らなければならないのは、かつてミトコンドリアから核に避難した祖先のDNAを守るためかも知れない。それはまるで自己を犠牲にしてまでもわが子を守る母親のようである。そしてそのためにこの連携防衛網を必死になって進化させたのではないだろうか。

しかし、有害物質はこの防波堤を乗り越えて核ＤＮＡにダメージを与えることもあり、そのときに老化や癌化への引き金が引かれるのだ。そう考えると、もしこのシステムがなければ、私たちはたちまち老化や癌化し、寿命はずっと短くなっていたかも知れない。

10―10　核よりミトコンドリアのほうが安全という逆説

ところで、第二章で、mtＤＮＡの遺伝情報をすべてより安全な核に移住できたら、私たちはもう老化や癌化を心配しなくてもよくなるかもしれないと述べた。実は、これは、「老化ミトコンドリア原因説」が正しいことを前提にした議論である。もし、筆者が提案している「ミトコンドリア連携説」が成立するとすれば、この議論の方向性はまったく逆になる。

筆者たちの実験結果からは、少なくとも老化にともなう呼吸欠損の原因はmtＤＮＡの突然変異ではなく核ＤＮＡの突然変異にあることがうかがえる。言い方を換えれば、ミトコンドリアよりも核のほうがむしろ危ないのである。

もし、ミトコンドリアの祖先がすべての遺伝子を核ＤＮＡの中に避難させたとすると、遺伝子の数はたった二コピーに限られることになる。核に侵入してくるさまざまな変異原物質によって

運動は体に有害か？

老化ミトコンドリア原因説によれば、酸化的ストレス→mtDNA突然変異→呼吸酵素活性低下→酸化的ストレス→mtDNA突然変異→呼吸酵素活性低下……という悪循環により、老化にともなう呼吸欠損が生じるという。この仮説を鵜呑みにすると、運動は、激しい呼吸により酸化的ストレスを大量に発生させるため特に健康によくないことになる。

ミトコンドリア内には、カタラーゼなどの酵素により酸素呼吸の副産物として発生する活性酸素を無害な形に変えることで酸化的ストレスを回避するシステムがある。実際に運動を継続的に行うと、これらの酵素の活性が上昇する。

ただし、激しい運動は、このシステムで処理しきれない過剰な酸化的ストレスを大量に発生させ、mtDNAにさまざまな障害を引き起こすとされる。このようなもっともらしい研究成果を聞かされると、運動は体に悪いのではという気もしてくる。本書をお読みの読者の中には、「これまで体にいいと思ってスポーツクラブで体を鍛えてきたのに！」と憤慨している方があるかもしれない。

しかし、心配するには及ばない。すでに述べてきたミトコンドリア連携説に基づけば、このミステリーの解決は簡単である。すなわち、mtDNAにランダムにダメージが生じても、ミトコンドリア間の相互作用によりお互いのダメージを補いあうことで呼吸酵素活性が低下するのを防ぐことができる。

筆者たちはこのことをきちんと証明するため、酸化的ストレスによって培養細胞のmtDNAが具体的にどのようなダメージを受けているかを調べている。目下、実際の運動によって筋肉のmtDNAにどのようなダメージが生じ、これらのダメージからどのように回復するのかという問題に取り組んでいるところである。

実際、過酷な運動を強いられるマラソン選手が早く老化することはないし、頭脳を頻繁に使う仕事にたずさわり、それを継続している人は、老化しても脳がしっかりしておりむしろ長生きである。運動は筋肉のミトコンドリアを、そして思考は脳のミトコンドリアを酷使するが、運動や思考はむしろ健康維持増進に欠かせないのである。だとすれば、これらが体に悪いという考えは、老化ミトコンドリア原因説が投げかけた単なる机上の空論にすぎないのではないか。我が筑波大学の学生には、このようなデマに惑わされずこころゆくまで勉強し運動することを提案している。

この二コピーがダメージを受けたら、たちまち酸素呼吸のシステムに障害が生じ、ATPの生成能力は急激に低下する。むしろ、ミトコンドリアに留まるほうがより安全なのではないか。「数千コピーの集団で存在し、なおかつお互いが連携してダメージを補いあう」というミトコンドリアの連携防衛網。常に危険にさらされ続けてきたミトコンドリアが進化させたこの防衛システムは、ゆりかごのような恵まれた環境にある核の防衛システムとは比べものにならないほど素晴らしいもののように思える。そう考えると、ミトコンドリアに留まったほうが遙かに安全なのではないだろうか。逆にそう考えると、mtDNAの遺伝情報までも核に強制永住させたら、その生物はあっという間に老化したり、癌によって早死にしたりするのではないかと心配になってしまう。こんなことができるかどうかはわからないが、ミトコンドリアの先祖が核DNAに避難させた遺伝子を、相互作用という驚異の連携防衛網を開発した現代のミトコンドリアに戻したほうがいいのかもしれない。

太古の昔に原始ミトコンドリアから慌てて核に避難した遺伝子にこう呼びかけたい。「ミトコンドリアは連携防衛網の進化でもう核より安全になりました。だから亡命先から戻ってきて昔のように一緒になりましょう。そうすれば、現在の人類よりもはるかに寿命が延びるかもしれないから」と。

10－11　ユーロミット5……ミトコンドリア無罪釈放？

これまでに登場したさまざまなエネルギー欠損にまつわる疾病のうち、本当にミトコンドリアの中にあるmtDNAが単独で犯行にかかわったことが立証できたのは心伝導障害（図8－10）と腎不全に限られている（第八章）。母性遺伝する疾患の多くは、核側との「共犯」である可能性を残しているし、老化や神経変性疾患に関しては、おそらくミトコンドリアは無罪である。

確かに彼らの厳しい生活環境は、普通に考えると反乱を起こしてもおかしくない状況である。ところがミトコンドリアは外から侵入する変異原物質を一手に引き受け、吸着し、核を守っている。

多くの生物学者は、そのようなけなげなmtDNAを、健康を脅かす諸悪の根元として疑惑の目で見てきたのである。mtDNAバッシングともいっても言い過ぎではない状況のもと、若い研究スタッフ、大学院生、卒業研究生たちの精力的な努力と協力のおかげで、ミトコンドリアの中にあるmtDNAを、癌や老化を始め老化関連疾患の犯人であるという冤罪から解放することができた、と筆者は思う。

これらの研究成果が評価されたのか、二〇〇一年九月にベニスのサン・セルボロ島で開催されたユーロミット5に筆者は招待され、「ミトコンドリアの相互作用」に関する研究成果を発表する機会を得た。

ユーロミットも回を重ねるごとに参加者の数が増加し、今回は千数百名に膨れ上がり活発な議論が四日間にわたってこの小さな島の中で繰り広げられた。筆者たちの研究成果は、ユーロミット5の主催者でもあるゼビアーニを始め多くの研究者から極めて高い評価を得た。対決を予想していたアッタルディー夫妻からも高い評価をいただいた。そして「これからもサイエンスの論争を楽しもう」といわれた。国際会議ではかつて経験したことのないとても好意的な雰囲気を味わうことができた。

ただ、この論争が終わっていないことを認識したのはそのすぐ後、日本へ帰った筆者がメールボックスを開いたときであった。そこにはネイチャー・ジェネティクス誌の編集者からの電子メールが入っていた。それは、筆者たちが二〇〇一年に同誌に発表した論文の問題点を指摘するアッタルディーたちのクレームに対応を求める内容であった。クレームのポイントは、ミトコンドリア間相互作用は筆者たちが使った特殊な細胞（HeLa細胞）でのみ認められることで、実際の生体内まで一般化すべきではないということであった。もちろんこれに対しては二〇〇一年のネイチャー・メディスン誌に掲載されたミトマウスの結果で十分に一般化できると反論できた。

一般に論文では紳士的な議論しかできず、相手の論文の結果に疑問を挟むのはよほど根拠がない限りタブーとされている。しかし、今回は相手から売られた喧嘩であり、こちらも普段書くことができなかった相手の論文の問題点を思い切り指摘することにした。ちなみにこの論戦は今年（二〇〇二年）のネイチャー・ジェネティクス誌の四月号に掲載された。

彼らはもう一つ筆者たちの論文の問題点を指摘していた。その具体的な内容をここには書かないが、この点は指摘されたままにしておいた。というのはこの論争をまだ終結させず、もう少し楽しむことにしたからである。なぜ問題点を指摘されたままにしたかというと、現在研究中の未発表のデータで十分に反論することができるからである。そして近い将来この結果を公表し、この論戦に完全な決着をつけるつもりでいる。

ともかく、老化にともなうエネルギー欠損の真犯人が見つかるまではミトコンドリアが作るミステリーはまだ最終的に解決したというわけにはいかない。老化ミトコンドリア原因説（274ページ、図10－9A）はあくまでも一つの提案である。これに対し、筆者たちのミトコンドリア連携説はこれまでとは違った角度からミトコンドリアの姿を見た新たなパラダイムの提案である（図10－9B）。ミトコンドリアが作るミステリーはまだまだ続く。筆者たちのこの提案が、老化や老化に関連する病気の真犯人を見つけるための手がかりになればと思っている。

エピローグ――ミトコンドリアよ永遠に

私たちの祖先とミトコンドリアとの共生関係が直ちにうまくいったかどうかは不明だが、少なくとも筆者とミトコンドリアとの共生関係は、本書でも述べたように失敗の連続であった。

いまから二五年前、埼玉県立がんセンターの研究所長室で、筆者はmtＤＮＡの突然変異と癌との関係を調べるよう、有無をいわさぬ業務命令を言い渡された。研究所が提供してくれた研究環境は、自らの好奇心を満足させるには余りあるほどの素晴らしいものであった。ただ、大学で基礎研究にどっぷりつかってきた人間にとっては、実用面の成果のみが求められる癌研究はどこか肌に合わなかった。また、癌とmtＤＮＡの突然変異を結びつける合理的な理由もないのに、所長の思いつきで研究テーマを決められたことにも、釈然としないものを感じていた。筆者の癌研究は、多少なりとも失意の入り交じったほろ苦いスタートとなった。

高校の先生になることを夢見ていた筆者は、その三ヵ月ほど前に生物の教師になるチャンスを捨てており、研究者として背水の陣のスタートでもあった。しかし、一五年にわたって癌研究を進めてきたが、当初の目的とした研究成果はなにひとつ挙げることができなかった。

皮肉なことに、その後、恩師によばれて筑波大学に転任し、癌研究の縛りから解放されてから、ミトコンドリアとの共生関係は突如としてうまくいきだしたのである。では一五年間も費やした失敗の連続は無駄だったのだろうか。とんでもない。当時としてはすべて意味がなくても、封印し続けた情報と情熱は長い年月を経て熟成し、その後のいくつかの些細な発見とともに、今頃になって突然、光を放ち始めたのである。

おそらく、私たちの祖先とミトコンドリアとの共生関係も、初めはきっとうまくいかなかったのではないだろうか。一〇億年という気が遠くなるような長い時間をかけたお互いの試行錯誤と失敗の繰り返しの中から、何かがきっかけとなり突如として歯車がうまく回りだし、高等な生命活動を営む生き物たちを爆発的に作り出していったのではないだろうか。

二五年足らずの筆者の研究生活でも、さまざまな偶然と幸運が重なり、そこからさまざまな発見が生まれた。癌とミトコンドリアの謎を解く鍵を見つけるように上司に命令された筆者は、迷宮の森をさまよい続けた挙げ句、いくつかの鍵を見つけることに成功した。これらの鍵は、癌の謎を解く扉を開くことはできなかったが、哺乳類のmtＤＮＡの基礎研究領域に思いも寄らない成果を次々にもたらす魔法の鍵だったのである。しかし、このような魔法の鍵は、はじめから見つけようと思って見つけられるものではない。もし、筆者が最初から哺乳類のmtＤＮＡの基礎研究だけをしていたら、本書に紹介したような成果をあげることができただろうか。確信を持ってそれはないといえる。

今回紹介した筆者たちの常識を覆す発見はこのような偶然に遭遇するという経緯をたどったような気がする。たとえば、マウスのmtＤＮＡ欠損細胞を樹立できたことも偶然で、もし、この細胞を樹立することができなかったら、世界初のミトマウスを作製できなかっただろうし、ミトコンドリア連携説などの仮説も発表することはできなかったかもしれない。

筆者がこの研究を始めた一九八九年当時、ヒトやトリのmtＤＮＡ欠損細胞はあったが、なぜかマウスのmtＤＮＡ欠損細胞は、世界中で誰一人として、作製することができずにいた。実は、mtＤＮＡ欠損細胞の樹立によく使われるエチジウムブロマイドは酵母、トリやヒトの細胞に有効であったが、マウス細胞のmtＤＮＡを減らすことにはまったく効果がなかったのである。ところが、些細なことからこれを解決する糸口を見つけることができた。

筆者がまだ埼玉県立がんセンター研究所にいた一九八七年ころ、癌とmtＤＮＡというキーワードを使って論文を検索していたところ、たまたま目に留めてコピーだけしてキャビネットに放り込んでおいた論文があった。そこには、ある抗癌剤をマウスの癌細胞に処理した時の副作用としてmtＤＮＡのコピー数が減り、呼吸欠損になるという主旨のことが記されていた。その時は何の役にも立たないと思ってそのままにしておいたが、その後、筑波大学に移ってからマウスのmtＤＮＡ欠損細胞樹立の必要性を感じた時に、突如としてその記憶が甦ったのである。

早速論文の著者に手紙を書き、その抗癌剤を送ってもらった。そしてこの薬剤だけが唯一マウスのmtDNA欠損細胞樹立に導いてくれたのである。しかもその抗癌剤はmtDNAを欠損させるという副作用のため実用化できずに製造中止になり、彼らの手元にもほとんど残っていなかった。その後も何度かさまざまな薬剤をためしたが、結局この抗癌剤以外は他のどのような薬剤を使ってもマウスのmtDNA欠損細胞を樹立するのに効果はなかった。筆者が癌研究施設にいなければ、そしてそこでの癌研究の縛りがなければこの幸運にも巡り合えなかったはずである。

偶然はこれだけではない。癌ミトコンドリア原因説検証の過程で見つけたラットmtDNAの多型突然変異は癌の原因ではなかった。しかし、そうであったからこそミトコンドリア移植の際のマーカーとしてこの仮説の否定に有効に活用できただけでなく、mtDNAが母性遺伝することの証明や、mtDNAが大規模な組み換えを行わないことの証明にも使われた。さらに、癌研究のために作製したmtDNA欠損HeLa細胞は、ミトコンドリア病患者に存在した突然変異型mtDNAが病原性を持つことを証明できただけでなく、ミトコンドリア間に物質交換システムがあることを決定づける証拠を出してくれた。そして、このミトコンドリア間物質交換システムの存在は、老化したヒトの組織中のmtDNAに蓄積するさまざまな病原性突然変異がなぜ呼吸欠損の原因にならないのかというパラドックスを見事に解決してくれたのである。

これらの研究は、それぞれが所期の目的を達成したもので、普通なら用済みになってもおかしくないものだった。しかし、当初思いも寄らなかった第二幕の展開があり、そこでは自由奔放にさまざまな基礎研究に貢献ができたのである。そしてまさに偶然のカスケード（連鎖反応）を繰り返しながら、最終的にはこれらすべてが、ミトコンドリア間に頻繁に物質の交換があり呼吸欠損になるのを防御しているという、まったく新しいパラダイム「ミトコンドリア連携説」の提案へと収束していったのである。

筆者がこのような偶然と幸運を研究に活かすことができたのは、大学時代に薫陶を受けた恩師平林民雄に基礎研究のおもしろさを刷り込まれてきたからに他ならない。偶然発見したこれらの実験結果を、目的とする応用研究には役に立たないという理由で捨ててしまっていたら、さまざまな発見をすることもできなかったであろう。

しばしば、基礎研究は実用（応用）学問の基礎になるとか、多くの人々の好奇心を満足させ、ロマンと感動を与えるなどといわれる。確かにこれは事実であるが、基礎研究の最も重要なポイントはもっと別のところにあるのではないだろうか。実用研究がはじめから人間の英知で実益のある研究目的を達成しようという戦略を取るのに対し、基礎研究は人間の英知を直接利益につなげようとはしない。しかし、基礎研究の裾野が広ければ広いほど、そして遊びが多ければ多いほど、偶然思いもよらず実用面の輝きを持つ場面にしばしば遭遇する。「瓢箪から駒」、この遊びと偶然こそが基礎研究に人間の英知をはるかに超えた爆発的価値を時としてもたらすのだ。大学での、そして大学でしかできない基礎研究の魅力はまさにこの点に集約されているのではないだろうか。

筆者がこのように自由奔放に遊びの研究ができるのは現在の職場環境のおかげなのである。ただ、学位取得後もそのまま大学に残って基礎研究を続けていたとしたら、どうなっていただろう。基礎研究と自由な研究の本当の重要性を知らずに過ごしてしまったのではないだろうか。研究の自由、必然より偶然を大切にできる権利の重要性を教えてくれたのは、かつての職場である埼玉県立がんセンター研究所での癌研究の縛りと、他に例を見ない生き馬の目を抜くような癌研究の激しい競争のおかげなのだと思っている。また、癌研究を通して応用研究の新たな刷り込みを受けたことにより、基礎研究や応用研究とは違った視点、すなわち「応用研究を基礎研究に応用する」という新しい発想で研究を進めることができたのである。

もちろん、忘れてはならないのは、多くの素晴らしい研究者との共同研究や筑波大学生物学類の卒業研究生、大学院生たちの精力的な努力である。今回述べてきた筆者たちの研究成果のすべては、こうした献身的な援助があったからこそ達成できたものである。

学位を取得してから二五年になるが、その間の研究を総括する新たな「学位論文」を執筆するつもりで本書を書かせてもらった。したがって、ここでは最先端の研究成果を網羅的に記載することはしておらず、むしろ科学研究における論理性を重要視した。その過程と展開のおもしろさを是非味わっていただければと思っている。

ただし、筆者にとって一般啓蒙書の執筆は初めての経験であり、良くできたと思った「学位論文」の原稿はブルーバックスの理念からはほど遠かったようだ。自信を持って書き終えた原稿に対し、ブルーバックス出版部高月順一氏からは忌憚のない意見と提案が次々に寄せられ途方に暮れた。しかし、筆者としても国立大学の独立行政法人化を間近に控え、大学での知的財産を少しでも社会に還元できればという思いが強かった。振り返ると、科学論文一辺倒であった筆者にとって今回はまったく異なる価値観の持ち主との遭遇であり、大変意義のある議論を交わすことができ、大いに楽しませてもらったように思う。そういう意味では、彼にはまさにこの「学位論文」の指導教官に相当する役を演じてもらったことになり、この場を借りてお礼したい。

この一年間、何度か函館の実家にもどり、習字教室をしている、年老いた母に面倒を見てもらいながら、そして大きな栗の木のある庭を眺めながら、恐ろしいほどの静寂の中で心置きなくこの原稿を書くことができた。それは追い立てられるような毎日の仕事のサイクルと緊張感から完全に解放された夢のような時間でもあった。そして母や妻子には筆者のわがままを聞いてもらったことを心から感謝したいと思っている。

二〇〇二年十一月　　林　純一

＊本書で紹介した研究の共同研究者（所属は当時のもの）

東京都臨床医学総合研究所　米川　博通
国立遺伝学研究所　森脇　和郎
埼玉県立がんセンター研究所　田頭　勇作
埼玉県立がんセンター研究所　後藤　修
日本医科大学　老人病研究所　太田　成男
自治医科大学　生化学第二教室　香川　靖雄
国立精神・神経センター神経研究所　後藤　雄一
国立精神・神経センター武蔵病院　埜中《のなか》　征哉《いくや》
東京都老人総合研究所　近藤　昊《ひろし》
東北大学　医学部小児科　宮林　重明
国立感染症研究所　獣医科学部　小倉　淳郎《あつお》
東京医科歯科大学　水澤　英洋
国立がんセンター研究所　関口　豊三
国立がんセンター研究所　戸須　眞理子
北海道大学　理学部　吉田　迪弘

筑波大学　体育科学系　久野　譜也
東京都臨床医学総合研究所　金田　秀貴
埼玉県立がんセンター研究所　宮浦　陽子

＊本書で紹介した研究を行った生物学類生、大学院生（所属は現在のもの）

放射性医学総合研究所　高井　大策
筑波大学　生物科学系　中田　和人（科学技術振興事業団、さきがけ）
東京都臨床医学総合研究所　設楽　浩志
理化学研究所バイオリソースセンター　井上　貴美子
三菱ウェルファーマ株式会社　創薬第二研究所　副島　亜紀
三共株式会社　第二生物研究所　磯部　ことよ
万有製薬　生物医学研究所　伊藤　清香
万有製薬　生物医学研究所　山岡　万希子
筑波大学　生命環境科学研究科　小野　朋子（学術振興会特別研究員）
筑波大学　生命環境科学研究科　陳《チェン》　柱石《チューシー》

図版の大部分は筑波大学医科学研究科の夏目舞子が担当した。

〈や行〉

〈ら行〉

〈わ行〉

〈た行〉

〈か行〉

〈さ行〉

さくいん

〈欧文〉

〈あ行〉

N.D.C.460　297p　18cm

ブルーバックス　B-1391

ミトコンドリア・ミステリー
驚くべき細胞小器官の働き

2002年11月20日　第１刷発行
2023年６月19日　第19刷発行

著者　林《はやし》　純一《じゅんいち》
発行者　鈴木章一
発行所　株式会社講談社
〒112-8001 東京都文京区音羽2-12-21
電話　出版　03-5395-3524
販売　03-5395-4415
業務　03-5395-3615
印刷所　（本文印刷）株式会社ＫＰＳプロダクツ
（カバー表紙印刷）信毎書籍印刷株式会社
製本所　株式会社国宝社

定価はカバーに表示してあります。

ISBN4−06−257391−1

発刊のことば

科学をあなたのポケットに

二十世紀最大の特色は、それが科学時代であるということです。科学は日に日に進歩を続け、止まるところを知りません。ひと昔前の夢物語もどんどん現実化しており、今やわれわれの生活のすべてが、科学によってゆり動かされているといっても過言ではないでしょう。

そのような背景を考えれば、学者や学生はもちろん、産業人も、セールスマンも、ジャーナリストも、家庭の主婦も、みんなが科学を知らなければ、時代の流れに逆らうことになるでしょう。

ブルーバックス発刊の意義と必然性はそこにあります。このシリーズは、読む人に科学的に物を考える習慣と、科学的に物を見る目を養っていただくことを最大の目標にしています。そのためには、単に原理や法則の解説に終始するのではなくて、政治や経済など、社会科学や人文科学にも関連させて、広い視野から問題を追究していきます。科学はむずかしいという先入観を改める表現と構成、それも類書にないブルーバックスの特色であると信じます。

一九六三年九月

野間省一

ブルーバックス　生物学関係書（I）

ブルーバックス　化学関係書

969 化学反応はなぜおこるか　上野景平
1152 酵素反応のしくみ　藤本大三郎
1188 金属なんでも小事典　増本 健＝監修　ウォーク＝編著
1240 ワインの科学　清水健一
1296 暗記しないで化学入門　平山令明
1334 マンガ　化学式に強くなる　高松正勝＝原作　鈴木みそ＝漫画
1375 実践　量子化学入門　CD-ROM付　平山令明
1508 新しい高校化学の教科書　左巻健男＝編著
1534 化学ぎらいをなくす本（新装版）　米山正信
1583 熱力学で理解する化学反応のしくみ　平山令明
1646 水とはなにか（新装版）　上平 恒
1710 マンガ　おはなし化学史　松本 泉＝原作　佐々木ケン＝漫画
1729 有機化学が好きになる（新装版）　米山正信／安藤 宏
1816 大人のための高校化学復習帳　竹田淳一郎
1848 今さら聞けない科学の常識3　聞くなら今でしょ！　朝日新聞科学医療部＝編
1849 分子からみた生物進化　宮田 隆
1860 発展コラム式　中学理科の教科書　改訂版　物理・化学編　滝川洋二＝編
1905 あっと驚く科学の数字　数から科学を読む研究会
1922 分子レベルで見た触媒の働き　松本吉泰
1940 すごいぞ！ 身のまわりの表面科学　日本表面科学会
1956 コーヒーの科学　旦部幸博
1957 日本海　その深層で起こっていること　蒲生俊敬
1980 夢の新エネルギー「人工光合成」とは何か　光化学協会＝編　井上晴夫＝監修
2020 「香り」の科学　平山令明
2028 元素118の新知識　桜井 弘＝編
2080 すごい分子　佐藤健太郎
2090 はじめての量子化学　平山令明

ブルーバックス12cm CD-ROM付

BC07 ChemSketchで書く簡単化学レポート　平山令明